"博学而笃志，切问而近思。"

（《论语》）

博晓古今，可立一家之说；

学贯中西，或成经国之才。

复旦博学 · 复旦博学 · 复旦博学 · 复旦博学 · 复旦博学 · 复旦博学

空间解析几何

（第二版）

黄宣国 编著

博学·数学系列

復旦大學出版社
www.fudanpress.com.cn

内容提要

本书是作者在复旦大学数学系主讲“空间解析几何”课程20多年的结晶，全书共3章，第一章，直线与平面；第二章，曲线与二次曲面；第三章，非欧几何，包括球面三角形、射影平面几何与双曲平面几何等内容. 书中许多定理和事实是重新证明过的，有些章节完全是作者自己编写的. 每章附有一定数量的习题，其中不少习题是复旦大学数学系“空间解析几何”课程的考题. 本书可作为综合大学数学和应用数学专业“空间解析几何”课程的教材，也可作为教师教学参考用书.

第二版前言

《空间解析几何》出版已经15年了，从书出版，到我退休，我用此书在复旦大学数学科学学院又执教了9届一年级新生.在教学过程中，对书中内容不断重新思考、打磨、修改.现在呈现在读者面前的第二版，全书大小修改近70处，增加了一些内容，补充了若干习题，这些题目绝大多数是我当年自编的考试题.对于新版书，最值得一提的是第三章第三节双曲平面几何正文中，设两条直线相交于一个双曲点，必导致这两条直线的夹角的正弦、余弦可定义的证明是一名复旦大学一年级新生告诉我的.教学相长，遇到好学生，是对老师的帮助，也是老师的幸福.现在第二版采用了他的证明，使得本书最后一节的质量较第一版有了明显的提升.

最后感谢复旦大学出版社对本书的再版.

黄宣国

2019年2月

第一版前言

从 1989 年起，我开始执教复旦大学数学系一年级新生的“空间解析几何”课程. 课时为每年一学期，每周 4 节课. 除了一个学期外，已历 14 个春秋. 从照本宣科、小增小减，到呈现在读者面前的这本教材，有一个漫长的编写、修改过程. 全书含 3 章. 第一章直线与平面；第二章曲线与二次曲面；第三章非欧几何，包括球面三角形、射影平面几何与双曲平面几何等内容. 对照其他教材，读者从书中会发现，许多定理和事实是重新证明过的，有些章节完全是作者自己编写的. 例如第二章 §3 中关于二次曲面的分类；和本书最后一节双曲平面几何的内容，在手边只有几个结论的情况下，我花了一个多月时间，用射影平面几何的方法给出了双曲平面几何全部重要结论的严格证明. 在 2000 年下半年，终于印成讲义. 用该讲义我又在复旦大学数学系讲授了 4 个学期. 在讲课过程中，吸收了同学们的好建议，对讲义作了一些修改，并补充了一些习题，才将书送交出版社.

凭我多年的教学经验，每周 4 节课，一学期完全能将全书讲完.

安徒生说：科学“是一条光荣的荆棘路”. 热爱数学的人们只有不避艰险，才有希望到达光辉的顶峰. 愿此话与读者共勉.

2004 年 2 月

目　录

第一章　直线与平面 …… 1
　§1.1　向量代数 …… 1
　§1.2　直线与平面 …… 21
　习题 …… 33
第二章　曲线与二次曲面 …… 36
　§2.1　曲面与曲线的定义 …… 36
　§2.2　坐标变换 …… 43
　§2.3　二次曲面的分类 …… 48
　§2.4　直纹面 …… 69
　§2.5　非直纹面的二次曲面 …… 87
　§2.6　等距变换与仿射变换 …… 97
　习题 …… 122
第三章　非欧几何 …… 126
　§3.1　球面三角形 …… 126
　§3.2　射影平面几何 …… 130
　§3.3　双曲平面几何 …… 172
　习题 …… 187
附录　双曲平面内两直线夹角的交比定义 …… 190
习题答案及提示 …… 192
主要参考书目 …… 200

第一章 直线与平面

在 19 世纪 30 年代，复数广泛用于表示平面上的向量. 向量的理论在整个 19 世纪和 20 世纪初叶得到了蓬勃的发展，形成了一个较完整的体系. 现在，我们就通过短短一学期的学习，来浏览这一体系的最基本的内容，为以后学习和工作奠定一个基础.

§1.1 向量代数

一、向量

在中学阶段，我们就知道，只有大小的量称为数量；而把既有大小，又有方向的量称为向量，而且向量的起点可以任意选取. 即在欧氏空间内，所有方向相同、长度相等的有向线段表示同一个向量. 例如图 1.1，当 $ABCD$ 是一个平行四边形时，则有

$$\overrightarrow{AB}=\overrightarrow{DC},\qquad \overrightarrow{AD}=\overrightarrow{BC}. \tag{1.1.1}$$

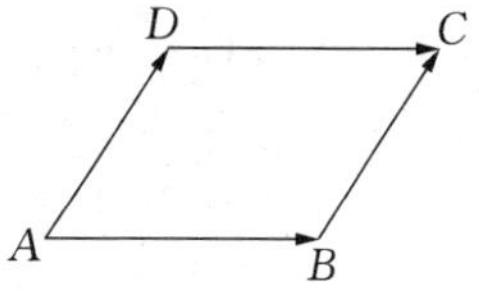

图 1.1

用有向线段 $\overrightarrow{OA}$ 表示的向量有时记作 $\boldsymbol{a}$，它的长度记作 $|\boldsymbol{a}|$.

与向量 $\boldsymbol{a}$ 长度相等，方向相反的向量，称为 $\boldsymbol{a}$ 的反向量，记作 $-\boldsymbol{a}$. 那么，可以看到

$$\overrightarrow{BA}=-\overrightarrow{AB},\qquad -(-\boldsymbol{a})=\boldsymbol{a}. \tag{1.1.2}$$

我们规定零向量 $\mathbf{0}$ 是长度为零的向量. 当点 A 与点 B 重合时，$\overrightarrow{AB}$ 表示零向量.

我们知道实数的加、减、乘、除有很多性质. 例如，加法与乘法满足交换律. 即 $a+b=b+a$，$ab=ba$，这里 a，b 是两个任意实数. 类似地，对于向量，从中学时代就知道向量的加法与减法有以下一些性质：

(1) 设 $\overrightarrow{OA}=\boldsymbol{a}$，$\overrightarrow{AB}=\boldsymbol{b}$，则向量 $\overrightarrow{OB}=\boldsymbol{a}+\boldsymbol{b}$；

(2) $\boldsymbol{a}+\boldsymbol{b}=\boldsymbol{b}+\boldsymbol{a}$ (见图 1.2)；

(3) $(\boldsymbol{a}+\boldsymbol{b})+\boldsymbol{c}=\boldsymbol{a}+(\boldsymbol{b}+\boldsymbol{c})$ (见图 1.3)；

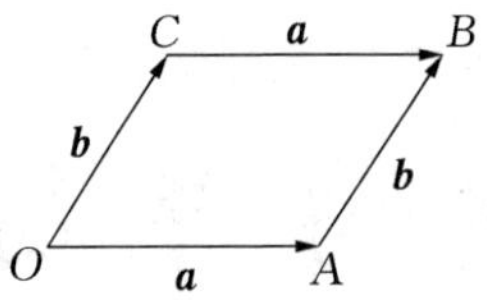

图 1.2

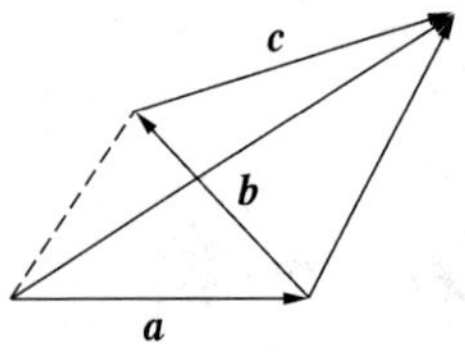

图 1.3

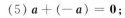

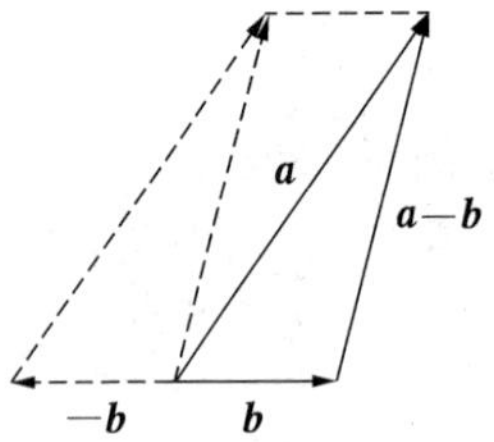

图 1.4

(4) $\boldsymbol{a}+\boldsymbol{0}=\boldsymbol{a}$;

(5) $\boldsymbol{a}+(-\boldsymbol{a})=\boldsymbol{0}$;

(6) $\boldsymbol{a}-\boldsymbol{b}=\boldsymbol{a}+(-\boldsymbol{b})$ (见图 1.4);

(7) $|\boldsymbol{a}+\boldsymbol{b}|\leqslant|\boldsymbol{a}|+|\boldsymbol{b}|$.

从(2)~(6)可以知道,向量的加法与减法的基本运算规律,与实数的加法与减法完全一样.

二、实数乘向量

在中学里,我们还知道,实数 λ 乘向量 $\boldsymbol{a}$,得到一个向量 $\lambda\boldsymbol{a}$,它的长度 $|\lambda\boldsymbol{a}|=|\lambda||\boldsymbol{a}|$;当 $\lambda>0$ 时,$\lambda\boldsymbol{a}$ 的方向与 $\boldsymbol{a}$ 相同;当 $\lambda<0$ 时,$\lambda\boldsymbol{a}$ 的方向与 $\boldsymbol{a}$ 相反.

实数乘向量满足以下性质:

(1) $\lambda(\mu\boldsymbol{a})=(\lambda\mu)\boldsymbol{a}$;

(2) $(\lambda+\mu)\boldsymbol{a}=\lambda\boldsymbol{a}+\mu\boldsymbol{a}$;

(3) $\lambda(\boldsymbol{a}+\boldsymbol{b})=\lambda\boldsymbol{a}+\lambda\boldsymbol{b}$.

这里 λ, μ 是任意实数,$\boldsymbol{a}$, $\boldsymbol{b}$ 是任意向量.

长度为 1 的向量称为单位向量. 对于任一非零向量 $\boldsymbol{a}$,定义 $\boldsymbol{a}$ 的单位向量是 $\dfrac{\boldsymbol{a}}{|\boldsymbol{a}|}$.

如果一组向量,用同一起点的有向线段来表示时,它们是共线的(或共面的),则称这组向量共线(或共面). 共线的两个向量 $\boldsymbol{a}$ 与 $\boldsymbol{b}$,又称为平行的向量,记为 $\boldsymbol{a}/\!/\boldsymbol{b}$. 规定零向量与任何一个向量共线. 共线的向量必定共面,任意两个向量必定共面(注意向量的起点可以移动).

当 $\boldsymbol{a}$ 不是零向量时,显然与 $\boldsymbol{a}$ 共线的向量必可表示成 $\lambda\boldsymbol{a}$,这里 λ 是一个实数.

容易明白,两个非零向量 $\boldsymbol{a}$ 和 $\boldsymbol{b}$ 共线的充要条件是存在两个非零实数 λ 和 μ,使得

$$\lambda\boldsymbol{a}+\mu\boldsymbol{b}=\boldsymbol{0}. \tag{1.1.3}$$

为方便,常任意选定平面或空间一点 O 作为公共起点,而将终点在 A,

B, …, X 等的向量分别记为 $\boldsymbol{a}$, $\boldsymbol{b}$, …, $\boldsymbol{x}$ 等.

定理 1　(1) 设 A, B 为不同两点,则点 X 在直线 AB 上的充要条件是:存在唯一一对实数 λ_1, λ_2,使得

$$\boldsymbol{x}=\lambda_1\boldsymbol{a}+\lambda_2\boldsymbol{b},\qquad 且\ \lambda_1+\lambda_2=1, \tag{1.1.4}$$

这里向量的公共起点不在直线 AB 上. 特别地,点 X 落在线段 AB 上的充要条件是:存在唯一一对非负实数 λ_1, λ_2,使得(1.1.4)式成立.

(2) 设 A, B, C 为不在同一直线上的 3 点,则点 X 在 A, B, C 所决定的平面 π 上的充要条件是:存在唯一的一组实数 λ_1, λ_2, λ_3,使得

$$\boldsymbol{x}=\lambda_1\boldsymbol{a}+\lambda_2\boldsymbol{b}+\lambda_3\boldsymbol{c},\qquad \lambda_1+\lambda_2+\lambda_3=1, \tag{1.1.5}$$

这里向量的公共起点不在平面 π 上. 特别地,点 X 落在 $\triangle ABC$ 内的充要条件是:存在唯一的一组非负实数 λ_1, λ_2, λ_3,使得(1.1.5)式成立.

(3) 设 A, B, C, D 为不在同一平面上的 4 点,则点 X 在由 A, B, C, D 所决定的四面体内的充要条件是:存在一组非负实数 λ_1, λ_2, λ_3, λ_4,使得

$$\boldsymbol{x}=\lambda_1\boldsymbol{a}+\lambda_2\boldsymbol{b}+\lambda_3\boldsymbol{c}+\lambda_4\boldsymbol{d},\qquad \lambda_1+\lambda_2+\lambda_3+\lambda_4=1. \tag{1.1.6}$$

证明　(1) 由于

$$\overrightarrow{AB}=\boldsymbol{b}-\boldsymbol{a},\qquad \overrightarrow{AX}=\boldsymbol{x}-\boldsymbol{a}, \tag{1.1.7}$$

设点 X 落在直线 AB 上,$\overrightarrow{AX}$与$\overrightarrow{AB}$共线(见图 1.5),则存在实数 k,使得

$$\overrightarrow{AX}=k\overrightarrow{AB}. \tag{1.1.8}$$

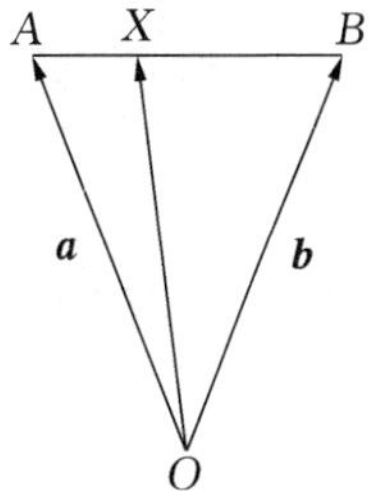

图 1.5

从(1.1.7)式和(1.1.8)式,有

$$\boldsymbol{x}-\boldsymbol{a}=k(\boldsymbol{b}-\boldsymbol{a}),$$

和

$$\boldsymbol{x}=(1-k)\boldsymbol{a}+k\boldsymbol{b}. \tag{1.1.9}$$

令

$$\lambda_1=1-k,\qquad \lambda_2=k, \tag{1.1.10}$$

则 $\lambda_1+\lambda_2=1$. 从上面推导可以看出,当 A 和 B 给定时,直线 AB 上的点 X 由实数 k 唯一确定. 反之,从(1.1.9)式和(1.1.10)式,有(1.1.8)式,点 X 落在直线 AB 上. 当点 X 落在线段 AB 上,当且仅当上述 $k\in[0,1]$. 当点 X 在线段 AB 内部时,从(1.1.9)式可以知道 $\overrightarrow{AX}=\dfrac{k}{1-k}\overrightarrow{XB}$. 特别,当点 X 是线段 AB 的中点时,$k=\dfrac{1}{2}$. 这时 $\lambda_1=\lambda_2=\dfrac{1}{2}$. 由于向量的公共起点不在直线 AB 上,则向量 $\boldsymbol{a}$,

$\boldsymbol{b}$ 不平行. 从 $\lambda_1\boldsymbol{a}+\lambda_2\boldsymbol{b}=\mu_1\boldsymbol{a}+\mu_2\boldsymbol{b}$ 必能推出 $\lambda_1=\mu_1$, $\lambda_2=\mu_2$, 从而有唯一性. 这里 μ_1, μ_2 也是一对实数.

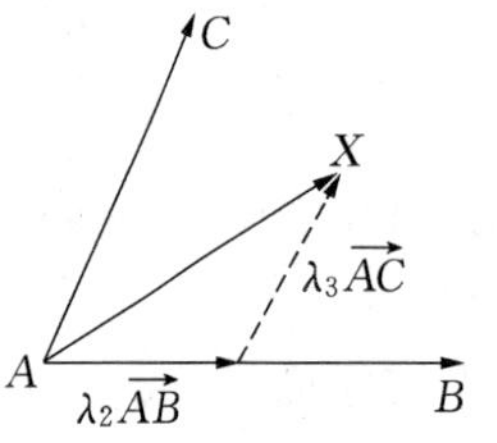

图 1.6

(2) 设点 X 落在平面 π 上,即 $\overrightarrow{AX}$ 与 $\overrightarrow{AB}$, $\overrightarrow{AC}$ 共面,如图 1.6 所示. 于是,有实数 λ_2, λ_3,使得

$$\overrightarrow{AX}=\lambda_2\overrightarrow{AB}+\lambda_3\overrightarrow{AC}. \tag{1.1.11}$$

那么

$$\boldsymbol{x}-\boldsymbol{a}=\lambda_2(\boldsymbol{b}-\boldsymbol{a})+\lambda_3(\boldsymbol{c}-\boldsymbol{a}),$$

和

$$\boldsymbol{x}=\lambda_1\boldsymbol{a}+\lambda_2\boldsymbol{b}+\lambda_3\boldsymbol{c}, \tag{1.1.12}$$

这里 $\lambda_1=1-\lambda_2-\lambda_3$.

当(1.1.12)式成立时,必有(1.1.11)式,则点 X 必落在 3 点 A, B, C 所决定的平面 π 内. 由于向量的公共起点不在平面 π 上,则 3 个向量 $\boldsymbol{a}$, $\boldsymbol{b}$, $\boldsymbol{c}$ 不共面. 从 $\lambda_1\boldsymbol{a}+\lambda_2\boldsymbol{b}+\lambda_3\boldsymbol{c}=\mu_1\boldsymbol{a}+\mu_2\boldsymbol{b}+\mu_3\boldsymbol{c}$ 必能推出 $\lambda_1=\mu_1$, $\lambda_2=\mu_2$, $\lambda_3=\mu_3$,这里 μ_1, μ_2, μ_3 也是一组实数,从而平面 π 内的点 X 由唯一一组满足(1.1.12)式的 3 个实数 λ_1, λ_2, λ_3 所决定.

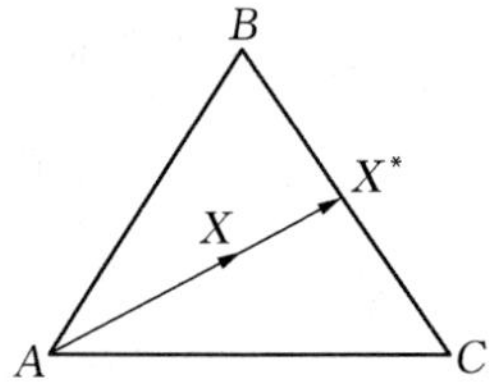

图 1.7

当点 X 落在 $\triangle ABC$ 内时,延长线段 AX 必交 BC 边于 X^*,如图 1.7 所示,则有非负实数 $k\in[0,1]$,使得

$$\overrightarrow{AX}=k\overrightarrow{AX^*}, \tag{1.1.13}$$

从上式,有

$$\boldsymbol{x}-\boldsymbol{a}=k(\boldsymbol{x}^*-\boldsymbol{a})=k(\lambda_1^*\boldsymbol{b}+\lambda_2^*\boldsymbol{c}-\boldsymbol{a}), \tag{1.1.14}$$

这里 λ_1^*, λ_2^*是满足 $\lambda_1^*+\lambda_2^*=1$ 的两个非负实数.

从(1.1.14)式,有

$$\boldsymbol{x}=(1-k)\boldsymbol{a}+k\lambda_1^*\boldsymbol{b}+k\lambda_2^*\boldsymbol{c}. \tag{1.1.15}$$

记

$$\lambda_1=1-k,\qquad \lambda_2-k\lambda_1^*,\qquad \lambda_3=k\lambda_2^*, \tag{1.1.16}$$

则 λ_1, λ_2, λ_3 都是非负实数,且满足

$$\lambda_1+\lambda_2+\lambda_3=1. \tag{1.1.17}$$

当(1.1.15)式～(1.1.17)式成立时,必有(1.1.13)式和(1.1.14)式,于是点 X 落在 $\triangle ABC$ 内.

注　从上面的推导还可以看出,点 X 在$\triangle ABC$内的充要条件是 $\overrightarrow{AX}=k\overrightarrow{AX^*}=k(\lambda_1\overrightarrow{AB}+\lambda_2\overrightarrow{AC})$(这里 λ_1, λ_2 是两个和为 1 的非负实数)$=\lambda\overrightarrow{AB}+\mu\overrightarrow{AC}$, 这里 $\lambda=k\lambda_1\in[0,1]$, $\mu=k\lambda_2\in[0,1]$, $\lambda+\mu=k(\lambda_1+\lambda_2)=k\in[0,1]$.

(3) 如果点 X 落在四面体 $ABCD$ 内部,连接 AX 并延长至交平面 BCD 于点 X^*,且点 X^* 落在$\triangle BCD$内,那么存在实数 $k\in[0,1]$, 使得

$$\boldsymbol{x}-\boldsymbol{a}=\overrightarrow{AX}=k\overrightarrow{AX^*}=k(\boldsymbol{x}^*-\boldsymbol{a}),\tag{1.1.18}$$

且利用(2)的结论(1.1.12)公式,有

$$\boldsymbol{x}^*=\lambda_2^*\boldsymbol{b}+\lambda_3^*\boldsymbol{c}+\lambda_4^*\boldsymbol{d},\tag{1.1.19}$$

这里 λ_2^*, λ_3^*, λ_4^*是 3 个非负实数,满足 $\lambda_2^*+\lambda_3^*+\lambda_4^*=1$.

从(1.1.18)式和(1.1.19)式,有

$$\begin{aligned}\boldsymbol{x}&=(1-k)\boldsymbol{a}+k\boldsymbol{x}^*=(1-k)\boldsymbol{a}+k(\lambda_2^*\boldsymbol{b}+\lambda_3^*\boldsymbol{c}+\lambda_4^*\boldsymbol{d})\\&=\lambda_1\boldsymbol{a}+\lambda_2\boldsymbol{b}+\lambda_3\boldsymbol{c}+\lambda_4\boldsymbol{d},\end{aligned}\tag{1.1.20}$$

这里 $\lambda_1=1-k$, $\lambda_2=k\lambda_2^*$, $\lambda_3=k\lambda_3^*$, $\lambda_4=k\lambda_4^*$,

$$\lambda_1+\lambda_2+\lambda_3+\lambda_4=1,\tag{1.1.21}$$

λ_1, λ_2, λ_3, λ_4 都是非负实数. 当 A, B, C, D 这 4 点固定时,四面体 $ABCD$ 内一点 X 由满足(1.1.21)式的 4 个非负实数 λ_1, λ_2, λ_3, λ_4 确定,充分性显然.

下面举两个向量应用的例题.

例 1　(1) 如图 1.8 所示,在$\triangle ABC$中,O 是外心,G 是重心,H 是垂心,求证:

$$\overrightarrow{OG}=\frac{1}{3}(\overrightarrow{OA}+\overrightarrow{OB}+\overrightarrow{OC});\ \overrightarrow{OH}=\overrightarrow{OA}+\overrightarrow{OB}+\overrightarrow{OC};$$

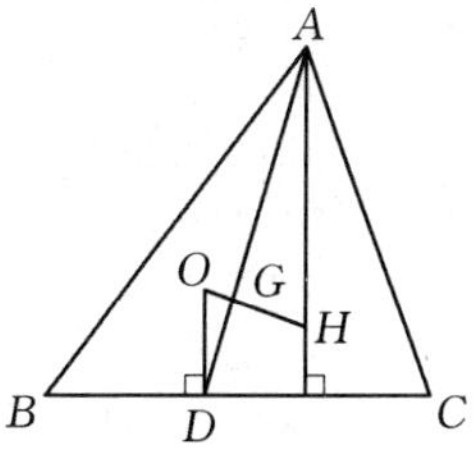

图 1.8

(2) $\triangle ABC$是一个锐角三角形,H 为垂心,弦 AB 分$\triangle ABC$的外接圆圆周为 1∶2 的两段圆弧,点 N 是小圆弧$\overset{\frown}{AB}$的中点. 求证:$CN\perp OH$(见图 1.9).

证明　(1) 设 D 是边 BC 的中点,利用平面几何知识知道

$$\overrightarrow{AG}=\frac{2}{3}\overrightarrow{AD},\tag{1.1.22}$$

$$\begin{aligned}\overrightarrow{OG}&=\overrightarrow{OA}+\overrightarrow{AG}=\overrightarrow{OA}+\frac{2}{3}\overrightarrow{AD}(\text{利用(1.1.22)})\\&=\overrightarrow{OA}+\frac{2}{3}\left(\frac{1}{2}\overrightarrow{AB}+\frac{1}{2}\overrightarrow{AC}\right)(\text{利用定理 1(1)证明的最后叙述})\end{aligned}$$

$$= \overrightarrow{OA} + \frac{1}{3}(\overrightarrow{OB} - \overrightarrow{OA}) + \frac{1}{3}(\overrightarrow{OC} - \overrightarrow{OA})$$

$$= \frac{1}{3}(\overrightarrow{OA} + \overrightarrow{OB} + \overrightarrow{OC}). \tag{1.1.23}$$

注 这里 O 改为空间任意一点,(1.1.23)式仍然成立.

从平面几何知识知道,点 G 在线段 OH 上,且 $OG = \frac{1}{2}GH$,例如,当 $\triangle ABC$ 是锐角三角形时,如图 1.8 所示.利用 $\triangle AHG$ 与 $\triangle DOG$ 相似,这里 G 是 AD 与 OH 的交点,以及 $OD = R\cos A = \frac{1}{2}AH$,这里 R 是 $\triangle ABC$ 的外接圆半径;当 $\triangle ABC$ 是钝角三角形时,例如设 A 为钝角,对应有 $OD = R\cos(\pi - A) = \frac{1}{2}AH$.当角 A 是直角时,点 A 即垂心 H,斜边 BC 中点即外心 O.于是,有

$$\overrightarrow{OG} = \frac{1}{3}\overrightarrow{OH}. \tag{1.1.24}$$

从(1.1.23)式和(1.1.24)式有结论(1).

(2) 由于 $\triangle ABC$ 是锐角三角形,外心 O,垂心 H 都在 $\triangle ABC$ 内部,因此

$$\overrightarrow{CH} = \overrightarrow{OH} - \overrightarrow{OC} = \overrightarrow{OA} + \overrightarrow{OB}. \tag{1.1.25}$$

这里利用了(1)的结论.

又

$$\angle AOB = \frac{2\pi}{3}, \tag{1.1.26}$$

且点 N 是小圆弧 $\overset{\frown}{AB}$ 的中点,则

$$\angle AON = \angle BON = \frac{\pi}{3}, \tag{1.1.27}$$

因而 $\triangle AON$ 与 $\triangle BON$ 都是等边三角形.四边形 $AOBN$ 是一个菱形.于是

$$\overrightarrow{ON} = \overrightarrow{OA} + \overrightarrow{OB} = \overrightarrow{CH} \text{ (利用(1.1.25)式)}. \tag{1.1.28}$$

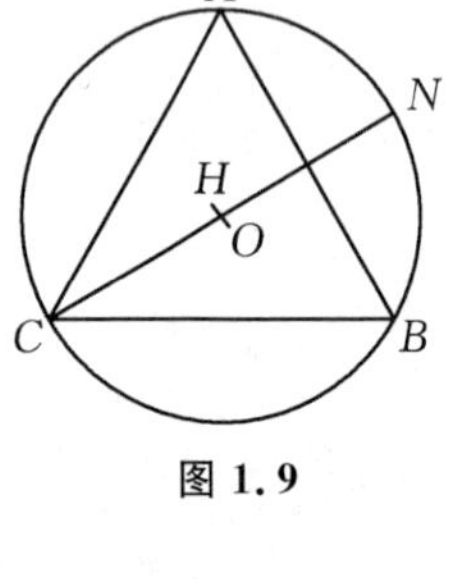

图 1.9

当两条直线 ON 与 CH 不重合时,$OCHN$ 是一个平行四边形.又 $OC = ON$,则 $OCHN$ 也是一个菱形,对角线 CN 与 OH 互相垂直.

由(1.1.28)式,当点 C, O, H, N 这 4 点在同一条直线上时,CN 为直径,O, H 两点重合,结论仍然认为成立

(这里规定零向量垂直于任一向量).

例 2 $ABCD$ 是平面内一个凸四边形,BC 平行于 AD. M 是 CD 的中点,P 是 MA 的中点,Q 是 MB 的中点. 直线 DP 和 CQ 交于点 N.

求证:点 N 不在 $\triangle ABM$ 的外部的充要条件是 $\frac{1}{3} \leqslant \frac{AD}{BC} \leqslant 3$.

证明 如图 1.10 所示,设点 M 为坐标原点,与 AD 平行的直线为 x 轴,建立直角坐标系. 于是点 M 的坐标为 $(0, 0)$,设点 C 的坐标是 (a, b),这里 $b < 0$. 点 D 的坐标为 $(-a, -b)$. 记点 B 的坐标是 (c, b),点 A 的坐标为 $(d, -b)$,则线段 MA 的中点 P 的坐标是 $\left(\frac{d}{2}, -\frac{b}{2}\right)$,线段 MB 的中点 Q 的坐标是 $\left(\frac{c}{2}, \frac{b}{2}\right)$. 直线 CQ 的方程是

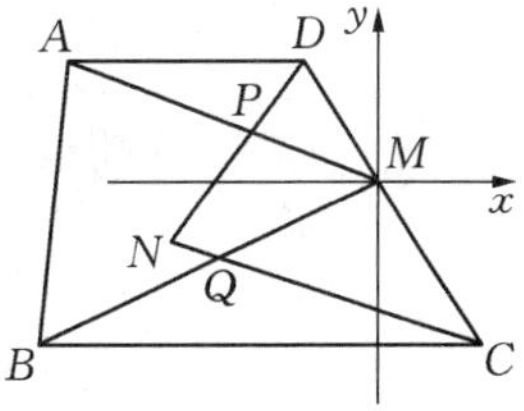

图 1.10

$$y - b = \frac{b}{2a - c}(x - a), \tag{1.1.29}$$

直线 DP 的方程是

$$y + b = \frac{b}{2a + d}(x + a). \tag{1.1.30}$$

解由(1.1.29)式和(1.1.30)式组成的联立方程组,可以求出点 N 的坐标为 $\left(\frac{2(c-a)(2a+d)}{c+d} - a, \frac{b(c-d-2a)}{c+d}\right)$. 记 x 轴的单位正向量为 $\boldsymbol{e}_1$, y 轴的单位正向量为 $\boldsymbol{e}_2$,则

$$\overrightarrow{MN} = \left[\frac{2(c-a)(2a+d)}{c+d} - a\right]\boldsymbol{e}_1 + \frac{b(c-d-2a)}{c+d}\boldsymbol{e}_2, \tag{1.1.31}$$

$$\overrightarrow{MA} = d\boldsymbol{e}_1 - b\boldsymbol{e}_2, \qquad \overrightarrow{MB} = c\boldsymbol{e}_1 + b\boldsymbol{e}_2. \tag{1.1.32}$$

求实数 λ 和 μ,使得

$$\overrightarrow{MN} = \lambda\overrightarrow{MB} + \mu\overrightarrow{MA}. \tag{1.1.33}$$

由(1.1.31)式、(1.1.32)式和(1.1.33)式知道 λ, μ 满足下述方程组:

$$\begin{cases} \lambda c + \mu d = \dfrac{2(c-a)(2a+d)}{c+d} - a, \\ \lambda b - \mu b = \dfrac{b(c-d-2a)}{c+d}. \end{cases} \tag{1.1.34}$$

解上述方程组,得

$$\begin{cases} \lambda = \dfrac{(a+d)(3c-4a-d)}{(c+d)^2}, \\ \mu = \dfrac{(a-c)(c-4a-3d)}{(c+d)^2}. \end{cases} \tag{1.1.35}$$

由于

$$AD = -a-d, \qquad BC = a-c, \tag{1.1.36}$$

利用(1.1.35)式和(1.1.36)式,有

$$\begin{cases} \lambda = \dfrac{AD(3BC-AD)}{(AD+BC)^2}, \\ \mu = \dfrac{BC(3AD-BC)}{(AD+BC)^2}. \end{cases} \tag{1.1.37}$$

从上式,有

$$\lambda + \mu = \frac{6AD \cdot BC - (AD^2 + BC^2)}{(AD+BC)^2}. \tag{1.1.38}$$

明显地,有

$$2AD \cdot BC \leqslant AD^2 + BC^2,$$

$$4AD \cdot BC \leqslant (AD+BC)^2. \tag{1.1.39}$$

从(1.1.38)式和(1.1.39)式,有

$$\lambda + \mu \leqslant \frac{4AD \cdot BC}{(AD+BC)^2} \leqslant 1. \tag{1.1.40}$$

由定理1(2)的注,(1.1.37)式和(1.1.40)式,点 N 不在 $\triangle ABM$ 的外部的充要条件是

$$3BC \geqslant AD, \quad 3AD \geqslant BC. \tag{1.1.41}$$

(1.1.41)式等价于

$$\frac{1}{3} \leqslant \frac{BC}{AD} \leqslant 3. \tag{1.1.42}$$

这就是结论.

三、内积

设 $\boldsymbol{a}$, $\boldsymbol{b}$ 是两个非零向量.将这两个向量的起点平行移动到同一点 O. 向量 $\boldsymbol{a}$, $\boldsymbol{b}$ 分别所在的两条直线有两个夹角,一个在 $[0, \pi]$ 内,另一个在 $(\pi, 2\pi]$ 内. 我们规定

两向量 $\boldsymbol{a}$, $\boldsymbol{b}$ 之间的夹角$\angle(\boldsymbol{a}, \boldsymbol{b})$是在$[0, \pi]$内的一个,那么$\angle(\boldsymbol{b}, \boldsymbol{a}) = \angle(\boldsymbol{a}, \boldsymbol{b})$.

力 $\boldsymbol{F}$ 作用在位移 $\boldsymbol{S}$ 上,它所作的功记为 W. 从物理学知道,

$$W = |\boldsymbol{F}|\,|\boldsymbol{S}|\cos\angle(\boldsymbol{F}, \boldsymbol{S}). \tag{1.1.43}$$

由此引入向量内积的定义.

定义 1 两个非零向量 $\boldsymbol{a}$ 与 $\boldsymbol{b}$ 的内积定义为

$$\boldsymbol{a}\cdot\boldsymbol{b} = |\boldsymbol{a}|\,|\boldsymbol{b}|\cos\angle(\boldsymbol{a}, \boldsymbol{b}),$$

当 $\boldsymbol{a}$, $\boldsymbol{b}$ 中有一个零向量时,定义 $\boldsymbol{a}$ 与 $\boldsymbol{b}$ 的内积是零.

特别要指出,$\boldsymbol{a}\cdot\boldsymbol{b}$ 是一个实数. 内积又称为数量积.

从上述定义立即可以看出内积具有如下性质.

内积的性质

(1) $\boldsymbol{a}\cdot\boldsymbol{b} = \boldsymbol{b}\cdot\boldsymbol{a}$;

(2) $\boldsymbol{a}\cdot\boldsymbol{b} = 0$,有 3 种可能:或 $\boldsymbol{a} = \boldsymbol{0}$,或 $\boldsymbol{b} = \boldsymbol{0}$,或 $\boldsymbol{a}$, $\boldsymbol{b}$ 都不是零向量,但 $\boldsymbol{a}$ 垂直于 $\boldsymbol{b}$;

(3) $\boldsymbol{a}\cdot\boldsymbol{a} = |\boldsymbol{a}|^2$;

(4) $(\lambda\boldsymbol{a})\cdot\boldsymbol{b} = \lambda(\boldsymbol{a}\cdot\boldsymbol{b}) = \boldsymbol{a}\cdot(\lambda\boldsymbol{b})$, 这里 λ 是一个任意实数.

定义非零向量 $\boldsymbol{a}$ 在非零向量 $\boldsymbol{b}$ 上的有向投影

$$\pi_b\boldsymbol{a} = |\boldsymbol{a}|\cos\angle(\boldsymbol{a}, \boldsymbol{b}). \tag{1.1.44}$$

$\pi_b\boldsymbol{a}$ 是一个实数,从内积的定义和(1.1.44)式,有

$$\boldsymbol{a}\cdot\boldsymbol{b} = |\boldsymbol{b}|\pi_b\boldsymbol{a} = |\boldsymbol{a}|\pi_a\boldsymbol{b}. \tag{1.1.45}$$

对于向量的有向投影,有以下简单性质:

$$\pi_c(\boldsymbol{a}+\boldsymbol{b}) = \pi_c\boldsymbol{a} + \pi_c\boldsymbol{b}, \tag{1.1.46}$$

这里 $\boldsymbol{a}$, $\boldsymbol{b}$, $\boldsymbol{c}$ 都是非零向量(见图 1.11).

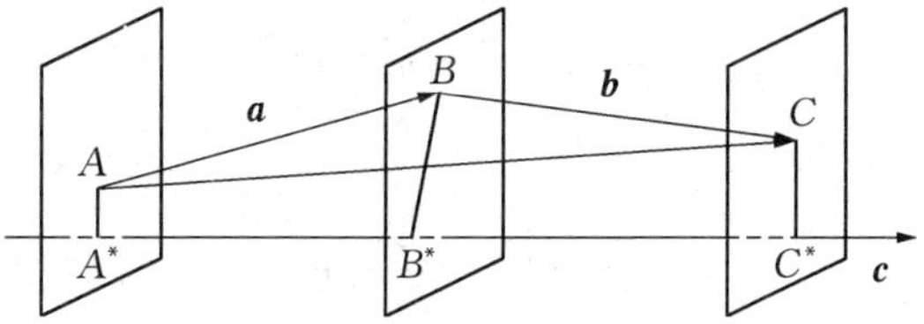

图 1.11

现在建立内积的另一性质.

(5) $(\boldsymbol{a}+\boldsymbol{b})\cdot\boldsymbol{c} = \boldsymbol{a}\cdot\boldsymbol{c} + \boldsymbol{b}\cdot\boldsymbol{c}$.

如果 $\boldsymbol{a}$, $\boldsymbol{b}$, $\boldsymbol{c}$ 中有一个是零向量时,性质(5)显然成立.下面考虑 $\boldsymbol{a}$, $\boldsymbol{b}$, $\boldsymbol{c}$ 都是非零向量情况.

从(1.1.45)式和(1.1.46)式,有

$$\begin{aligned}(\boldsymbol{a}+\boldsymbol{b})\cdot\boldsymbol{c} &= |\boldsymbol{c}|\pi_c(\boldsymbol{a}+\boldsymbol{b}) = |\boldsymbol{c}|(\pi_c\boldsymbol{a}+\pi_c\boldsymbol{b})\\ &= |\boldsymbol{c}|\pi_c\boldsymbol{a}+|\boldsymbol{c}|\pi_c\boldsymbol{b} = \boldsymbol{a}\cdot\boldsymbol{c}+\boldsymbol{b}\cdot\boldsymbol{c}.\end{aligned} \tag{1.1.47}$$

从内积的性质(4)和性质(5),立即可以看到

$$(\lambda\boldsymbol{a}+\mu\boldsymbol{b})\cdot\boldsymbol{c} = \lambda(\boldsymbol{a}\cdot\boldsymbol{c})+\mu(\boldsymbol{b}\cdot\boldsymbol{c}), \tag{1.1.48}$$

这里 λ, μ 是任意两个实数, $\boldsymbol{a}$, $\boldsymbol{b}$, $\boldsymbol{c}$ 是 3 个任意向量.

从内积的定义,还可以看到对于两个向量 $\boldsymbol{a}$ 与 $\boldsymbol{b}$,有下列性质.

(6) $|\boldsymbol{a}\cdot\boldsymbol{b}|\leqslant|\boldsymbol{a}||\boldsymbol{b}|$. 等号只在 $\boldsymbol{a}\,/\!/\,\boldsymbol{b}$ 时成立(这里注意零向量与任一向量平行). 性质(6)称为 Schwarz 不等式.

下面举两个内积应用的例题.

例 3　在△ABC 中,∠A 不是直角, O 是△ABC 的外心, H 是△ABC 的垂心. 问:△ABC 要满足什么条件,才能使得 $AH = OA$?

解　设 R 是△ABC 的外接圆半径. 如果 $AH = OA$, 则

$$|\overrightarrow{AH}| = |\overrightarrow{OA}| = R, \tag{1.1.49}$$

即

$$|\overrightarrow{OH}-\overrightarrow{OA}| = R. \tag{1.1.50}$$

从上式及例 1 可以知道

$$|\overrightarrow{OB}+\overrightarrow{OC}| = R, \tag{1.1.51}$$

那么,利用内积的性质(3)及(1.1.51)式,有

$$(\overrightarrow{OB}+\overrightarrow{OC})\cdot(\overrightarrow{OB}+\overrightarrow{OC}) = R^2. \tag{1.1.52}$$

利用

$$\overrightarrow{OB}\cdot\overrightarrow{OB} = |\overrightarrow{OB}|^2 = R^2,\quad \overrightarrow{OC}\cdot\overrightarrow{OC} = |\overrightarrow{OC}|^2 = R^2, \tag{1.1.53}$$

有

$$\overrightarrow{OB}\cdot\overrightarrow{OC} = -\frac{1}{2}R^2, \tag{1.1.54}$$

再由内积定义和向量 $\overrightarrow{OB}$, $\overrightarrow{OC}$ 长度皆为 R,有

$$R^2\cos\angle(\overrightarrow{OB}, \overrightarrow{OC}) = -\frac{1}{2}R^2, \tag{1.1.55}$$

从(1.1.55)式,有

$$\cos\angle(\overrightarrow{OB}, \overrightarrow{OC}) = -\frac{1}{2}. \tag{1.1.56}$$

当角 A 是锐角时,知道 $\angle(\overrightarrow{OB}, \overrightarrow{OC}) = 2A$;当角 A 是钝角时,知道 $\angle(\overrightarrow{OB}, \overrightarrow{OC}) = 2(\pi - A)$. 于是,再兼顾(1.1.56)式,有

$$\cos 2A = -\frac{1}{2}. \tag{1.1.57}$$

由于 $0 < 2A < 2\pi$, 从上式,得

$$A = \frac{\pi}{3} \text{ 或 } A = \frac{2\pi}{3}. \tag{1.1.58}$$

条件(1.1.58)保证 $AH = OA$.

例 4 如图 1.12 所示,在△ABC 内部任取一点 O, 分别连接$\overrightarrow{OA}$, $\overrightarrow{OB}$, $\overrightarrow{OC}$,又 $\boldsymbol{e}_1$, $\boldsymbol{e}_2$, $\boldsymbol{e}_3$ 分别是它们的单位向量. 求证:向量 $\boldsymbol{e}_1 + \boldsymbol{e}_2 + \boldsymbol{e}_3$ 的长度小于 1.

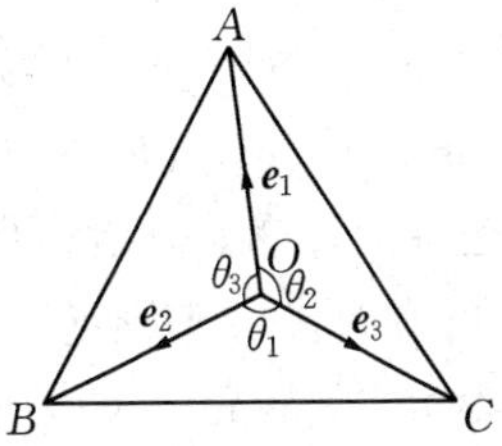

图 1.12

证明 记 $\angle BOC = \theta_1$, $\angle COA = \theta_2$, $\angle AOB = \theta_3$, 这里 θ_1, θ_2, θ_3 都在$(0, \pi)$内, 显然 $\theta_1 + \theta_2 + \theta_3 = 2\pi$. 由于 $\boldsymbol{e}_1 \cdot \boldsymbol{e}_1 = 1$, $\boldsymbol{e}_2 \cdot \boldsymbol{e}_2 = 1$, $\boldsymbol{e}_3 \cdot \boldsymbol{e}_3 = 1$; $\boldsymbol{e}_1 \cdot \boldsymbol{e}_2 = \cos\theta_3$, $\boldsymbol{e}_2 \cdot \boldsymbol{e}_3 = \cos\theta_1$, $\boldsymbol{e}_3 \cdot \boldsymbol{e}_1 = \cos\theta_2$, 则

$$\begin{aligned}
&(\boldsymbol{e}_1 + \boldsymbol{e}_2 + \boldsymbol{e}_3) \cdot (\boldsymbol{e}_1 + \boldsymbol{e}_2 + \boldsymbol{e}_3) \\
=&(\boldsymbol{e}_1 \cdot \boldsymbol{e}_1 + \boldsymbol{e}_2 \cdot \boldsymbol{e}_2 + \boldsymbol{e}_3 \cdot \boldsymbol{e}_3) + 2(\boldsymbol{e}_1 \cdot \boldsymbol{e}_2 + \boldsymbol{e}_1 \cdot \boldsymbol{e}_3 + \boldsymbol{e}_2 \cdot \boldsymbol{e}_3) \\
=&3 + 2(\cos\theta_3 + \cos\theta_2 + \cos\theta_1).
\end{aligned} \tag{1.1.59}$$

又

$$\begin{aligned}
&\cos\theta_1 + \cos\theta_2 + \cos\theta_3 \\
=&2\cos\frac{1}{2}(\theta_1 + \theta_2)\cos\frac{1}{2}(\theta_1 - \theta_2) + \cos(\theta_1 + \theta_2) \\
=&2\cos\frac{1}{2}(\theta_1 + \theta_2)\cos\frac{1}{2}(\theta_1 - \theta_2) + 2\cos^2\frac{1}{2}(\theta_1 + \theta_2) - 1 \\
=&2\cos\frac{1}{2}(\theta_1 + \theta_2)\left[\cos\frac{1}{2}(\theta_1 - \theta_2) + \cos\frac{1}{2}(\theta_1 + \theta_2)\right] - 1 \\
=&4\cos\frac{1}{2}(\theta_1 + \theta_2)\cos\frac{1}{2}\theta_1\cos\frac{1}{2}\theta_2 - 1
\end{aligned}$$

$$= -4\cos\frac{1}{2}\theta_1\cos\frac{1}{2}\theta_2\cos\frac{1}{2}\theta_3 - 1, \tag{1.1.60}$$

$\frac{1}{2}\theta_1$, $\frac{1}{2}\theta_2$, $\frac{1}{2}\theta_3$ 都是锐角，从(1.1.60)式，有

$$\cos\theta_1 + \cos\theta_2 + \cos\theta_3 < -1, \tag{1.1.61}$$

从(1.1.59)式和(1.1.61)式，有

$$(\boldsymbol{e}_1 + \boldsymbol{e}_2 + \boldsymbol{e}_3)\cdot(\boldsymbol{e}_1 + \boldsymbol{e}_2 + \boldsymbol{e}_3) < 1,$$

即

$$|\boldsymbol{e}_1 + \boldsymbol{e}_2 + \boldsymbol{e}_3| < 1. \tag{1.1.62}$$

四、外积

现在讨论两个向量的另一种运算，一种崭新的运算. 设力 $\boldsymbol{F}$ 作用在非零向量 $\boldsymbol{r}$ 的终点上，从物理学知道，其力矩定义为一个向量 $\boldsymbol{M}$，它的大小为 $|\boldsymbol{F}||\boldsymbol{r}|\sin\angle(\boldsymbol{F}, \boldsymbol{r})$，方向垂直于 $\boldsymbol{r}$ 与 $\boldsymbol{F}$，且 $\boldsymbol{r}$, $\boldsymbol{F}$, $\boldsymbol{M}$ 构成右手系(见图 1.13，伸出右手，使大拇指和食指依次代表 $\boldsymbol{r}$, $\boldsymbol{F}$ 方向，让中指垂直于大拇指和食指，则中指方向代表 $\boldsymbol{M}$ 方向). 又带电量 q 的点电荷以速度 $\boldsymbol{v}$ 在磁感应强度 $\boldsymbol{B}$ 的磁场内运动，受到磁力 $\boldsymbol{F}$ 大小为 $q|\boldsymbol{v}||\boldsymbol{B}|\sin\angle(\boldsymbol{v}, \boldsymbol{B})$，方向正交于 $\boldsymbol{v}$ 和 $\boldsymbol{B}$，且 $\boldsymbol{v}$, $\boldsymbol{B}$, $\boldsymbol{F}$ 也构成右手系(见图 1.14).

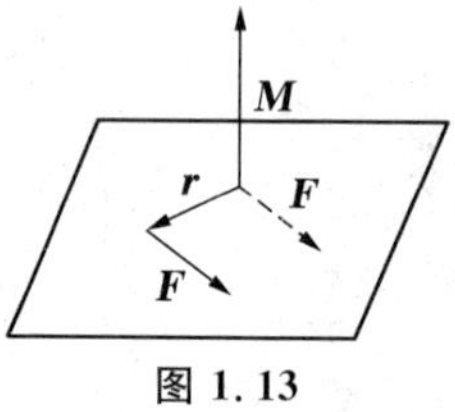

图 1.13

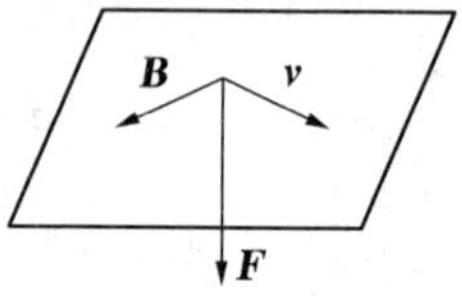

图 1.14

由此引出下述向量外积的定义.

定义 2 两个非零向量 $\boldsymbol{a}$ 与 $\boldsymbol{b}$ 的外积 $\boldsymbol{a}\times\boldsymbol{b}$ 是一个向量，其长度 $|\boldsymbol{a}\times\boldsymbol{b}| = |\boldsymbol{a}||\boldsymbol{b}|\sin\angle(\boldsymbol{a}, \boldsymbol{b})$，其方向正交于 $\boldsymbol{a}$ 与 $\boldsymbol{b}$，并且 $\boldsymbol{a}$, $\boldsymbol{b}$, $\boldsymbol{a}\times\boldsymbol{b}$ 成右手系.

当 $\boldsymbol{a}$, $\boldsymbol{b}$ 中有一个是零向量时，定义 $\boldsymbol{a}$, $\boldsymbol{b}$ 的外积 $\boldsymbol{a}\times\boldsymbol{b}$ 为零向量.

从定义 2 可以看出，非负实数 $|\boldsymbol{a}\times\boldsymbol{b}|$ 恰等于以 $\boldsymbol{a}$, $\boldsymbol{b}$(具同一起点)为邻边的平行四边形的面积. 要注意 $\boldsymbol{a}\times\boldsymbol{b}$ 是一个向量，外积又称向量积.

从上述定义可以看出外积具有如下性质.

外积的性质

(1) $\boldsymbol{a}\times\boldsymbol{b} = -\boldsymbol{b}\times\boldsymbol{a}$ (反称性)；

(2) $\boldsymbol{a}\times\boldsymbol{b} = \boldsymbol{0}$ 有 3 种可能：或 $\boldsymbol{a} = \boldsymbol{0}$ 或 $\boldsymbol{b} = \boldsymbol{0}$，或 $\boldsymbol{a}$, $\boldsymbol{b}$ 都不是零向量，但 $\boldsymbol{a}\parallel\boldsymbol{b}$，

特别有 $\boldsymbol{a}\times\boldsymbol{a}=\boldsymbol{0}$;

(3) $(\lambda\boldsymbol{a})\times\boldsymbol{b}=\lambda(\boldsymbol{a}\times\boldsymbol{b})=\boldsymbol{a}\times(\lambda\boldsymbol{b})$, 这里 λ 是一个任意实数;

(4) $|\boldsymbol{a}\times\boldsymbol{b}|^2+|\boldsymbol{a}\cdot\boldsymbol{b}|^2=|\boldsymbol{a}|^2|\boldsymbol{b}|^2$;

(5) $(\boldsymbol{a}+\boldsymbol{b})\times\boldsymbol{c}=\boldsymbol{a}\times\boldsymbol{c}+\boldsymbol{b}\times\boldsymbol{c}$.

下面证明性质(5).

证明 当 $\boldsymbol{a}$, $\boldsymbol{b}$, $\boldsymbol{c}$ 中有一个是零向量时,性质(5)显然成立.当 $\boldsymbol{a}$, $\boldsymbol{b}$, $\boldsymbol{c}$ 都不是零向量时,如果能证明

$$(\boldsymbol{a}+\boldsymbol{b})\times\frac{\boldsymbol{c}}{|\boldsymbol{c}|}=\boldsymbol{a}\times\frac{\boldsymbol{c}}{|\boldsymbol{c}|}+\boldsymbol{b}\times\frac{\boldsymbol{c}}{|\boldsymbol{c}|}, \tag{1.1.63}$$

则利用性质(3),性质(5)必成立.为简便,用 $\boldsymbol{c}$ 代替 $\frac{\boldsymbol{c}}{|\boldsymbol{c}|}$.下述对单位向量 $\boldsymbol{c}$ 来证明性质(5).如图 1.15 所示,有

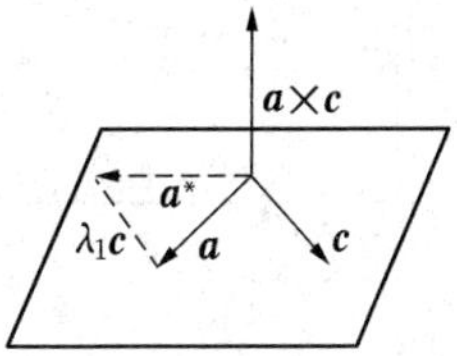

图 1.15

$\boldsymbol{a}=\lambda_1\boldsymbol{c}+\boldsymbol{a}^*$,这里 $\boldsymbol{a}^*$ 与 $\boldsymbol{c}$ 垂直, λ_1 是实数;

$\boldsymbol{b}=\lambda_2\boldsymbol{c}+\boldsymbol{b}^*$,这里 $\boldsymbol{b}^*$ 与 $\boldsymbol{c}$ 垂直, λ_2 是实数. (1.1.64)

从外积定义可以看出(比较下面等式两端方向和长度)

$$\boldsymbol{a}\times\boldsymbol{c}=\boldsymbol{a}^*\times\boldsymbol{c},\qquad \boldsymbol{b}\times\boldsymbol{c}=\boldsymbol{b}^*\times\boldsymbol{c}, \tag{1.1.65}$$

和

$$\begin{aligned}(\boldsymbol{a}+\boldsymbol{b})\times\boldsymbol{c}&=[(\lambda_1+\lambda_2)\boldsymbol{c}+(\boldsymbol{a}^*+\boldsymbol{b}^*)]\times\boldsymbol{c}\\&=(\boldsymbol{a}^*+\boldsymbol{b}^*)\times\boldsymbol{c}.\end{aligned} \tag{1.1.66}$$

如果能证明

$$(\boldsymbol{a}^*+\boldsymbol{b}^*)\times\boldsymbol{c}=\boldsymbol{a}^*\times\boldsymbol{c}+\boldsymbol{b}^*\times\boldsymbol{c}, \tag{1.1.67}$$

则性质(5)成立.注意这里 $\boldsymbol{c}$ 是单位向量, $\boldsymbol{a}^*$, $\boldsymbol{b}^*$ 都与 $\boldsymbol{c}$ 垂直.

当 $\boldsymbol{a}^*$, $\boldsymbol{b}^*$ 是平行向量时,(1.1.67)式显然成立.下面考虑 $\boldsymbol{a}^*$, $\boldsymbol{b}^*$ 是不平行的两个向量情况.

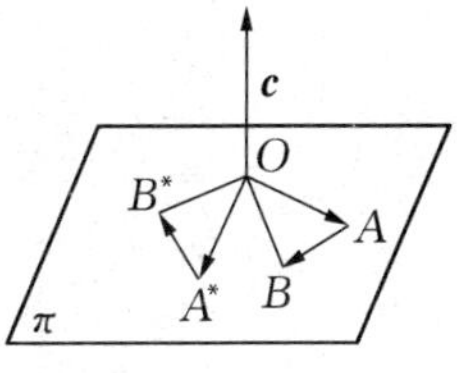

图 1.16

过向量 $\boldsymbol{c}$ 的起点 O 作一个平面 π,垂直于向量 $\boldsymbol{c}$ 所在的直线.将向量 $\boldsymbol{a}^*$ 的起点平行移动到 O,则可以在平面 π 内画出向量 $\boldsymbol{a}^*$,以 $\boldsymbol{a}^*$ 的终点作为向量 $\boldsymbol{b}^*$ 的起点,在平面 π 内画出向量 $\boldsymbol{b}^*$,则在平面 π 内,有 $\triangle OAB$, $\overrightarrow{OA}=\boldsymbol{a}^*$, $\overrightarrow{AB}=\boldsymbol{b}^*$, $\overrightarrow{OB}=\boldsymbol{a}^*+\boldsymbol{b}^*$.在平面 π 内,将 $\triangle OAB$ 绕点 O 按顺时针旋转 $\frac{\pi}{2}$,得 $\triangle OA^*B^*$ (见图 1.16).

从外积定义,有

$$\overrightarrow{OA^*}=a^*\times c,\qquad \overrightarrow{A^*B^*}=b^*\times c,$$

$$\overrightarrow{OB^*}=\overrightarrow{OB}\times c=(a^*+b^*)\times c. \tag{1.1.68}$$

由于

$$\overrightarrow{OB^*}=\overrightarrow{OA^*}+\overrightarrow{A^*B^*},$$

则要求证的等式成立.

下面举两个有关外积的例题.

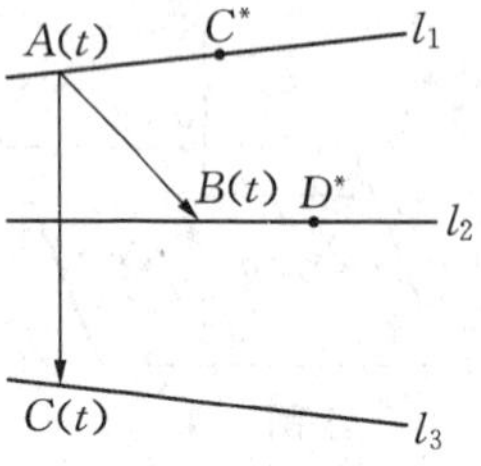

图 1.17

例 5　如图 1.17 所示,3 个人分别沿着平面上 l_1, l_2, l_3 这 3 条直线匀速行走. 开始时,他们不在同一条直线上. 求证:他们在运动中共线的位置不会超过两次.

证明　设平面 π 内点 $A(t)$, $B(t)$, $C(t)$分别表示 3 人在时刻 t 的位置. 记

$$\overrightarrow{x(t)}=\overrightarrow{A(t)B(t)},\qquad \overrightarrow{y(t)}=\overrightarrow{A(t)C(t)}. \tag{1.1.69}$$

设 C^*, D^* 分别是 $A(t)$, $B(t)$所在直线上两个固定点,则有

$$\overrightarrow{A(t)B(t)}=\overrightarrow{C^*D^*}+\overrightarrow{D^*B(t)}-\overrightarrow{C^*A(t)}, \tag{1.1.70}$$

$\overrightarrow{C^*D^*}$是一个常向量. 由于是匀速行走,因此,$\overrightarrow{D^*B(t)}$, $\overrightarrow{C^*A(t)}$都是 t 的一次函数(向量形式). 从(1.1.69)式和(1.1.70)式,有

$$\overrightarrow{x(t)}=at+b. \tag{1.1.71}$$

取点 O 在这平面上,这里 a, b 的起点都是点 O,则 a, b 都是平面 π 内向量.

同理,有

$$\overrightarrow{y(t)}=ct+d, \tag{1.1.72}$$

这里 c, d 都是平面 π 内以点 O 为起点的向量.

3 人在时刻 t 共线当且仅当 $\overrightarrow{x(t)}\parallel\overrightarrow{y(t)}$,即$\overrightarrow{x(t)}\times\overrightarrow{y(t)}=\mathbf{0}$. 从(1.1.71)式和(1.1.72)式,有

$$\begin{aligned}\overrightarrow{x(t)}\times\overrightarrow{y(t)}&=(at+b)\times(ct+d)\\&=(a\times c)t^2+(b\times c+a\times d)t+b\times d.\end{aligned} \tag{1.1.73}$$

由于 a, b, c, d 都是平面 π 内以点 O 为起点的向量,记垂直于平面 π 的单位向

量(称为平面 π 的单位法向量)为 $\boldsymbol{n}$(这样的 $\boldsymbol{n}$ 有两个,仅相差一个负号,取其中任一个),则有

$$\boldsymbol{a}\times\boldsymbol{c}=\lambda_1\boldsymbol{n},\qquad \boldsymbol{b}\times\boldsymbol{c}+\boldsymbol{a}\times\boldsymbol{d}=\lambda_2\boldsymbol{n},$$

$$\boldsymbol{b}\times\boldsymbol{d}=\lambda_3\boldsymbol{n},\tag{1.1.74}$$

这里 λ_1, λ_2, λ_3 是 3 个实数.

将(1.1.74)式代入(1.1.73)式,有

$$\overrightarrow{x(t)}\times\overrightarrow{y(t)}=(\lambda_1t^2+\lambda_2t+\lambda_3)\boldsymbol{n}.\tag{1.1.75}$$

由题目条件, $\overrightarrow{x(0)}\times\overrightarrow{y(0)}$ 不是零向量,则从(1.1.75)式,有 $\lambda_3\neq0$. 从(1.1.75)式可以看出,满足 $\lambda_1t^2+\lambda_2t+\lambda_3=0$ 的实数 t 至多两个,这就是结论.

例 6　(1) 如图 1.18 所示,已知单位向量 $\boldsymbol{e}$ 垂直于非零向量 $\boldsymbol{r}$,将 $\boldsymbol{r}$ 绕(以原点 O 为起点的)$\boldsymbol{e}$ 逆时针旋转角度 θ 得到向量 $\boldsymbol{r}_1$,用 $\boldsymbol{e}$, $\boldsymbol{r}$ 和 θ 表示 $\boldsymbol{r}_1$.

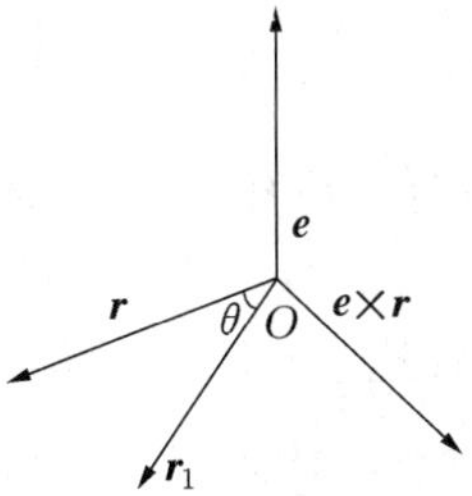

图 1.18

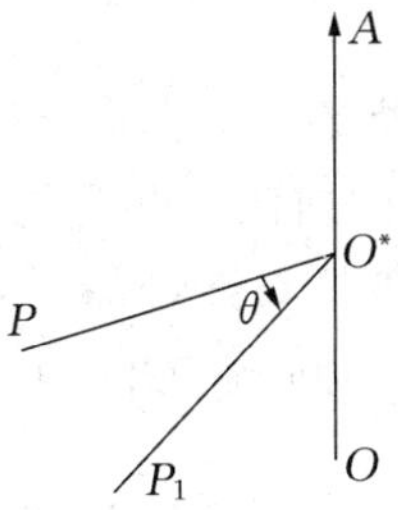

图 1.19

(2) 如图 1.19 所示,给定不共线的 3 点 O, P, A,将点 P 绕向量 $\overrightarrow{OA}$ 按逆时针旋转角度 θ 得到点 P_1,用 $\overrightarrow{OA}$, $\overrightarrow{OP}$ 和 θ 表示 $\overrightarrow{OP_1}$.

注　在(1)中,以一个人的脚代表 $\boldsymbol{e}$ 起点,头代表 $\boldsymbol{e}$ 终点,以这个人观察,$\boldsymbol{r}$($\boldsymbol{r}$ 的起点即为 $\boldsymbol{e}$ 的起点)按逆时针旋转称为 $\boldsymbol{r}$ 绕(以原点 O 为起点的)$\boldsymbol{e}$ 逆时针旋转. 点旋转类似定义.

解　(1) $\boldsymbol{r}_1=\boldsymbol{r}\cos\theta+\sin\theta\,\boldsymbol{e}\times\boldsymbol{r}$.　　(1.1.76)

(2) 过点 P 作一平面 π 垂直于 OA,交 OA 直线于点 O^*,由于 O, P, A 不共线,则 P 与 O^* 不重合. 利用(1.1.76)式,有

$$\overrightarrow{O^*P_1}=\overrightarrow{O^*P}\cos\theta+\sin\theta\frac{\overrightarrow{OA}}{|\overrightarrow{OA}|}\times\overrightarrow{O^*P}.\tag{1.1.77}$$

由于

$$\overrightarrow{OP_1}=\overrightarrow{OO^*}+\overrightarrow{O^*P_1},$$

$$\overrightarrow{OO^*}=\left(\overrightarrow{OP}\cdot\frac{\overrightarrow{OA}}{|\overrightarrow{OA}|}\right)\frac{\overrightarrow{OA}}{|\overrightarrow{OA}|},$$

$$\overrightarrow{O^*P}=\overrightarrow{OP}-\overrightarrow{OO^*},\tag{1.1.78}$$

则

$$\overrightarrow{OP_1}=\left(\overrightarrow{OP}\cdot\frac{\overrightarrow{OA}}{|\overrightarrow{OA}|}\right)\frac{\overrightarrow{OA}}{|\overrightarrow{OA}|}+\left[\overrightarrow{OP}-\left(\overrightarrow{OP}\cdot\frac{\overrightarrow{OA}}{|\overrightarrow{OA}|}\right)\frac{\overrightarrow{OA}}{|\overrightarrow{OA}|}\right]\cos\theta$$

$$+\sin\theta\frac{\overrightarrow{OA}}{|\overrightarrow{OA}|}\times(\overrightarrow{OP}-\overrightarrow{OO^*})$$

$$=(1-\cos\theta)\frac{\overrightarrow{OP}\cdot\overrightarrow{OA}}{|\overrightarrow{OA}|^2}\overrightarrow{OA}+\cos\theta\overrightarrow{OP}+\frac{\sin\theta}{|\overrightarrow{OA}|}\overrightarrow{OA}\times\overrightarrow{OP}.\tag{1.1.79}$$

五、直角坐标系

为了确定空间内任一点 P 的位置,取一定点 O 作为原点,以点 O 为起点,作 3 个互相垂直的单位向量 $\boldsymbol{e}_1, \boldsymbol{e}_2, \boldsymbol{e}_3$,使得 $\boldsymbol{e}_3=\boldsymbol{e}_1\times\boldsymbol{e}_2$. 以 $\boldsymbol{e}_1$ 方向为 x 轴正方向, $\boldsymbol{e}_2$ 方向为 y 轴正方向,$\boldsymbol{e}_3$ 方向为 z 轴正方向,建立欧氏空间直角坐标系. 有唯一的分解式

$$\overrightarrow{OP}=x_1\boldsymbol{e}_1+x_2\boldsymbol{e}_2+x_3\boldsymbol{e}_3.\tag{1.1.80}$$

称(x_1, x_2, x_3)为点 P 关于坐标系$\{O, \boldsymbol{e}_1, \boldsymbol{e}_2, \boldsymbol{e}_3\}$的坐标,也称$(x_1, x_2, x_3)$为向量$\overrightarrow{OP}$的坐标表示. 为了表示区别,通常称点$(x_1, x_2, x_3)$表示点 P,向量(x_1, x_2, x_3)表示向量$\overrightarrow{OP}$.

为了简捷,通常写

$$\overrightarrow{OP}=(x_1, x_2, x_3),\tag{1.1.81}$$

公式(1.1.80)和(1.1.81)应视为同一个公式. 采用上述办法,可以将向量的各种运算归结为实数的一些运算. 这样,代数学就进入了几何领地.

设向量

$$\boldsymbol{a}=(a_1, a_2, a_3),\qquad \boldsymbol{b}=(b_1, b_2, b_3),\tag{1.1.82}$$

则

$$\boldsymbol{a}+\boldsymbol{b}=(a_1, a_2, a_3)+(b_1, b_2, b_3)$$

$$=(a_1\boldsymbol{e}_1+a_2\boldsymbol{e}_2+a_3\boldsymbol{e}_3)+(b_1\boldsymbol{e}_1+b_2\boldsymbol{e}_2+b_3\boldsymbol{e}_3)$$

$$=(a_1+b_1)\boldsymbol{e}_1+(a_2+b_2)\boldsymbol{e}_2+(a_3+b_3)\boldsymbol{e}_3$$
$$=(a_1+b_1,\ a_2+b_2,a_3+b_3).\tag{1.1.83}$$

类似上式,有

$$\boldsymbol{a}-\boldsymbol{b}=(a_1-b_1,\ a_2-b_2,\ a_3-b_3).\tag{1.1.84}$$

对于任意一个实数 λ,有

$$\lambda\boldsymbol{a}=\lambda(a_1,\ a_2,\ a_3)=\lambda(a_1\boldsymbol{e}_1+a_2\boldsymbol{e}_2+a_3\boldsymbol{e}_3)$$
$$=(\lambda a_1)\boldsymbol{e}_1+(\lambda a_2)\boldsymbol{e}_2+(\lambda a_3)\boldsymbol{e}_3$$
$$=(\lambda a_1,\ \lambda a_2,\ \lambda a_3).\tag{1.1.85}$$

利用　$\boldsymbol{e}_1\cdot\boldsymbol{e}_1=1$, $\boldsymbol{e}_1\cdot\boldsymbol{e}_2=\boldsymbol{e}_2\cdot\boldsymbol{e}_1=0$, $\boldsymbol{e}_1\cdot\boldsymbol{e}_3=\boldsymbol{e}_3\cdot\boldsymbol{e}_1=0$, $\boldsymbol{e}_2\cdot\boldsymbol{e}_2=1$, $\boldsymbol{e}_2\cdot\boldsymbol{e}_3=\boldsymbol{e}_3\cdot\boldsymbol{e}_2=0$, $\boldsymbol{e}_3\cdot\boldsymbol{e}_3=1$, 有

$$\boldsymbol{a}\cdot\boldsymbol{b}=(a_1,\ a_2,\ a_3)\cdot(b_1,\ b_2,\ b_3)$$
$$=(a_1\boldsymbol{e}_1+a_2\boldsymbol{e}_2+a_3\boldsymbol{e}_3)\cdot(b_1\boldsymbol{e}_1+b_2\boldsymbol{e}_2+b_3\boldsymbol{e}_3)$$
$$=a_1b_1+a_2b_2+a_3b_3.\tag{1.1.86}$$

特别,有

$$|\boldsymbol{a}|^2=\boldsymbol{a}\cdot\boldsymbol{a}=a_1^2+a_2^2+a_3^2,$$
$$|\boldsymbol{a}|=\sqrt{a_1^2+a_2^2+a_3^2}.\tag{1.1.87}$$

如果 $\boldsymbol{a}$, $\boldsymbol{b}$ 都不是零向量,利用内积的定义,和公式(1.1.86)和公式(1.1.87),有

$$\cos\angle(\boldsymbol{a},\ \boldsymbol{b})=\frac{\boldsymbol{a}\cdot\boldsymbol{b}}{|\boldsymbol{a}||\boldsymbol{b}|}=\frac{a_1b_1+a_2b_2+a_3b_3}{\sqrt{a_1^2+a_2^2+a_3^2}\ \sqrt{b_1^2+b_2^2+b_3^2}}.\tag{1.1.88}$$

如果非零向量 $\boldsymbol{a}$ 与 $\boldsymbol{e}_1$ 的夹角是 α,与 $\boldsymbol{e}_2$ 的夹角是 β,与 $\boldsymbol{e}_3$ 的夹角是 γ. 由于 $\boldsymbol{e}_1=(1,\ 0,\ 0)$, $\boldsymbol{e}_2=(0,\ 1,\ 0)$, $\boldsymbol{e}_3=(0,\ 0,\ 1)$, 则有

$$\cos\alpha=\frac{\boldsymbol{a}\cdot\boldsymbol{e}_1}{|\boldsymbol{a}||\boldsymbol{e}_1|}=\frac{a_1}{\sqrt{a_1^2+a_2^2+a_3^2}},$$
$$\cos\beta=\frac{\boldsymbol{a}\cdot\boldsymbol{e}_2}{|\boldsymbol{a}||\boldsymbol{e}_2|}=\frac{a_2}{\sqrt{a_1^2+a_2^2+a_3^2}},\tag{1.1.89}$$
$$\cos\gamma=\frac{\boldsymbol{a}\cdot\boldsymbol{e}_3}{|\boldsymbol{a}||\boldsymbol{e}_3|}=\frac{a_3}{\sqrt{a_1^2+a_2^2+a_3^2}}.$$

向量$(\cos\alpha, \cos\beta, \cos\gamma)$是$\boldsymbol{a}$的单位向量$\frac{\boldsymbol{a}}{|\boldsymbol{a}|}$. $\cos\alpha$, $\cos\beta$, $\cos\gamma$称为$\boldsymbol{a}$的方向余弦.它们满足:

$$\cos^2\alpha+\cos^2\beta+\cos^2\gamma=1. \tag{1.1.90}$$

利用

$$\begin{aligned}&-\boldsymbol{e}_2\times\boldsymbol{e}_1=\boldsymbol{e}_1\times\boldsymbol{e}_2=\boldsymbol{e}_3, \quad -\boldsymbol{e}_3\times\boldsymbol{e}_2=\boldsymbol{e}_2\times\boldsymbol{e}_3=\boldsymbol{e}_1,\\ &-\boldsymbol{e}_1\times\boldsymbol{e}_3=\boldsymbol{e}_3\times\boldsymbol{e}_1=\boldsymbol{e}_2, \quad \boldsymbol{e}_1\times\boldsymbol{e}_1=\boldsymbol{0}, \boldsymbol{e}_2\times\boldsymbol{e}_2=\boldsymbol{0}, \boldsymbol{e}_3\times\boldsymbol{e}_3=\boldsymbol{0},\end{aligned} \tag{1.1.91}$$

有

$$\begin{aligned}\boldsymbol{a}\times\boldsymbol{b}&=(a_1, a_2, a_3)\times(b_1, b_2, b_3)\\ &=(a_1\boldsymbol{e}_1+a_2\boldsymbol{e}_2+a_3\boldsymbol{e}_3)\times(b_1\boldsymbol{e}_1+b_2\boldsymbol{e}_2+b_3\boldsymbol{e}_3)\\ &=(a_1b_2\boldsymbol{e}_3-a_1b_3\boldsymbol{e}_2)+(-a_2b_1\boldsymbol{e}_3+a_2b_3\boldsymbol{e}_1)+(a_3b_1\boldsymbol{e}_2-a_3b_2\boldsymbol{e}_1)\\ &=(a_2b_3-a_3b_2)\boldsymbol{e}_1+(a_3b_1-a_1b_3)\boldsymbol{e}_2+(a_1b_2-a_2b_1)\boldsymbol{e}_3\\ &=(a_2b_3-a_3b_2, a_3b_1-a_1b_3, a_1b_2-a_2b_1).\end{aligned} \tag{1.1.92}$$

当x, y, z, w是4个实数时,定义一个2阶行列式:

$$\begin{vmatrix} x & z \\ y & w \end{vmatrix}=xw-yz, \tag{1.1.93}$$

从(1.1.92)式和(1.1.93)式,有

$$\boldsymbol{a}\times\boldsymbol{b}=\left(\begin{vmatrix} a_2, & a_3 \\ b_2, & b_3 \end{vmatrix}, -\begin{vmatrix} a_1, & a_3 \\ b_1, & b_3 \end{vmatrix}, \begin{vmatrix} a_1, & a_2 \\ b_1, & b_2 \end{vmatrix}\right). \tag{1.1.94}$$

为了方便记忆,可以在运算纸上写$\begin{pmatrix} a_1 & a_2 & a_3 \\ b_1 & b_2 & b_3 \end{pmatrix}$. 先用手遮住第一列,写出公式(1.1.94)右端第一个2阶行列式;再用手遮住第二列,写出公式(1.1.94)右端第二个2阶行列式,别忘了行列式前有一个负号;最后用手遮住第三列,写出(1.1.94)右端第三个2阶行列式.

六、混合积

设$\boldsymbol{a}=(a_1, a_2, a_3)$, $\boldsymbol{b}=(b_1, b_2, b_3)$, $\boldsymbol{c}=(c_1, c_2, c_3)$,定义3个向量$\boldsymbol{a}$, $\boldsymbol{b}$, $\boldsymbol{c}$的混合积

$$(\boldsymbol{a}, \boldsymbol{b}, \boldsymbol{c})=(\boldsymbol{a}\times\boldsymbol{b})\cdot\boldsymbol{c}, \tag{1.1.95}$$

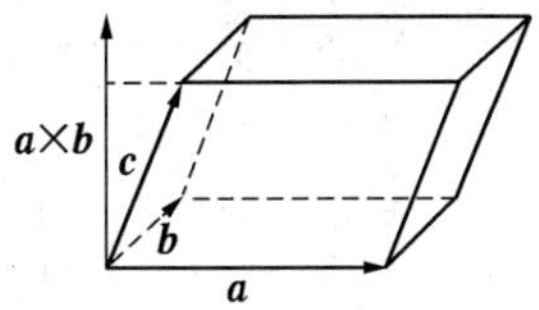

图 1.20

实数$(\boldsymbol{a}, \boldsymbol{b}, \boldsymbol{c})$的绝对值等于$|\boldsymbol{a}\times\boldsymbol{b}||\boldsymbol{c}|\cos\angle(\boldsymbol{a}\times\boldsymbol{b}, \boldsymbol{c})$的绝对值.这个非负实数恰等于以$\boldsymbol{a}$, $\boldsymbol{b}$, $\boldsymbol{c}$为邻边的平行六面体的体积,如图 1.20 所示.

利用(1.1.86)式、(1.1.94)式和(1.1.95)式,有

$$(\boldsymbol{a}, \boldsymbol{b}, \boldsymbol{c}) = \begin{vmatrix} a_2 & a_3 \\ b_2 & b_3 \end{vmatrix} c_1 - \begin{vmatrix} a_1 & a_3 \\ b_1 & b_3 \end{vmatrix} c_2 + \begin{vmatrix} a_1 & a_2 \\ b_1 & b_2 \end{vmatrix} c_3$$
$$= (a_2b_3 - a_3b_2)c_1 - (a_1b_3 - a_3b_1)c_2 + (a_1b_2 - a_2b_1)c_3. \tag{1.1.96}$$

对于 9 个实数a_1, a_2, a_3, b_1, b_2, b_3, c_1, c_2, c_3,定义一个 3 阶行列式:

$$\begin{vmatrix} a_1 & a_2 & a_3 \\ b_1 & b_2 & b_3 \\ c_1 & c_2 & c_3 \end{vmatrix} = (a_1b_2c_3 + a_2b_3c_1 + a_3b_1c_2) - (a_3b_2c_1 + a_2b_1c_3 + a_1b_3c_2), \tag{1.1.97}$$

利用(1.1.96)式和(1.1.97)式,有

$$(\boldsymbol{a}, \boldsymbol{b}, \boldsymbol{c}) = \begin{vmatrix} a_1 & a_2 & a_3 \\ b_1 & b_2 & b_3 \\ c_1 & c_2 & c_3 \end{vmatrix}. \tag{1.1.98}$$

从(1.1.97)式,很容易看到

$$\begin{vmatrix} a_1 & a_2 & a_3 \\ b_1 & b_2 & b_3 \\ c_1 & c_2 & c_3 \end{vmatrix} = \begin{vmatrix} b_1 & b_2 & b_3 \\ c_1 & c_2 & c_3 \\ a_1 & a_2 & a_3 \end{vmatrix} = \begin{vmatrix} c_1 & c_2 & c_3 \\ a_1 & a_2 & a_3 \\ b_1 & b_2 & b_3 \end{vmatrix} = -\begin{vmatrix} b_1 & b_2 & b_3 \\ a_1 & a_2 & a_3 \\ c_1 & c_2 & c_3 \end{vmatrix}$$
$$= -\begin{vmatrix} c_1 & c_2 & c_3 \\ b_1 & b_2 & b_3 \\ a_1 & a_2 & a_3 \end{vmatrix} = -\begin{vmatrix} a_1 & a_2 & a_3 \\ c_1 & c_2 & c_3 \\ b_1 & b_2 & b_3 \end{vmatrix}. \tag{1.1.99}$$

利用(1.1.98)式和(1.1.99)式,可以得到混合积的如下性质:

$$(\boldsymbol{a}, \boldsymbol{b}, \boldsymbol{c}) = (\boldsymbol{b}, \boldsymbol{c}, \boldsymbol{a}) = (\boldsymbol{c}, \boldsymbol{a}, \boldsymbol{b}) = -(\boldsymbol{b}, \boldsymbol{a}, \boldsymbol{c})$$
$$= -(\boldsymbol{c}, \boldsymbol{b}, \boldsymbol{a}) = -(\boldsymbol{a}, \boldsymbol{c}, \boldsymbol{b}). \tag{1.1.100}$$

显然,利用混合积的绝对值的几何意义,可以看到$\boldsymbol{a}$, $\boldsymbol{b}$, $\boldsymbol{c}$这 3 个向量共面的充要条件是$(\boldsymbol{a}, \boldsymbol{b}, \boldsymbol{c}) = 0$.

下面介绍向量内、外积的几个关系式.

例 7 求证: $(\boldsymbol{a}\times\boldsymbol{b})\times\boldsymbol{c}=(\boldsymbol{a}\cdot\boldsymbol{c})\boldsymbol{b}-(\boldsymbol{b}\cdot\boldsymbol{c})\boldsymbol{a}$ (双重外积公式).

证明 利用公式(1.1.92)式和(1.1.94)式,有

$$(\boldsymbol{a}\times\boldsymbol{b})\times\boldsymbol{c}=(a_2b_3-a_3b_2,\ a_3b_1-a_1b_3,\ a_1b_2-a_2b_1)\times(c_1,\ c_2,\ c_3)$$

$$=\left(\begin{vmatrix}a_3b_1-a_1b_3 & a_1b_2-a_2b_1\\ c_2 & c_3\end{vmatrix},-\begin{vmatrix}a_2b_3-a_3b_2 & a_1b_2-a_2b_1\\ c_1 & c_3\end{vmatrix},\right.$$
$$\left.\begin{vmatrix}a_2b_3-a_3b_2 & a_3b_1-a_1b_3\\ c_1 & c_2\end{vmatrix}\right)$$

$$=((a_3b_1-a_1b_3)c_3-(a_1b_2-a_2b_1)c_2,\ (a_1b_2-a_2b_1)c_1-(a_2b_3-a_3b_2)c_3,$$
$$(a_2b_3-a_3b_2)c_2-(a_3b_1-a_1b_3)c_1)$$

$$=((a_2c_2+a_3c_3)b_1-a_1(b_2c_2+b_3c_3),\ (a_1c_1+a_3c_3)b_2-a_2(b_1c_1+b_3c_3),$$
$$(a_1c_1+a_2c_2)b_3-a_3(b_1c_1+b_2c_2))$$

$$=(a_1c_1+a_2c_2+a_3c_3)(b_1,\ b_2,\ b_3)-(b_1c_1+b_2c_2+b_3c_3)(a_1,\ a_2,\ a_3)$$

$$=(\boldsymbol{a}\cdot\boldsymbol{c})\boldsymbol{b}-(\boldsymbol{b}\cdot\boldsymbol{c})\boldsymbol{a}. \tag{1.1.101}$$

双重外积公式的应用很广泛.

例 8 求证:

(1) $(\boldsymbol{a}\times\boldsymbol{b})\times\boldsymbol{c}+(\boldsymbol{b}\times\boldsymbol{c})\times\boldsymbol{a}+(\boldsymbol{c}\times\boldsymbol{a})\times\boldsymbol{b}=\boldsymbol{0}$(Jacobi 恒等式);

(2) $(\boldsymbol{a}\times\boldsymbol{b})\times(\boldsymbol{c}\times\boldsymbol{d})=(\boldsymbol{a},\ \boldsymbol{b},\ \boldsymbol{d})\boldsymbol{c}-(\boldsymbol{a},\ \boldsymbol{b},\ \boldsymbol{c})\boldsymbol{d}$;

(3) $(\boldsymbol{a}\times\boldsymbol{b})\cdot(\boldsymbol{c}\times\boldsymbol{d})=(\boldsymbol{a}\cdot\boldsymbol{c})(\boldsymbol{b}\cdot\boldsymbol{d})-(\boldsymbol{a}\cdot\boldsymbol{d})(\boldsymbol{b}\cdot\boldsymbol{c})$ (Lagrange 恒等式).

证明 (1) 利用双重外积公式,有

$$(\boldsymbol{a}\times\boldsymbol{b})\times\boldsymbol{c}+(\boldsymbol{b}\times\boldsymbol{c})\times\boldsymbol{a}+(\boldsymbol{c}\times\boldsymbol{a})\times\boldsymbol{b}$$
$$=[(\boldsymbol{a}\cdot\boldsymbol{c})\boldsymbol{b}-(\boldsymbol{b}\cdot\boldsymbol{c})\boldsymbol{a}]+[(\boldsymbol{b}\cdot\boldsymbol{a})\boldsymbol{c}-(\boldsymbol{c}\cdot\boldsymbol{a})\boldsymbol{b}]+[(\boldsymbol{c}\cdot\boldsymbol{b})\boldsymbol{a}-(\boldsymbol{a}\cdot\boldsymbol{b})\boldsymbol{c}]$$
$$=\boldsymbol{0}.$$

(2) 将 $(\boldsymbol{a}\times\boldsymbol{b})$ 视作一个向量,利用外积的反称性及双重外积公式,有

$$\begin{aligned}(\boldsymbol{a}\times\boldsymbol{b})\times(\boldsymbol{c}\times\boldsymbol{d})&=-(\boldsymbol{c}\times\boldsymbol{d})\times(\boldsymbol{a}\times\boldsymbol{b})\\&=-[(\boldsymbol{c}\cdot(\boldsymbol{a}\times\boldsymbol{b}))\boldsymbol{d}-(\boldsymbol{d}\cdot(\boldsymbol{a}\times\boldsymbol{b}))\boldsymbol{c}]\\&=(\boldsymbol{a},\ \boldsymbol{b},\ \boldsymbol{d})\boldsymbol{c}-(\boldsymbol{a},\ \boldsymbol{b},\ \boldsymbol{c})\boldsymbol{d},\end{aligned}$$

最后一个等式是利用混合积定义.

(3) 将 $(\boldsymbol{a}\times\boldsymbol{b})$ 视作一个向量,利用混合积的性质及双重外积公式,有

$$(\boldsymbol{a}\times\boldsymbol{b})\cdot(\boldsymbol{c}\times\boldsymbol{d})=(\boldsymbol{c},\ \boldsymbol{d},\ \boldsymbol{a}\times\boldsymbol{b})=(\boldsymbol{a}\times\boldsymbol{b},\ \boldsymbol{c},\ \boldsymbol{d})$$

$$=[(\boldsymbol{a}\times\boldsymbol{b})\times\boldsymbol{c}]\cdot\boldsymbol{d}$$

$$=[(\boldsymbol{a}\cdot\boldsymbol{c})\boldsymbol{b}-(\boldsymbol{b}\cdot\boldsymbol{c})\boldsymbol{a}]\cdot\boldsymbol{d}$$

$$=(\boldsymbol{a}\cdot\boldsymbol{c})(\boldsymbol{b}\cdot\boldsymbol{d})-(\boldsymbol{a}\cdot\boldsymbol{d})(\boldsymbol{b}\cdot\boldsymbol{c}).$$

§1.2　直线与平面

一、平面

已知一个平面 π,垂直于平面 π 的直线称为平面的法线,平行于这条法线的任一非零向量称为平面 π 的法向量.

在中学就知道,过空间一点 M_0 垂直于一条直线 L 的平面 π 是唯一确定的.

现在来写出平面 π 的方程.

设在一个空间直角坐标系 $\{O,\ \boldsymbol{e}_1,\ \boldsymbol{e}_2,\ \boldsymbol{e}_3\}$ 中,$\overrightarrow{OM_0}=\boldsymbol{r}_0=(x_0,\ y_0,\ z_0)$,非零向量 $\boldsymbol{n}$ 平行于直线 L,设 $\boldsymbol{n}=(A,\ B,\ C)$,这里 $A,\ B,\ C$ 是不全为零的实数.

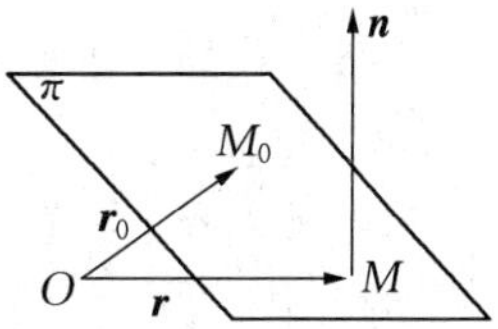

图 1.21

如图 1.21 所示,在这平面 π 上任取一点 M,设点 M 的坐标是 $(x,\ y,\ z)$,$\overrightarrow{OM}=\boldsymbol{r}=(x,\ y,\ z)$. 显然向量 $\overrightarrow{M_0M}$ 与 $\boldsymbol{n}$ 相互垂直. 于是有

$$\boldsymbol{n}\cdot(\boldsymbol{r}-\boldsymbol{r}_0)=0. \tag{1.2.1}$$

从上式,有

$$A(x-x_0)+B(y-y_0)+C(z-z_0)=0, \tag{1.2.2}$$

即

$$Ax+By+Cz+D=0, \tag{1.2.3}$$

这里

$$D=-(Ax_0+By_0+Cz_0).$$

方程(1.2.3)称为平面 π 的方程.

设空间有一点 $M(x,\ y,\ z)$,它满足方程(1.2.3),这里 $A,\ B,\ C$ 是不全为零的 3 个实数,D 也是实数. 不妨设 $A\neq 0$,则可改写方程(1.2.3)为

$$A\left(x+\frac{D}{A}\right)+By+Cz=0. \tag{1.2.4}$$

记坐标为 $\left(-\frac{D}{A}, 0, 0\right)$ 的点为 M_0. 又记 $\boldsymbol{n}=(A, B, C)$,从方程(1.2.4),有

$$\boldsymbol{n}\cdot\overrightarrow{M_0M}=0, \tag{1.2.5}$$

这表明点 M 在过点 M_0 且以 $\boldsymbol{n}$ 为法向量的平面 π 内.

从上面的叙述可以得到,一切平面的方程都可以写成方程(1.2.3)的形式;满足方程(1.2.3)的点 (x, y, z) 恰在一张平面上.

例 1　已知一张平面过点 $(1, -2, 3)$,法向量 $\boldsymbol{n}=(3, 4, 0)$,求这平面的方程.

解　从方程(1.2.2),有

$$3(x-1)+4(y+2)=0,$$

化简后得所求平面的方程是

$$3x+4y+5=0. \tag{1.2.6}$$

例 2　已知一平面通过 3 点 $(a, 0, 0)$, $(0, b, 0)$, $(0, 0, c)$,这里 a, b, c 是 3 个不为零的实数,求它的方程.

解　设所求平面的方程是

$$A^*x+B^*y+C^*z+D=0, \tag{1.2.7}$$

于是,利用题目条件,有

$$A^*=-\frac{D}{a},\quad B^*=-\frac{D}{b},\quad C^*=-\frac{D}{c}. \tag{1.2.8}$$

由于原点 $(0, 0, 0)$ 不在所求的平面内(因为 4 点 $(a, 0, 0)$, $(0, b, 0)$, $(0, 0, c)$ 和 $(0, 0, 0)$ 张成一个四面体),因此 D 不等于零. 将(1.2.8)式代入(1.2.7)式,有

$$\frac{x}{a}+\frac{y}{b}+\frac{z}{c}=1, \tag{1.2.9}$$

方程(1.2.9)称为平面的截距式方程.

例 3　已知 $M_1(x_1, y_1, z_1)$, $M_2(x_2, y_2, z_2)$ 和 $M_3(x_3, y_3, z_3)$ 是不共线的 3 点,求过这 3 点的平面方程.

解　可以取这平面的法向量

$$\boldsymbol{n}=\overrightarrow{M_1M_2}\times\overrightarrow{M_1M_3}.$$

设 $M(x, y, z)$ 是所求平面上的任一点,则

$$(\overrightarrow{M_1M_2}\times\overrightarrow{M_1M_3})\cdot\overrightarrow{M_1M}=0.$$

利用混合积的定义及性质,有

$$(\overrightarrow{M_1M_2},\ \overrightarrow{M_1M_3},\ \overrightarrow{M_1M}) = 0,$$

即

$$\begin{vmatrix} x_2 - x_1 & y_2 - y_1 & z_2 - z_1 \\ x_3 - x_1 & y_3 - y_1 & z_3 - z_1 \\ x - x_1 & y - y_1 & z - z_1 \end{vmatrix} = 0. \tag{1.2.10}$$

例 4 已知平面 π 的方程是 $Ax + By + Cz + D = 0$. 两点 $M_1(x_1, y_1, z_1)$ 和 $M_2(x_2, y_2, z_2)$不在平面 π 上,已知连接 M_1 与 M_2 的直线 L 交平面 π 于点 M. 求实数 k 的值,使得 $\overrightarrow{M_1M} = k\overrightarrow{MM_2}$.

解 由于两点 M_1 与 M_2 不重合, 则 $k \neq -1$. 设点 M 的坐标为(x, y, z), 利用题目条件,有

$$(x - x_1, y - y_1, z - z_1) = k(x_2 - x, y_2 - y, z_2 - z).$$

从上式可以得到

$$x = \frac{1}{1+k}(x_1 + kx_2),\ y = \frac{1}{1+k}(y_1 + ky_2),\ z = \frac{1}{1+k}(z_1 + kz_2). \tag{1.2.11}$$

由于点 M 在平面 π 上,因此有

$$\frac{A}{1+k}(x_1 + kx_2) + \frac{B}{1+k}(y_1 + ky_2) + \frac{C}{1+k}(z_1 + kz_2) + D = 0.$$

从上式可以看到

$$k = -\frac{Ax_1 + By_1 + Cz_1 + D}{Ax_2 + By_2 + Cz_2 + D}. \tag{1.2.12}$$

二、直线

过一点 $M_0(x_0, y_0, z_0)$可以作唯一一条直线 L 平行于非零向量 $\boldsymbol{v} = (l, m, n)$. 如图 1.22 所示,设点 $M(x, y, z)$是直线 L 上任意一点,则有

$$\overrightarrow{M_0M} = t\boldsymbol{v}, \tag{1.2.13}$$

这里 t 是实数. 设点 O 是原点, $\overrightarrow{OM_0} = \boldsymbol{r}_0 = (x_0, y_0, z_0)$, $\overrightarrow{OM} = \boldsymbol{r} = (x, y, z)$, 由(1.2.13)式,可以得到

$$\boldsymbol{r} = \boldsymbol{r}_0 + t\boldsymbol{v}. \tag{1.2.14}$$

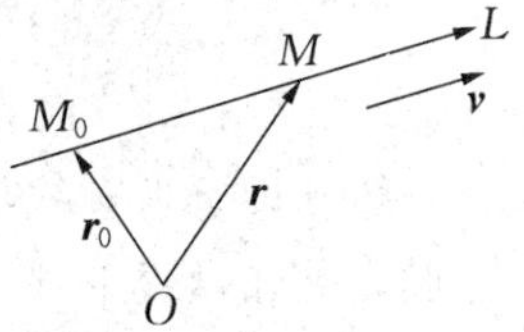

图 1.22

公式(1.2.14)式称为直线 L 的向量形式.

从(1.2.14)式,有

$$x=x_0+tl,\quad y=y_0+tm,\quad z=z_0+tn, \tag{1.2.15}$$

公式(1.2.15)称为直线 L 的参数形式.

从(1.2.15)式,可以写成

$$\frac{x-x_0}{l}=\frac{y-y_0}{m}=\frac{z-z_0}{n}. \tag{1.2.16}$$

方程(1.2.16)称为直线 L 的点向式方程.

从中学知道,两张相交平面的交线是一条直线,因而一条直线也可以写成两相交平面的交线形式

$$\begin{cases}A_1x+B_1y+C_1z+D_1=0,\\ A_2x+B_2y+C_2z+D_2=0.\end{cases} \tag{1.2.17}$$

这里非零向量(A_1, B_1, C_1)与非零向量(A_2, B_2, C_2)不平行. 方程(1.2.17)称为直线的普通方程.

例 5　已知一条直线通过两个定点 $M_1(x_1, y_1, z_1)$和 $M_2(x_2, y_2, z_2)$,求这条直线的参数方程和点向式方程.

解　设点 $M(x, y, z)$是这条直线上的任意一点,依题意,有

$$\overrightarrow{M_1M}=t\overrightarrow{M_1M_2}, \tag{1.2.18}$$

这里 t 是实数. 从上式,有

$$x=x_1+t(x_2-x_1),\ y=y_1+t(y_2-y_1),\ z=z_1+t(z_2-z_1), \tag{1.2.19}$$

这就是直线的参数方程. 从上式,可以写出直线的点向式方程

$$\frac{x-x_1}{x_2-x_1}=\frac{y-y_1}{y_2-y_1}=\frac{z-z_1}{z_2-z_1}. \tag{1.2.20}$$

例 6　求过点$(2, -1, 3)$且与直线 $\frac{x-1}{-1}=\frac{y}{0}=\frac{z-2}{2}$ 垂直相交的直线方程.

解　设所求直线与已知直线垂直相交的交点 M 的坐标为(x, y, z),由于这点在已知直线上,因而可写成

$$x=1-t,\quad y=0,\quad z=2+2t, \tag{1.2.21}$$

这里 t 是某个待定实数.

点 $M_0(2,\ -1,\ 3)$与 M 的连线(即所求直线)垂直于已知直线,则有

$$\overrightarrow{M_0M}\cdot(-1,\ 0,\ 2)=0,$$

因而有

$$(-1-t,\ 1,\ 2t-1)\cdot(-1,\ 0,\ 2)=0.$$

从上式,有

$$(1+t)+2(2t-1)=0,$$

$$t=\frac{1}{5}.$$

因而,交点 M 的坐标是 $\left(\frac{4}{5},\ 0,\ \frac{12}{5}\right)$, $\overrightarrow{M_0M}=\left(-\frac{6}{5},\ 1,\ -\frac{3}{5}\right)$,这向量平行于向量 $\left(2,\ -\frac{5}{3},\ 1\right)$. 所求直线的点向式方程是

$$\frac{x-2}{2}=\frac{y+1}{-\frac{5}{3}}=\frac{z-3}{1}. \tag{1.2.22}$$

例 7 求过点$(1,\ 0,\ -2)$,与平面 $3x-y+2z+2=0$ 平行,且与直线 $\frac{x-1}{4}=\frac{y-3}{-2}=\frac{z}{1}$ 相交的直线方程.

解 设所求直线与题目中直线的交点 M 的坐标是 $(1+4t,\ 3-2t,\ t)$,这里 t 是某个实数. 点 $M_0(1,\ 0,\ -2)$与点 M 的连线平行于所给平面,那么,有

$$\overrightarrow{M_0M}\cdot(3,\ -1,\ 2)=0.$$

由于

$$\overrightarrow{M_0M}=(4t,\ 3-2t,\ t+2),$$

则有

$$12t-(3-2t)+2(t+2)=0.$$

那么

$$t=-\frac{1}{16},$$

因而

$$\overrightarrow{M_0M}=\left(-\frac{1}{4},\ \frac{25}{8},\ \frac{31}{16}\right).$$

$\overrightarrow{M_0M}$ 平行于向量(−4, 50, 31),因而所求直线的点向式方程是

$$\frac{x-1}{-4}=\frac{y}{50}=\frac{z+2}{31}. \tag{1.2.23}$$

例 8　求过点(11, 9, 0),与直线 l_1: $\frac{x-1}{2}=\frac{y+3}{4}=\frac{z-5}{3}$ 和直线 l_2: $\frac{x}{5}=\frac{y-2}{-1}=\frac{z+1}{2}$ 都相交的直线方程.

解　设所求直线与直线 l_1 的交点 M_1 是 $(1+2t, -3+4t, 5+3t)$, 与直线 l_2 的交点 M_2 是 $(5t^*, 2-t^*, -1+2t^*)$, 这里 t, t^*是两个待定实数. 点 $M_0(11, 9, 0)$与点 M_1, M_2 这 3 点一直线,因而有

$$\frac{(1+2t)-11}{5t^*-11}=\frac{(-3+4t)-9}{(2-t^*)-9}=\frac{5+3t}{-1+2t^*}=\lambda. \tag{1.2.24}$$

从上式,有

$$\begin{cases}2t-10=\lambda(5t^*-11),\\ 4t-12=\lambda(-t^*-7),\\ 3t+5=\lambda(2t^*-1).\end{cases} \tag{1.2.25}$$

将(1.2.25)式的第一式乘以 2 减去第二式,有

$$11\lambda t^*=15\lambda-8, \tag{1.2.26}$$

将(1.2.25)式的第二式乘以 3 减去第三式乘以 4,有

$$11\lambda t^*=-17\lambda+56, \tag{1.2.27}$$

从(1.2.26)式和(1.2.27)式,有

$$15\lambda-8=-17\lambda+56,$$

$$\lambda=2. \tag{1.2.28}$$

将(1.2.28)式代入(1.2.26)式,有

$$t^*=1. \tag{1.2.29}$$

于是,点 M_2 的坐标是(5, 1, 1), 向量 $\overrightarrow{M_2M_0}=(6, 8, -1)$, 所求直线的方程是

$$\frac{x-11}{6}=\frac{y-9}{8}=\frac{z}{-1}. \tag{1.2.30}$$

三、两直线的相互关系

两条空间直线的相互关系有 3 种:平行(包含重合)、相交或异面. 设直线

$$L_1: \boldsymbol{r} = \boldsymbol{r}_0 + t\boldsymbol{v}, \tag{1.2.31}$$

即

$$(x, y, z) = (x_0, y_0, z_0) + t(l, m, n). \tag{1.2.32}$$

直线

$$L_2: \boldsymbol{r}^* = \boldsymbol{r}_0^* + t^*\boldsymbol{v}^*, \tag{1.2.33}$$

即

$$(x^*, y^*, z^*) = (x_0^*, y_0^*, z_0^*) + t^*(l^*, m^*, n^*). \tag{1.2.34}$$

直线 L_1 平行于直线 L_2，当且仅当向量 $\boldsymbol{v} /\!/ \boldsymbol{v}^*$. 如果同时有向量 $\boldsymbol{w} = (x_0^* - x_0, y_0^* - y_0, z_0^* - z_0)$ 平行于 $\boldsymbol{v}$，则直线 L_1 重合于直线 L_2.

如果 $\boldsymbol{v}$ 不平行于 $\boldsymbol{v}^*$，则直线 L_1 不平行于直线 L_2. 如果这时还有混合积 $(\boldsymbol{v}, \boldsymbol{v}^*, \boldsymbol{w}) = 0$，则直线 L_1 与 L_2 必共面，那么直线 L_1 与 L_2 必相交. 如果混合积 $(\boldsymbol{v}, \boldsymbol{v}^*, \boldsymbol{w}) \neq 0$，则直线 L_1 与 L_2 为两条异面直线.

如图 1.23 所示，对于两条异面直线 L_1 与 L_2，记 d 为其公垂线的长度，则 d 恰为以 $\boldsymbol{v}, \boldsymbol{v}^*, \boldsymbol{w}$ 张成的平行六面体的一条高的长，这条高垂直于以 $\boldsymbol{v}, \boldsymbol{v}^*$ 张成的底面，因而

$$d = \frac{|(\boldsymbol{v}, \boldsymbol{v}^*, \boldsymbol{w})|}{|\boldsymbol{v} \times \boldsymbol{v}^*|}. \tag{1.2.35}$$

当直线 L_1 与 L_2 平行时，也有求平行直线 L_1 与 L_2 的距离问题. 由于平行直线之间的距离处处相等，因此所求问题转化为求一点到直线的距离问题.

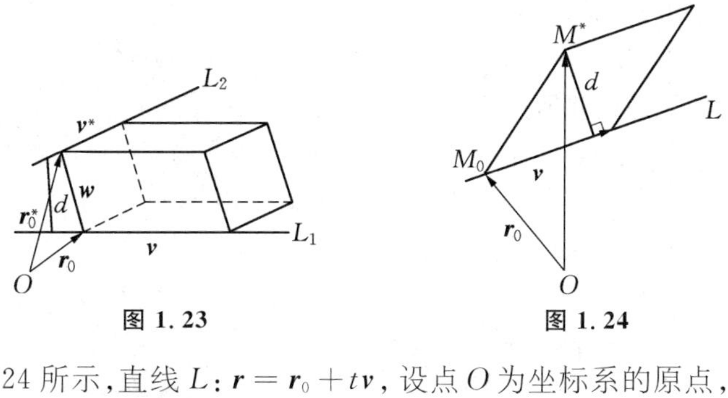

图 1.23　　　图 1.24

如图 1.24 所示，直线 L: $\boldsymbol{r} = \boldsymbol{r}_0 + t\boldsymbol{v}$，设点 O 为坐标系的原点，这里 $\overrightarrow{OM_0} = \boldsymbol{r}_0 = (x_0, y_0, z_0)$，即直线 L 上点 M_0 的坐标是 (x_0, y_0, z_0). 点 M^* 的坐标是 (x^*, y^*, z^*)，点 M^* 到直线 L 的距离 d 是以 $\boldsymbol{v}$ 为底边，$\overrightarrow{M_0M^*}$ 与 $\boldsymbol{v}$ 张成的平行四边形的高. 因此，有

$$d = \frac{|\overrightarrow{M_0M^*} \times \boldsymbol{v}|}{|\boldsymbol{v}|}. \tag{1.2.36}$$

例 9　求直线 $L_1: x-2=\dfrac{y+1}{-2}=\dfrac{z-3}{-1}$ 与直线 $L_2: \dfrac{x}{2}=\dfrac{y-1}{-1}=\dfrac{z+1}{-2}$ 之间的距离.

解　由于向量 $\boldsymbol{v}=(1,-2,-1)$ 不平行于向量 $\boldsymbol{v}^*=(2,-1,-2)$，则直线 L_1 与直线 L_2 不平行.

$$\boldsymbol{v}\times\boldsymbol{v}^*=(3,0,3).$$

点 $M_0(2,-1,3)$ 在直线 L_1 上，点 $M_0^*(0,1,-1)$ 在直线 L_2 上，$\overrightarrow{M_0M_0^*}=(-2,2,-4)$，混合积

$$(\boldsymbol{v},\boldsymbol{v}^*,\overrightarrow{M_0M_0^*})=(\boldsymbol{v}\times\boldsymbol{v}^*)\cdot\overrightarrow{M_0M_0^*}=-18,$$

因而直线 L_1 与 L_2 为异面直线. 所求距离为

$$d=\frac{|(\boldsymbol{v},\boldsymbol{v}^*,\overrightarrow{M_0M_0^*})|}{|\boldsymbol{v}\times\boldsymbol{v}^*|}=3\sqrt{2}. \tag{1.2.37}$$

例 10　求直线 $L_1: \dfrac{x+1}{-1}=\dfrac{y-1}{3}=\dfrac{z+5}{2}$ 与直线 $L_2: \dfrac{x}{3}=\dfrac{y-6}{-9}=\dfrac{z+5}{-6}$ 之间的距离.

解　由于向量 $\boldsymbol{v}=(-1,3,2)$ 平行于向量$(3,-9,-6)$，则直线 L_1 平行于直线 L_2. 在直线 L_2 上取一点 $M_2(0,6,-5)$，在直线 L_1 上取一点 $M_1(-1,1,-5)$. $\overrightarrow{M_1M_2}=(1,5,0)$. $\overrightarrow{M_1M_2}\times\boldsymbol{v}=(10,-2,8)$. 所求距离

$$d=\frac{|\overrightarrow{M_1M_2}\times\boldsymbol{v}|}{|\boldsymbol{v}|}=2\sqrt{3}. \tag{1.2.38}$$

四、直线与平面的相互关系

一条直线与一张平面的相互关系有两种：直线平行于平面，特别是直线在平面上(见图 1.25)；直线与平面交于一点，特别是直线垂直于平面(见图 1.26). 设直线 $L: \boldsymbol{r}=\boldsymbol{r}_0+t\boldsymbol{v}$，平面 $\pi: \boldsymbol{n}\cdot(\boldsymbol{r}^*-\boldsymbol{r}_0^*)=0$.

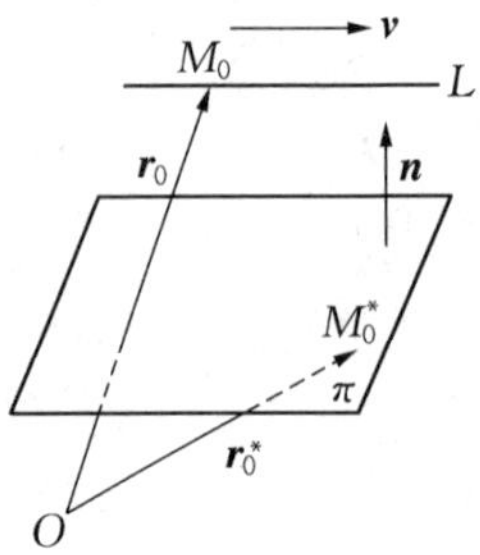

图 1.25

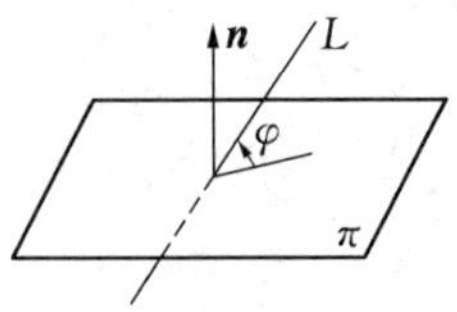

图 1.26

当 $\boldsymbol{n}\cdot\boldsymbol{v}=0$ 时，直线 L 平行于平面 π. 如果同时还有 $(\boldsymbol{r}_0^*-\boldsymbol{r}_0)\cdot\boldsymbol{n}=0$，则这条直线 L 在平面 π 上.

如果 $\boldsymbol{n}\cdot\boldsymbol{v}\neq 0$，则这条直线 L 必定与平面 π 相交. 如果 $\boldsymbol{n}\,/\!/\,\boldsymbol{v}$，则直线 L 与平面 π 垂直.

如图 1.26 所示，当直线 L 与平面 π 相交时，直线 L 与平面 π 的夹角记为 $\varphi\left(0\leqslant\varphi\leqslant\frac{\pi}{2}\right)$. 从向量内积的定义知道

$$\cos\angle(\boldsymbol{n},\ \boldsymbol{v})=\frac{\boldsymbol{n}\cdot\boldsymbol{v}}{|\boldsymbol{n}|\,|\boldsymbol{v}|},\tag{1.2.39}$$

这里 $\angle(\boldsymbol{n},\ \boldsymbol{v})\in[0,\ \pi]$，则

$$\varphi=\left|\frac{\pi}{2}-\angle(\boldsymbol{n},\ \boldsymbol{v})\right|.\tag{1.2.40}$$

下面看两个例题.

例 11　求直线 L: $\frac{x}{2}=\frac{y+12}{3}=\frac{z-4}{6}$ 和平面 π: $6x+2\sqrt{2}y-10z=0$ 的交角.

解　从题目条件知道直线 L 的方向向量 $\boldsymbol{v}=(2,\ 3,\ 6)$，平面 π 的法向量 $\boldsymbol{n}=(6,\ 2\sqrt{2},\ -10)$，则

$$\cos\angle(\boldsymbol{n},\ \boldsymbol{v})=\frac{\boldsymbol{n}\cdot\boldsymbol{v}}{|\boldsymbol{n}|\,|\boldsymbol{v}|}=\frac{6\sqrt{2}-48}{84}=\frac{\sqrt{2}-8}{14}.$$

从上式知道 $\angle(\boldsymbol{n},\ \boldsymbol{v})>\frac{\pi}{2}$，

$$\sin\varphi=\sin\left(\angle(\boldsymbol{n},\ \boldsymbol{v})-\frac{\pi}{2}\right)=-\cos\angle(\boldsymbol{n},\ \boldsymbol{v})=\frac{8-\sqrt{2}}{14},$$

那么，有

$$\varphi=\arcsin\frac{8-\sqrt{2}}{14}.\tag{1.2.41}$$

在空间直角坐标系中，平面 $x=0$ 称为 yz 平面(或平面 yz)，平面 $y=0$ 称为 xz 平面(或平面 xz)，平面 $z=0$ 称为 xy 平面(或平面 xy)，这 3 张平面又简称为 3 张坐标平面.

例 12　如果一条直线与 3 张坐标平面的交角分别为 $\alpha,\ \beta,\ \gamma$，求 $\sin^2\alpha+\sin^2\beta+\sin^2\gamma$ 的值.

解　平面 $x=0$ 的单位法向量为 $\boldsymbol{n}_1=(1,\ 0,\ 0)$，平面 $y=0$ 的单位法向量

为 $\boldsymbol{n}_2=(0,1,0)$,平面 $z=0$ 的单位法向量为 $\boldsymbol{n}_3=(0,0,1)$. 设一条直线 L 的单位方向向量为 $\boldsymbol{v}=(l,m,n)$, 这里 3 个实数 l,m,n 满足 $l^2+m^2+n^2=1$, 则可以看到

$$\begin{aligned}\cos\angle(\boldsymbol{v},\boldsymbol{n}_1)&=\boldsymbol{n}_1\cdot\boldsymbol{v}=l,\\ \cos\angle(\boldsymbol{v},\boldsymbol{n}_2)&=\boldsymbol{n}_2\cdot\boldsymbol{v}=m,\\ \cos\angle(\boldsymbol{v},\boldsymbol{n}_3)&=\boldsymbol{n}_3\cdot\boldsymbol{v}=n.\end{aligned}\tag{1.2.42}$$

因此,有

$$\begin{aligned}&\sin^2\alpha+\sin^2\beta+\sin^2\gamma\\ =&\sin^2\left(\frac{\pi}{2}-\angle(\boldsymbol{v},\boldsymbol{n}_1)\right)+\sin^2\left(\frac{\pi}{2}-\angle(\boldsymbol{v},\boldsymbol{n}_2)\right)+\sin^2\left(\frac{\pi}{2}-\angle(\boldsymbol{v},\boldsymbol{n}_3)\right)\\ =&\cos^2\angle(\boldsymbol{v},\boldsymbol{n}_1)+\cos^2\angle(\boldsymbol{v},\boldsymbol{n}_2)+\cos^2\angle(\boldsymbol{v},\boldsymbol{n}_3)\\ =&l^2+m^2+n^2=1.\end{aligned}\tag{1.2.43}$$

五、两平面的相互关系

两张平面的相互关系有两种:平行,特别是重合;相交,特别是垂直.

设平面 π_1 的方程为 $\boldsymbol{n}_1\cdot(\boldsymbol{r}-\boldsymbol{r}_1)=0$;

平面 π_2 的方程为 $\boldsymbol{n}_2\cdot(\boldsymbol{r}^*-\boldsymbol{r}_2)=0$.

当 $\boldsymbol{n}_1\parallel\boldsymbol{n}_2$ 时, 平面 π_1 与平面 π_2 平行. 如果同时还有 $\boldsymbol{n}_1\cdot(\boldsymbol{r}_2-\boldsymbol{r}_1)=0$, 则平面 π_1 重合于平面 π_2.

如果 $\boldsymbol{n}_1$ 不平行于 $\boldsymbol{n}_2$,则平面 π_1 必定与平面 π_2 相交. 如果 $\boldsymbol{n}_1\cdot\boldsymbol{n}_2=0$, 则平面 π_1 必定垂直于平面 π_2.

设平面 π_1 与平面 π_2 的夹角为 $\varphi\left(0\leqslant\varphi\leqslant\frac{\pi}{2}\right)$, 则

$$\varphi=\begin{cases}\angle(\boldsymbol{n}_1,\boldsymbol{n}_2),\text{ 如果 }\angle(\boldsymbol{n}_1,\boldsymbol{n}_2)\in\left[0,\frac{\pi}{2}\right];\\ \pi-\angle(\boldsymbol{n}_1,\boldsymbol{n}_2),\text{ 如果 }\angle(\boldsymbol{n}_1,\boldsymbol{n}_2)\in\left(\frac{\pi}{2},\pi\right].\end{cases}\tag{1.2.44}$$

而

$$\cos\angle(\boldsymbol{n}_1,\boldsymbol{n}_2)=\frac{\boldsymbol{n}_1\cdot\boldsymbol{n}_2}{|\boldsymbol{n}_1||\boldsymbol{n}_2|}.\tag{1.2.45}$$

特别, 当 $\varphi=0$ 时, 平面 π_1 必与平面 π_2 平行,当然要观察是否重合. 对于两个平面方程 $A_1x+B_1y+C_1z+D_1=0$, $A_2x^*+B_2y^*+C_2z^*+D_2=0$, 这两个平面重合当且仅当 $\frac{A_1}{A_2}=\frac{B_1}{B_2}=\frac{C_1}{C_2}=\frac{D_1}{D_2}$.

如果平面 π_1 与平面 π_2 平行,有时需要求出两平行平面之间的距离.由于两平行平面之间的距离处处相等,则只须求一点(例如在平面 π_2 上)到平面(例如平面 π_1)的距离即可.

如图 1.27 所示,设平面 π 方程 $\boldsymbol{n}\cdot(\boldsymbol{r}-\boldsymbol{r}_0)=0$, 这里 $\boldsymbol{n}=(A, B, C)$, $\boldsymbol{r}=(x, y, z)$, $\boldsymbol{r}_0=(x_0, y_0, z_0)$, 即 $Ax+By+Cz+D=0$, 这里 $D=-(Ax_0+By_0+Cz_0)$. 空间 $M_1=(x_1, y_1, z_1)$, $\overrightarrow{M_0M_1}=(x_1-x_0, y_1-y_0, z_1-z_0)$, 这里点 M_0 的坐标是 (x_0, y_0, z_0).

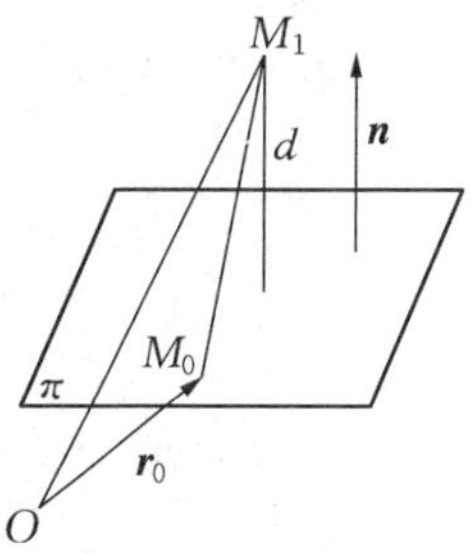

图 1.27

点 M_1 到平面 π 的距离即为 $\overrightarrow{M_0M_1}$ 在 $\boldsymbol{n}$ 上的有向投影的绝对值,即

$$d=|\pi_{\boldsymbol{n}}\overrightarrow{M_0M_1}|=\frac{|\boldsymbol{n}\cdot\overrightarrow{M_0M_1}|}{|\boldsymbol{n}|}. \tag{1.2.46}$$

由于

$$\begin{aligned}\boldsymbol{n}\cdot\overrightarrow{M_0M_1}&=A(x_1-x_0)+B(y_1-y_0)+C(z_1-z_0)\\&=Ax_1+By_1+Cz_1+D,\end{aligned} \tag{1.2.47}$$

则

$$d=\frac{|Ax_1+By_1+Cz_1+D|}{\sqrt{A^2+B^2+C^2}}. \tag{1.2.48}$$

例 13　求点(0, 2, 1)到平面 $2x-3y+5z-1=0$ 的距离.

解

$$d=\frac{|2\cdot 0-3\cdot 2+5\cdot 1-1|}{\sqrt{2^2+(-3)^2+5^2}}=\frac{2}{\sqrt{38}}=\frac{\sqrt{38}}{19}. \tag{1.2.49}$$

例 14　求平面 $Ax+By+Cz+D=0$ 与平面 $Ax+By+Cz+D^*=0$ 之间的距离.

解　这是两张平行平面. 由于 A, B, C 不全为零,不妨设 $A\neq 0$. 点 $\left(-\dfrac{D}{A}, 0, 0\right)$ 在平面 $Ax+By+Cz+D=0$ 上,点 $\left(-\dfrac{D}{A}, 0, 0\right)$ 到平面 $Ax+By+Cz+D^*=0$ 的距离 d 即为所求的距离,得

$$\begin{aligned}d&=\frac{\left|A\cdot\left(-\dfrac{D}{A}\right)+B\cdot 0+C\cdot 0+D^*\right|}{\sqrt{A^2+B^2+C^2}}\\&=\frac{|D^*-D|}{\sqrt{A^2+B^2+C^2}}.\end{aligned} \tag{1.2.50}$$

六、平面束

由于一条直线 L 的普通方程是

$$\begin{cases}A_1x+B_1y+C_1z+D_1=0,\\A_2x+B_2y+C_2z+D_2=0,\end{cases}$$

给定一对不全为零的实数 λ, μ, 方程

$$\lambda(A_1x+B_1y+C_1z+D_1)+\mu(A_2x+B_2y+C_2z+D_2)=0 \tag{1.2.51}$$

表示一张平面,直线 L 在这平面上. 当不全为零的实数对 λ, μ 变化时,方程(1.2.51)给出一族平面,它们都通过直线 L. 称这族平面为通过 L 的平面束方程. 从上述平面束方程可以看出,当(λ, μ)被$(\lambda t, \mu t)$代替时,这里 t 是不为零的实数,方程(1.2.51)代表同一平面方程.

对于过直线 L 的任一平面 π,取平面 π 上不在直线 L 上的一点 $P(x_1, y_1, z_1)$. 由于点 P 不在直线 L 上,则 $A_1x_1+B_1y_1+C_1z_1+D_1$ 及 $A_2x_1+B_2y_1+C_2z_1+D_2$ 不可能同时为零,因而由公式(1.2.51)可唯一确定 λ, μ 的比值,即可取 $\lambda=-(A_2x_1+B_2y_1+C_2z_1+D_2)$, $\mu=A_1x_1+B_1y_1+C_1z_1+D_1$, 从而这平面 π 一定可以写成方程(1.2.51)的形式.

有些题目利用平面束方程,可以简洁地解决问题.

例 15　求经过平面 $x+5y+z=0$ 和 $x-z+2=0$ 的交线,且与平面 $x-4y-8z+12=0$ 成$\frac{\pi}{4}$ 角的平面方程.

解　设所求的平面方程是

$$\lambda(x+5y+z)+\mu(x-z+2)=0, \tag{1.2.52}$$

这里 λ, μ 是不全为零的两个待定实数. 上述方程可改写为

$$(\lambda+\mu)x+5\lambda y+(\lambda-\mu)z+2\mu=0, \tag{1.2.53}$$

这个平面的法向量是

$$\boldsymbol{n}=(\lambda+\mu, 5\lambda, \lambda-\mu).$$

设 $\boldsymbol{n}^*=(1, -4, -8)$, 由题目条件, 有 $\angle(\boldsymbol{n}, \boldsymbol{n}^*)=\frac{\pi}{4}$ 或 $\frac{3\pi}{4}$. 于是,利用 $\cos^2\frac{\pi}{4}=\cos^2\frac{3\pi}{4}$, 有

$$|\boldsymbol{n}\cdot\boldsymbol{n}^*|^2=|\boldsymbol{n}|^2|\boldsymbol{n}^*|^2\cos^2\frac{\pi}{4}=\frac{1}{2}|\boldsymbol{n}|^2|\boldsymbol{n}^*|^2. \tag{1.2.54}$$

由于

$$\boldsymbol{n}\cdot\boldsymbol{n}^{*}=(\lambda+\mu)-20\lambda-8(\lambda-\mu)=9\mu-27\lambda,$$

$$|\boldsymbol{n}|^{2}=(\lambda+\mu)^{2}+25\lambda^{2}+(\lambda-\mu)^{2}=27\lambda^{2}+2\mu^{2},$$

$$|\boldsymbol{n}^{*}|^{2}=81, \tag{1.2.55}$$

将(1.2.55)式代入(1.2.54)式,有

$$2(9\mu-27\lambda)^{2}=81(27\lambda^{2}+2\mu^{2}).$$

化简上式,有

$$2(\mu-3\lambda)^{2}=27\lambda^{2}+2\mu^{2},$$

即

$$3\lambda^{2}+4\lambda\mu=0. \tag{1.2.56}$$

于是,有

$$\lambda=0,\quad 或\quad \lambda=-\frac{4}{3}\mu. \tag{1.2.57}$$

当 $\lambda=0$ 时,取 $\mu=1$, 得所求的平面方程为

$$x-z+2=0. \tag{1.2.58}$$

当 $\lambda=-\frac{4}{3}\mu$ 时,取 $\mu=-3$, 得所求的另一张平面的方程为

$$4(x+5y+z)-3(x-z+2)=0,$$

化简上述方程,得

$$x+20y+7z-6=0. \tag{1.2.59}$$

习　　题

1. 已知 $\overrightarrow{OA}=\boldsymbol{r}_1$, $\overrightarrow{OB}=\boldsymbol{r}_2$, $\overrightarrow{OC}=\boldsymbol{r}_3$ 是以原点 O 为顶点的平行六面体的 3 条边(向量),求此平行六面体过点 O 的对角线与平面 ABC 的交点 M 的向量 $\overrightarrow{OM}$.

2. 已知平面 π 内 $\triangle ABC$,点 O 是空间任意一点,点 I 是 $\triangle ABC$ 的内心,求证:

$$\overrightarrow{OI}=\frac{a\overrightarrow{OA}+b\overrightarrow{OB}+c\overrightarrow{OC}}{a+b+c},$$

这里 a, b, c 是 $\triangle ABC$ 的 3 条边长.

3. 已知向量 $\boldsymbol{a}=(1,0,-1)$, $\boldsymbol{b}=(1,-2,0)$, $\boldsymbol{c}=(-1,2,1)$. 求:

(1) $\boldsymbol{a}\times\boldsymbol{b}$; (2) $(\boldsymbol{a}\times\boldsymbol{b})\times\boldsymbol{c}$; (3) $(\boldsymbol{a}, \boldsymbol{b}, \boldsymbol{c})$; (4) $(4\boldsymbol{a}+2\boldsymbol{b}-\boldsymbol{c})\times(3\boldsymbol{a}-\boldsymbol{b}+2\boldsymbol{c})$.

4. 一个四面体的顶点为 $A(1, 2, 0)$, $B(-1, 3, 4)$, $C(-1, -2, -3)$和 $D(0, -1, 3)$, 求它的体积.

5. 求证:3 个向量 $\boldsymbol{a}$, $\boldsymbol{b}$, $\boldsymbol{c}$ 共面的充要条件是

$$\begin{vmatrix} \boldsymbol{a}\cdot\boldsymbol{a} & \boldsymbol{a}\cdot\boldsymbol{b} & \boldsymbol{a}\cdot\boldsymbol{c} \\ \boldsymbol{b}\cdot\boldsymbol{a} & \boldsymbol{b}\cdot\boldsymbol{b} & \boldsymbol{b}\cdot\boldsymbol{c} \\ \boldsymbol{c}\cdot\boldsymbol{a} & \boldsymbol{c}\cdot\boldsymbol{b} & \boldsymbol{c}\cdot\boldsymbol{c} \end{vmatrix} = 0.$$

6. 已知点 $A(1, 0, 1)$, $B(2, 3, 1)$, $C(0, 2, 4)$,求$\triangle ABC$ 的面积.

7. 求向量 $\boldsymbol{x}$ 与 $\boldsymbol{y}$ 的关系,已知:(1) $\boldsymbol{y}$ 与 $\boldsymbol{x}\times\boldsymbol{y}$ 共线;(2) $\boldsymbol{x}$, $\boldsymbol{y}$, $\boldsymbol{x}\times\boldsymbol{y}$ 共面.

8. (1) 设向量 $\boldsymbol{x}$, $\boldsymbol{y}$, $\boldsymbol{u}$, $\boldsymbol{v}$ 为空间任意向量,求证: $\boldsymbol{x}\times\boldsymbol{v}$, $\boldsymbol{y}\times\boldsymbol{v}$, $\boldsymbol{u}\times\boldsymbol{v}$ 共面.

(2) 求证:向量 $\boldsymbol{x}$, $\boldsymbol{y}$, $\boldsymbol{u}$ 共面的充要条件为 $\boldsymbol{x}\times\boldsymbol{y}$, $\boldsymbol{y}\times\boldsymbol{u}$, $\boldsymbol{u}\times\boldsymbol{x}$ 共线.

9. 已知空间 4 点 A, B, C, D,其中无 3 点共线.求证:这 4 点共面的充要条件是:存在 4 个都不为零的实数 p, q, r, s,满足:

$$p\overrightarrow{OA}+q\overrightarrow{OB}+r\overrightarrow{OC}+s\overrightarrow{OD}=\boldsymbol{0},$$

这里 $p+q+r+s=0$ 及点 O 是空间任意一点.

10. 求下列平面的方程:

(1) 过点 $A(3, 1, 1)$, $B(1, 0, -1)$,且平行于向量 $\boldsymbol{a}(-1, 0, 2)$;

(2) 过点 $A(4, -3, -1)$及 z 轴.

11. 求下述平面的方程:

(1) 过直线$\dfrac{x-1}{2}=\dfrac{y}{1}=\dfrac{z}{1}$,且平行于直线$\dfrac{x}{2}=\dfrac{y}{1}=\dfrac{z+1}{-2}$;

(2) 过直线 $\begin{cases} 2x-y-2z+1=0, \\ x+y+4z-2=0, \end{cases}$ 并在 y 轴和 z 轴上有相同的非零截距.

12. 求点 $A(a, b, c)$关于平面 $x\cos\alpha+y\cos\beta+z\cos\gamma-p=0$ 的对称点的坐标, 这里 $\cos^2\alpha+\cos^2\beta+\cos^2\gamma=1$.

13. 在 y 轴上求一点,使它到两平面 $2x+3y+6z-6=0$ 和 $3x+6y-2z-18=0$ 有相等的距离.

14. (1) 求点$(1, 0, 1)$到平面 $3x+4y-5=0$ 的距离;

(2) 求点$(2, 3, 4)$到平面 $4x+y+6=0$ 的距离.

15. 已知原点到平面 $\dfrac{x}{a}+\dfrac{y}{b}+\dfrac{z}{c}=1$(这里 $abc\neq 0$) 的距离为 p,求证:

$$\frac{1}{p^2}=\frac{1}{a^2}+\frac{1}{b^2}+\frac{1}{c^2}.$$

16. 求两平面 $3x+2y+6z-35=0$ 和 $21x-30y-70z-237=0$ 的二面角的平分面的方程.

17. 求通过 z 轴且与平面 $2x+y-\sqrt{5}z-7=0$ 的夹角为$\dfrac{\pi}{3}$的平面方程.

18. 求下列点到直线的距离:

(1) 点$(1, 1, 5)$到直线 $\dfrac{x-1}{2}=\dfrac{y-1}{3}=\dfrac{z+1}{-3}$ 的距离;

(2) 点(1, 2, 3)到直线 $\begin{cases} x+y-z-1=0, \\ 2x+z-3=0 \end{cases}$ 的距离.

19. 求下列各对直线之间的距离：

(1) $\dfrac{x}{2}=\dfrac{y+2}{-2}=\dfrac{z-1}{1}$ 和 $\dfrac{x-1}{4}=\dfrac{y-3}{2}=\dfrac{z+1}{-1}$；

(2) $\dfrac{x}{1}=\dfrac{y-1}{-1}=\dfrac{z-1}{2}$ 和 $\begin{cases} x+y-z-1=0, \\ 2x+z-3=0; \end{cases}$

(3) $\begin{cases} x+z-2=0, \\ y=0 \end{cases}$ 和 $\begin{cases} x=1, \\ y+z-4=0. \end{cases}$

20. 求两直线 $\dfrac{x-1}{2}=\dfrac{y-2}{3}=\dfrac{z-3}{4}$ 和 $\dfrac{x-2}{3}=\dfrac{y-4}{4}=\dfrac{z-5}{5}$ 的公垂线的方程.

21. 求下列直线间的夹角：

(1) $\dfrac{x-1}{3}=\dfrac{y+2}{6}=\dfrac{z-5}{2}$ 和 $\dfrac{x}{2}=\dfrac{y-3}{9}=\dfrac{z+1}{6}$；

(2) $\begin{cases} 3x-4y-2z=0, \\ 2x+y-2z=0 \end{cases}$ 和 $\begin{cases} 4x+y-6z-2=0, \\ y-3z+2=0. \end{cases}$

22. (1) 求通过平面 $6x-y+z=0$ 和平面 $5x+3z-10=0$ 的交线且平行于 x 轴的平面；

(2) 求通过直线 $\begin{cases} 2x-z=0, \\ x+y-z+5=0, \end{cases}$ 且垂直于平面 $7x-y+4z-3=0$ 的平面.

23. 求直线 $L\begin{cases} x+y-2z+1=0, \\ 2x-3y+z=0 \end{cases}$ 在平面 $2x+y+2z+3=0$ 上的射影(直线)的方程.

24. 一张平面 $Ax+By+Cz+D=0$ 将空间分隔成两个无公共点的区域. 求证：在一个区域的任意一点 (x, y, z) 满足 $Ax+By+Cz+D>0$；在另一区域内的任意一点 (x, y, z) 满足 $Ax+By+Cz+D<0$.

25. 已知不在坐标平面上一点 $P(a, b, c)$，在 x 轴、y 轴、z 轴上分别求点 A, B, C，使它们与 P 的连线两两互相垂直.

26. 求两相交直线 L_1：$x=y=z$ 和 L_2：$\dfrac{x}{2}=\dfrac{y}{1}=\dfrac{z}{3}$ 的两条交角平分线的方程.

27. 设点 O 是空间一点. 求空间 3 点 A, B, C 满足的充分必要条件，使得 3 向量 $\overrightarrow{OA}$，$\overrightarrow{OB}$，$\overrightarrow{OC}$ 适合关系式：

$$\overrightarrow{OB}\times\overrightarrow{OC}+\overrightarrow{OC}\times\overrightarrow{OA}+\overrightarrow{OA}\times\overrightarrow{OB}=\mathbf{0}.$$

28. 设直线 L_1：$\begin{cases} x+y+z=0, \\ x+2y+3z+1=0, \end{cases}$ 和直线 L_2：$\begin{cases} 2x+y+2z+2=0, \\ 2x+\alpha y+3z+3=0, \end{cases}$ 求实数 α 的值，使得直线 L_1 与 L_2 相交.

29. 求点 $(2,0,1)$ 绕以原点为起点的向量 $(1,1,1)$ 按顺时针、逆时针分别旋转 $\dfrac{\pi}{2}$ 后的两点坐标.

30. 已知原点 O、点 $A(1,0,1)$、点 $B(0,1,1)$，求所有的点 C，使得 O, A, B 和 C 组成一个正四面体.

第二章　曲线与二次曲面

§2.1　曲面与曲线的定义

在 $\mathbf{R}^3$ 内给定了一个函数 $F(x, y, z)$，例如

$$F(x, y, z) = x^2 + y^2 + z^2 - 9,$$

$$F(x, y, z) = \frac{x^2}{9} - 2y, \text{等等.}$$

考虑方程

$$F(x, y, z) = 0. \tag{2.1.1}$$

满足方程(2.1.1)的一组解(x, y, z)在 $\mathbf{R}^3$ 内可画出一点，其坐标恰为(x, y, z). 满足方程(2.1.1)的所有解(x, y, z)在 $\mathbf{R}^3$ 内画出的点集织成了一幅图像，称为方程(2.1.1)的图形，或称为满足方程(2.1.1)的曲面. 方程(2.1.1)称为曲面的方程.

例 1　求以点 $M_0(x_0, y_0, z_0)$为球心、以正常数 R 为半径的球面的方程.

解　在这球面上任取一点 $M(x, y, z)$，由于 $|\overrightarrow{M_0M}| = R$，有

$$(x - x_0)^2 + (y - y_0)^2 + (z - z_0)^2 = R^2. \tag{2.1.2}$$

满足方程(2.1.2)的任一组解(x, y, z)在以点 M_0 为球心、以 R 为半径的球面上. 方程(2.1.2)就是所求球面的方程.

例 2　求以 z 轴为轴线、半径为正常数 R 的正圆柱面方程.

注　对一张曲面 M，如果存在一条直线 L，垂直于 L 的任一平面交这条直线 L 于点 O，交曲面 M 于一个圆周，这圆周以点 O 为圆心，且半径是一个固定正数，那么，这曲面 M 称为一个正圆柱面. 直线 L 称为轴线.

解　在所求圆柱面上任取一点 $M(x, y, z)$，点 M 到 z 轴的垂足记为 M_0，点 M_0 的坐标是$(0, 0, z)$. 从题目条件，有 $|\overrightarrow{M_0M}| = R$，于是，有

$$(x - 0)^2 + (y - 0)^2 + (z - z)^2 = R^2, \tag{2.1.3}$$

即

$$x^2+y^2=R^2. \tag{2.1.4}$$

满足方程(2.1.4)的点(x, y, z)在这圆柱面上,方程(2.1.4)即为所求(见图2.1).

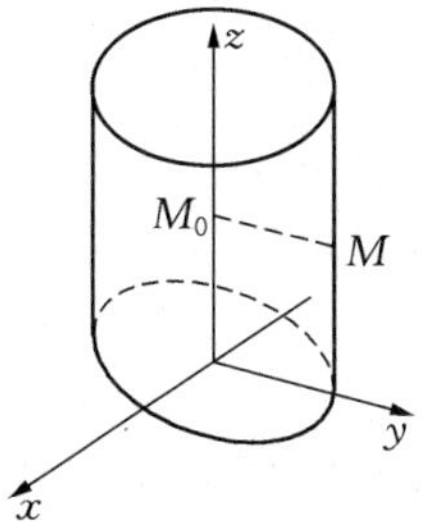

图 2.1

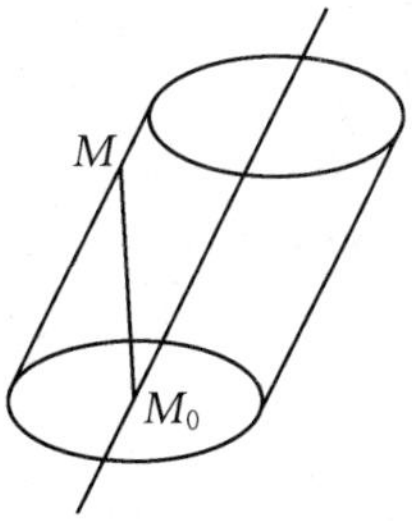

图 2.2

例 3 求以直线$\frac{x-1}{1}=\frac{y-2}{1}=\frac{z-1}{1}$为轴线、半径为5的正圆柱面方程.

解 如图2.2所示,点$M_0(1, 2, 1)$在这轴线上,在这正圆柱面上任取一点$M(x, y, z)$. 从题目条件知道,点M到这轴线的距离为5,轴线的方向向量$\boldsymbol{v}=(1, 1, 1)$,则有

$$\frac{|\overrightarrow{M_0M}\times\boldsymbol{v}|}{|\boldsymbol{v}|}=5. \tag{2.1.5}$$

由于

$$\begin{aligned}\overrightarrow{M_0M}\times\boldsymbol{v}&=(x-1, y-2, z-1)\times(1, 1, 1)\\&=(y-z-1, z-x, x-y+1),\end{aligned} \tag{2.1.6}$$

于是,有

$$(y-z-1)^2+(z-x)^2+(x-y+1)^2=75. \tag{2.1.7}$$

设$x(t)$, $y(t)$, $z(t)$都是t的函数,这里$t\in[a, b]$,

$$\boldsymbol{r}(t)=(x(t), y(t), z(t)) \tag{2.1.8}$$

称为$\mathbf{R}^3$内一条曲线. 这里定义域可以改为(a,b)等.

例 4 $\boldsymbol{r}(t)=(R\cos t, R\sin t, 0)$,这里$R$是一个正常数,$t\in[0, 2\pi]$,这条曲线是平面$z=0$上一条以原点为圆心、以$R$为半径的圆周.

例 5 $\boldsymbol{r}(t)=(a\sec t, b\tan t, c)$,这里$a$, b, c都是正常数,$t\in\left(-\frac{\pi}{2}, \frac{\pi}{2}\right)$,这条曲线是平面$z=c$上的一支双曲线.

例 6 $\boldsymbol{r}(t)=(a\cos wt, a\sin wt, vt)$,这里$a$, w, v都是正常数,$-\infty<t<\infty$,这条曲线称为螺旋线. 它整个落在正圆柱面$x^2+y^2=a^2$上.

如果 $x(u, v)$, $y(u, v)$, $z(u, v)$都是 u, v 的函数. 设

$$\boldsymbol{X}(u, v) = (x(u, v), y(u, v), z(u, v)), \tag{2.1.9}$$

由公式(2.1.9)确定的 $\mathbf{R}^3$ 内的图形也称为曲面,方程(2.1.9)称为曲面的参数形式.

一、柱面

设 $\boldsymbol{r}(u) = (x(u), y(u), z(u))$ 是 $\mathbf{R}^3$ 内一条曲线 C,如图 2.3 所示,这里 $u \in [a, b]$. $\boldsymbol{l} = (l_1, l_2, l_3)$, 这里 l_1, l_2, l_3 是 3 个固定的不全为零的实数. 设

$$\boldsymbol{X}(u, v) = \boldsymbol{r}(u) + v\boldsymbol{l}, \tag{2.1.10}$$

图 2.3

这里 $u \in [a, b]$, $-\infty < v < \infty$. 公式(2.1.10)确定的曲面称为空间的一般柱面. 曲线 C 称为柱面的准线. 公式(2.1.10)表示以 $\boldsymbol{l}$ 为方向向量的直线沿曲线 C 平行移动所得的曲面. 例如 $\boldsymbol{r}(u) = (R\cos u, R\sin u, 0)$, 这里 $u \in [0, 2\pi]$, $\boldsymbol{l} = (0, 0, 1)$, $\boldsymbol{X}(u, v) = (R\cos u, R\sin u, v)$, 这恰是例 2 中正圆柱面的参数形式.

对于例 3,要写成(2.1.9)式就复杂些. 过轴上一点(1, 2, 1),作一张平面 π,以向量(1, 1, 1)为法向量. 在平面 π 上,以点(1, 2, 1)为圆心、以 5 为半径作一个圆周 Γ,这个圆周恰是例 3 中正圆柱面的准线.

记向量 $\boldsymbol{e}_3 = \frac{1}{\sqrt{3}}(1, 1, 1)$, $\boldsymbol{e}_3$ 是轴线的单位方向向量. $\boldsymbol{e}_1 = \frac{1}{\sqrt{2}}(1, 0, -1)$, $\boldsymbol{e}_1$ 是与 $\boldsymbol{e}_3$ 垂直的单位向量.

以平面 π 上点(1, 2, 1)为起点,作两个互相垂直的单位向量 $\boldsymbol{e}_1$, $\boldsymbol{e}_2$,这两个向量 $\boldsymbol{e}_1$, $\boldsymbol{e}_2$ 都在平面 π 内,且 $\boldsymbol{e}_1$, $\boldsymbol{e}_2$, $\boldsymbol{e}_3$ 构成右手系. 于是,圆周 Γ 可以表示为

$$\boldsymbol{r}(u) = (x(u), y(u), z(u)), \tag{2.1.11}$$

$$\boldsymbol{e}_2 = \boldsymbol{e}_3 \times \boldsymbol{e}_1 = \frac{1}{\sqrt{6}}(-1, 2, -1), \tag{2.1.12}$$

$$(x(u) - 1, y(u) - 2, z(u) - 1) = 5(\boldsymbol{e}_1 \cos u + \boldsymbol{e}_2 \sin u), \tag{2.1.13}$$

这里 $u \in [0, 2\pi]$. 于是

$$\begin{cases} x(u) = 1 + \dfrac{5}{\sqrt{2}}\cos u - \dfrac{5}{\sqrt{6}}\sin u, \\ y(u) = 2 + \dfrac{10}{\sqrt{6}}\sin u, \\ z(u) = 1 - \dfrac{5}{\sqrt{2}}\cos u - \dfrac{5}{\sqrt{6}}\sin u. \end{cases} \tag{2.1.14}$$

于是,例 3 中正圆柱面也可以写成下述形式:

$$\begin{aligned}\boldsymbol{X}(u, v) &= (x(u, v), y(u, v), z(u, v)) \\ &= \boldsymbol{r}(u) + v(\sqrt{3}\boldsymbol{e}_3),\end{aligned} \tag{2.1.15}$$

这里 $u \in [0, 2\pi]$, $v \in (-\infty, \infty)$, 从而有

$$\begin{cases} x(u, v) = 1 + \dfrac{5}{\sqrt{2}}\cos u - \dfrac{5}{\sqrt{6}}\sin u + v, \\ y(u, v) = 2 + \dfrac{10}{\sqrt{6}}\sin u + v, \\ z(u, v) = 1 - \dfrac{5}{\sqrt{2}}\cos u - \dfrac{5}{\sqrt{6}}\sin u + v. \end{cases} \tag{2.1.16}$$

公式(2.1.16)是满足方程(2.1.7)的. 从上述计算可以看出,是采用 $F(x, y, z) = 0$ 形式,还是采用参数方程(2.1.9)形式,要视具体问题而定,例如,例 3 采用 $F(x, y, z) = 0$ 的形式就简洁得多.

二、锥面

如图 2.4 所示,已知空间一条曲线 C 和不在 C 上的一点 M_0,由 M_0 和 C 上的点的连线所构成的图形称为锥面. 点 M_0 称为锥面的顶点,C 称为锥面的准线.

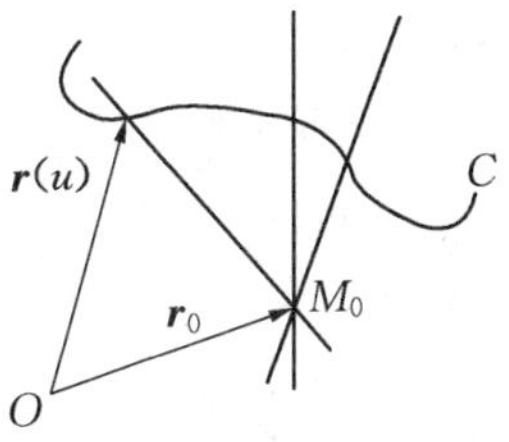

图 2.4

设曲线 C: $\boldsymbol{r}(u) = (x(u), y(u), z(u))$, $\overrightarrow{OM_0} = \boldsymbol{r}_0 = (x_0, y_0, z_0)$, 锥面的参数形式的方程为

$$\boldsymbol{X}(u, v) = \boldsymbol{r}_0 + v(\boldsymbol{r}(u) - \boldsymbol{r}_0). \tag{2.1.17}$$

例 7　求锥面方程,使得准线方程是

$$\begin{cases} x^2 + y^2 = R^2, \\ z = C, \end{cases}$$

这里 R, C 是两个正常数,顶点为原点.

解　准线 $\boldsymbol{r}(u) = (R\cos u, R\sin u, C)$, 这里 $u \in [0, 2\pi]$.

锥面方程为

$$\boldsymbol{X}(u, v) = (x(u, v), y(u, v), z(u, v)) = v\boldsymbol{r}(u), \tag{2.1.18}$$

于是,有

$$x(u, v) = Rv\cos u, \ y(u, v) = Rv\sin u, \ z(u, v) = Cv, \quad (2.1.19)$$

这里 $u \in [0, 2\pi]$, $v \in (-\infty, \infty)$. 简写 x, y, z 以代替 $x(u, v)$, $y(u, v)$, $z(u, v)$. 从(2.1.19)式,有

$$x^2 + y^2 = \frac{R^2 z^2}{C^2}. \quad (2.1.20)$$

注　一条准线是圆,且锥面顶点与这个圆的圆心连线垂直于这个圆所在平面的锥面称为圆锥面,例 7 中的锥面就是一个圆锥面. 这个锥面顶点与这个圆心的连线称为这个圆锥面的轴(或对称轴).

例 8　求以原点为顶点,准线为

$$\begin{cases} f(x, y) = 0, \\ z = h \end{cases}$$

的锥面方程,这里 h 是一个正常数.

解　在准线上以曲线长 u 为参数(可任意固定一点作为曲线长为零的点,"向前"曲线长为正,"向后"曲线长为负,曲线长通常称为弧长). 于是,这准线方程可抽象地写成

$$\boldsymbol{r}(u) = (x(u), y(u), h), \ f(x(u), y(u)) = 0.$$

所求锥面方程是

$$\boldsymbol{X}(u, v) = v(x(u), y(u), h), \quad (2.1.21)$$

这里 $-\infty < v < \infty$, 但 $v \neq 0$. 记 $\boldsymbol{X}(u, v) = (x^*, y^*, z^*)$, 这里右端省略参数记号. 那么 $x^* = vx(u)$, $y^* = vy(u)$, $z^* = hv$.

因而有 $x(u) = \frac{x^*}{v} = \frac{hx^*}{z^*}$, $y(u) = \frac{y^*}{v} = \frac{hy^*}{z^*}$, 这里 $z^* \neq 0$. 代入 $f(x(u), y(u)) = 0$, 得所求锥面方程为

$$f\left(\frac{hx^*}{z^*}, \frac{hy^*}{z^*}\right) = 0. \quad (2.1.22)$$

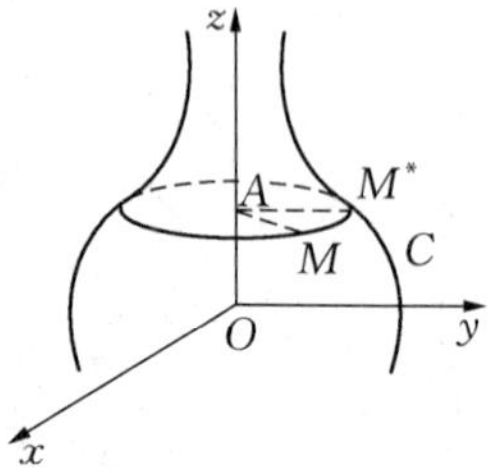

图 2.5

三、旋转面

空间一条曲线 C: $\boldsymbol{r}(u) = (f(u), g(u), h(u))$, 这里 $u \in [a, b]$. 曲线 C 绕 z 轴旋转而成的曲面称为绕 z 轴的旋转面,如图 2.5 所示.

在这旋转面上任取一点 $M(x, y, z)$,它由曲线 C 上一

点 $M^*(f(u), g(u), h(u))$绕 z 轴旋转而成,则 $z=h(u)$. 过点 M^* 垂直于 z 轴的平面交 z 轴于点 $A(0, 0, h(u))$,线段 AM^* 的长度等于 AM 的长度,因而有

$$x^2+y^2=(f(u))^2+(g(u))^2. \tag{2.1.23}$$

从而可写出绕 z 轴的旋转面方程为

$$\boldsymbol{X}(u, v)=\left(\sqrt{(f(u))^2+(g(u))^2}\cos v, \sqrt{(f(u))^2+(g(u))^2}\sin v, h(u)\right). \tag{2.1.24}$$

类似地,可以写出绕 x 轴的旋转面方程:

$$\boldsymbol{X}(u, v)=\left(f(u), \sqrt{(g(u))^2+(h(u))^2}\cos v, \sqrt{(g(u))^2+(h(u))^2}\sin v\right). \tag{2.1.25}$$

绕 y 轴的旋转面方程:

$$\boldsymbol{X}(u, v)=\left(\sqrt{(f(u))^2+(h(u))^2}\cos v, g(u), \sqrt{(f(u))^2+(h(u))^2}\sin v\right). \tag{2.1.26}$$

考虑一条空间曲线 $C:\boldsymbol{r}(u)=(f(u), g(u), h(u))$ 绕过原点 O 的一条直线 $L:\dfrac{x}{l}=\dfrac{y}{m}=\dfrac{z}{n}$ 旋转而成的旋转面,这里 3 个实数 l, m, n 中至少有两个不为零. 在这曲面上任取一点 $M(x, y, z)$,它由 C 上某一点 $M^*(f(u), g(u), h(u))$旋转相应的角度得到,因而有关系式

$$\left|\overrightarrow{OM}\right|=\left|\overrightarrow{OM}^*\right|, \overrightarrow{OM}\cdot(l, m, n)=\overrightarrow{OM}^*\cdot(l, m, n). \tag{2.1.27}$$

从上式,有

$$\begin{cases} x^2+y^2+z^2=(f(u))^2+(g(u))^2+(h(u))^2, \\ lx+my+nz=lf(u)+mg(u)+nh(u). \end{cases} \tag{2.1.28}$$

公式(2.1.28)是一组重要的公式. 下面举一个应用.

例 9　设 a 是一个正常数,求证: $yz+zx+xy=a^2$ 是旋转面.

证明　明显地,曲面方程可变形为

$$\frac{1}{2}\left[(x+y+z)^2-(x^2+y^2+z^2)\right]=a^2. \tag{2.1.29}$$

比较公式(2.1.28)和(2.1.29),取 $(l, m, n)=(1, 1, 1)$, 直线 L 方程是 $\dfrac{x}{1}=\dfrac{y}{1}=\dfrac{z}{1}$; 再取过这直线 L 的一张平面 $y-z=0$, 这平面与题目中曲面的交线 C

的参数表达式可写成

$$\boldsymbol{r}(u)=\left(\frac{a^2-u^2}{2u},\ u,\ u\right),\tag{2.1.30}$$

这里参数 u 取不等于零的任意实数.

利用(2.1.28),这条曲线 C 绕直线 L 旋转生成的曲面上点的坐标 $(x,\ y,\ z)$ 应满足

$$\begin{cases}x^2+y^2+z^2=\left(\dfrac{a^2-u^2}{2u}\right)^2+2u^2,\\ x+y+z=\dfrac{a^2-u^2}{2u}+2u,\end{cases}\tag{2.1.31}$$

利用上式,可得公式(2.1.29),这就是题中曲面方程.

注　第一章§1.1中例6公式(1.1.79)实际上给出了一条空间曲线 C 绕一条直线旋转生成的旋转面的表达式. 在那里只须将点 P 理解成 C 上任一点,点 P_1 理解成对应曲面上一点即可.

细心的读者会问一个问题:题目中曲面上任一点是否由上述曲线 C 上对应点绕直线 L 旋转得到? 下面回答这问题.

题目曲面上任取一点 $M(x_0,\ y_0,\ z_0)$,由于 $a>0$,得 $x_0,\ y_0,\ z_0$ 不全为零. 过点 M,以直线 L 为法线的平面 π 的方程是

$$x+y+z-(x_0+y_0+z_0)=0.\tag{2.1.32}$$

设这平面 π 与曲线 C 的交点 M^* 的坐标是 $\left(\dfrac{a^2-u^2}{2u},\ u,\ u\right)$. 这里 u 是待定非零实数. 由于点 M^* 在平面 π 上,利用(2.1.32),有

$$\frac{a^2-u^2}{2u}+2u-(x_0+y_0+z_0)=0.\tag{2.1.33}$$

上式两端乘以 $2u$,整理后得

$$3u^2-2(x_0+y_0+z_0)u+a^2=0.\tag{2.1.34}$$

显然,有

$$x_0^2+y_0^2+z_0^2\geqslant x_0y_0+x_0z_0+y_0z_0=a^2.\tag{2.1.35}$$

由于点 M 在题目中曲面上,则

$$(x_0+y_0+z_0)^2=2a^2+(x_0^2+y_0^2+z_0^2)\geqslant 3a^2.\tag{2.1.36}$$

这里后一个不等式利用了(2.1.35).

利用(2.1.36),可以看到关于 u 的一元二次方程(2.1.34)的判别式必大于等于零,即方程(2.1.34)有实数解 u,由于 $a>0$,则 u 不等于零. 取一个非零实数解 u,将(2.1.33)中的项移项,再两端平方,可以看到

$$\left(\frac{a^2-u^2}{2u}+2u\right)^2=(x_0+y_0+z_0)^2. \tag{2.1.37}$$

展开上式,并且利用(2.1.36)的前一个等式,有

$$\left(\frac{a^2-u^2}{2u}\right)^2+2(a^2-u^2)+4u^2=2a^2+(x_0^2+y_0^2+z_0^2). \tag{2.1.38}$$

从上式,立刻有

$$\left(\frac{a^2-u^2}{2u}\right)^2+2u^2=x_0^2+y_0^2+z_0^2. \tag{2.1.39}$$

公式(2.1.33)与公式(2.1.39)结合起来表明,点 M 的确是由点 M^* 绕直线 L 旋转得到的(参考公式(2.1.28)).

§2.2　坐标变换

一、平面坐标轴旋转

如图 2.6 所示,在一个平面上,建立直角坐标系,设单位向量 $\boldsymbol{e}_1$ 是 x 轴的单位正向量,单位向量 $\boldsymbol{e}_2$ 是 y 轴的单位正向量,如果 x 轴和 y 轴绕原点 O 按逆时针旋转 θ 角,x 轴转到 x^* 轴位置,y 轴转到 y^* 轴位置. 记 $\boldsymbol{e}_1^*$ 为 x^* 轴的单位正向量,$\boldsymbol{e}_2^*$ 为 y^* 轴的单位正向量,则有

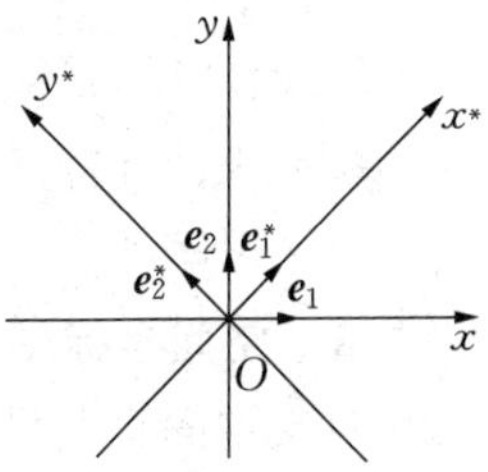

图 2.6

$$\boldsymbol{e}_1^*=\boldsymbol{e}_1\cos\theta+\boldsymbol{e}_2\sin\theta,\qquad \boldsymbol{e}_2^*=-\boldsymbol{e}_1\sin\theta+\boldsymbol{e}_2\cos\theta. \tag{2.2.1}$$

这样在同一张平面上,有两个直角坐标系 $\{O, \boldsymbol{e}_1, \boldsymbol{e}_2\}$ 和 $\{O, \boldsymbol{e}_1^*, \boldsymbol{e}_2^*\}$. 这平面上一点 M,它在直角坐标系 $\{O, \boldsymbol{e}_1, \boldsymbol{e}_2\}$ 中的坐标是 (x, y);它在直角坐标系 $\{O, \boldsymbol{e}_1^*, \boldsymbol{e}_2^*\}$ 中的坐标是 (x^*, y^*). 那么,有

$$\overrightarrow{OM}=x\boldsymbol{e}_1+y\boldsymbol{e}_2,\ \overrightarrow{OM}=x^*\boldsymbol{e}_1^*+y^*\boldsymbol{e}_2^*. \tag{2.2.2}$$

利用(2.2.1)式和(2.2.2)式得

$$x\boldsymbol{e}_1+y\boldsymbol{e}_2=(x^*\cos\theta-y^*\sin\theta)\boldsymbol{e}_1+(x^*\sin\theta+y^*\cos\theta)\boldsymbol{e}_2, \tag{2.2.3}$$

从而可以得到

$$\begin{cases} x = x^*\cos\theta - y^*\sin\theta, \\ y = x^*\sin\theta + y^*\cos\theta. \end{cases} \tag{2.2.4}$$

公式(2.2.4)称为平面直角坐标系的坐标旋转公式.

例 1　将曲线 $2xy = a^2$ 绕原点按逆时针旋转 $\frac{\pi}{4}$,求旋转后的的新曲线方程. 这里 a 是一个正常数.

解　曲线绕原点按逆时针旋转 $\frac{\pi}{4}$,即可采用以下办法:保持曲线不动,将坐标轴按顺时针旋转 $\frac{\pi}{4}$ $\left(\text{即逆时针转动} -\frac{\pi}{4}\right)$,效果是一样的. 不过要注意,旋转后的坐标轴是用 x 轴、y 轴表示,那么旋转前的坐标轴就用 $\tilde{x}$ 轴,$\tilde{y}$ 轴表示. 利用公式(2.2.4),可以写出

$$\begin{cases} \tilde{x} = x\cos\left(-\frac{\pi}{4}\right) - y\sin\left(-\frac{\pi}{4}\right) = \frac{\sqrt{2}}{2}(x+y), \\ \tilde{y} = x\sin\left(-\frac{\pi}{4}\right) + y\cos\left(-\frac{\pi}{4}\right) = \frac{\sqrt{2}}{2}(-x+y). \end{cases} \tag{2.2.5}$$

代入方程 $2\tilde{x}\tilde{y} = a^2$, 有

$$y^2 - x^2 = a^2, \tag{2.2.6}$$

这就是所求的新曲线方程.

二、空间坐标轴变换

对于空间直角坐标系 $\{O, \boldsymbol{e}_1, \boldsymbol{e}_2, \boldsymbol{e}_3\}$(或写成直角坐标系 $Oxyz$),如果在这空间内有另一直角坐标系 $\{O^*, \boldsymbol{e}_1^*, \boldsymbol{e}_2^*, \boldsymbol{e}_3^*\}$,这里 $\boldsymbol{e}_3^* = \boldsymbol{e}_1^* \times \boldsymbol{e}_2^*$(或写成直角坐标系 $O^*x^*y^*z^*$),和

$$\begin{cases} \overrightarrow{OO^*} = a_1\boldsymbol{e}_1 + a_2\boldsymbol{e}_2 + a_3\boldsymbol{e}_3, \\ \boldsymbol{e}_1^* = a_{11}\boldsymbol{e}_1 + a_{12}\boldsymbol{e}_2 + a_{13}\boldsymbol{e}_3, \\ \boldsymbol{e}_2^* = a_{21}\boldsymbol{e}_1 + a_{22}\boldsymbol{e}_2 + a_{23}\boldsymbol{e}_3, \\ \boldsymbol{e}_3^* = a_{31}\boldsymbol{e}_1 + a_{32}\boldsymbol{e}_2 + a_{33}\boldsymbol{e}_3. \end{cases} \tag{2.2.7}$$

为简洁,引入记号

$$\delta_{ij} = \begin{cases} 1, & \text{当 } i = j \text{ 时}, \\ 0, & \text{当 } i \neq j \text{ 时}. \end{cases} \tag{2.2.8}$$

由于

$$\boldsymbol{e}_i^* \cdot \boldsymbol{e}_j^* = \delta_{ij}, \qquad 1 \leqslant i, j \leqslant 3, \tag{2.2.9}$$

从(2.2.7)式和(2.2.9)式,有

$$\left(\sum_{k=1}^{3} a_{ik}\boldsymbol{e}_k\right) \cdot \left(\sum_{l=1}^{3} a_{jl}\boldsymbol{e}_l\right) = \delta_{ij}. \tag{2.2.10}$$

利用

$$\boldsymbol{e}_k \cdot \boldsymbol{e}_l = \delta_{kl}, \qquad 1 \leqslant k, l \leqslant 3, \tag{2.2.11}$$

从而,有

$$\sum_{k=1}^{3} a_{ik}a_{jk} = \delta_{ij}, \qquad 1 \leqslant i, j \leqslant 3. \tag{2.2.12}$$

称 $\begin{pmatrix} a_{11} & a_{12} & a_{13} \\ a_{21} & a_{22} & a_{23} \\ a_{31} & a_{32} & a_{33} \end{pmatrix}$ 为一个 3(行)×3(列) 矩阵,满足(2.2.12)式的 3×3 矩阵称为一个 3×3 正交矩阵.

由于 $\boldsymbol{e}_3^* = \boldsymbol{e}_1^* \times \boldsymbol{e}_2^*$, 则混合积

$$(\boldsymbol{e}_1^*, \boldsymbol{e}_2^*, \boldsymbol{e}_3^*) = (\boldsymbol{e}_1^* \times \boldsymbol{e}_2^*) \cdot \boldsymbol{e}_3^* = \boldsymbol{e}_3^* \cdot \boldsymbol{e}_3^* = 1. \tag{2.2.13}$$

从(2.2.7)式和(2.2.13)式,利用 $\boldsymbol{e}_3 = \boldsymbol{e}_1 \times \boldsymbol{e}_2$ 及混合积的性质,有

$$\begin{vmatrix} a_{11} & a_{12} & a_{13} \\ a_{21} & a_{22} & a_{23} \\ a_{31} & a_{32} & a_{33} \end{vmatrix} = 1, \tag{2.2.14}$$

因而矩阵 $\begin{pmatrix} a_{11} & a_{12} & a_{13} \\ a_{21} & a_{22} & a_{23} \\ a_{31} & a_{32} & a_{33} \end{pmatrix}$ 是行列式值为 1 的正交矩阵.

对于空间内任意一点 M,它在坐标系 $\{O, \boldsymbol{e}_1, \boldsymbol{e}_2, \boldsymbol{e}_3\}$ 中的坐标记为 (x, y, z),在直角坐标系 $\{O^*, \boldsymbol{e}_1^*, \boldsymbol{e}_2^*, \boldsymbol{e}_3^*\}$ 中的坐标记为 (x^*, y^*, z^*),则

$$\begin{aligned} \overrightarrow{OM} &= x\boldsymbol{e}_1 + y\boldsymbol{e}_2 + z\boldsymbol{e}_3, \\ \overrightarrow{O^*M} &= x^*\boldsymbol{e}_1^* + y^*\boldsymbol{e}_2^* + z^*\boldsymbol{e}_3^*, \\ \overrightarrow{OM} &= \overrightarrow{OO^*} + \overrightarrow{O^*M}. \end{aligned} \tag{2.2.15}$$

利用(2.2.7)式和(2.2.15)式,有

$$x\boldsymbol{e}_1 + y\boldsymbol{e}_2 + z\boldsymbol{e}_3 = (a_1\boldsymbol{e}_1 + a_2\boldsymbol{e}_2 + a_3\boldsymbol{e}_3) + x^*(a_{11}\boldsymbol{e}_1 + a_{12}\boldsymbol{e}_2 + a_{13}\boldsymbol{e}_3)$$

$$+ y^*(a_{21}\boldsymbol{e}_1 + a_{22}\boldsymbol{e}_2 + a_{23}\boldsymbol{e}_3) + z^*(a_{31}\boldsymbol{e}_1 + a_{32}\boldsymbol{e}_2 + a_{33}\boldsymbol{e}_3). \tag{2.2.16}$$

从上式,有

$$\begin{cases} x = a_1 + a_{11}x^* + a_{21}y^* + a_{31}z^*, \\ y = a_2 + a_{12}x^* + a_{22}y^* + a_{32}z^*, \\ z = a_3 + a_{13}x^* + a_{23}y^* + a_{33}z^*. \end{cases} \tag{2.2.17}$$

这就是空间直角坐标系 $\{O, \boldsymbol{e}_1, \boldsymbol{e}_2, \boldsymbol{e}_3\}(\boldsymbol{e}_3 = \boldsymbol{e}_1 \times \boldsymbol{e}_2)$ 到空间直角坐标系 $\{O^*, \boldsymbol{e}_1^*, \boldsymbol{e}_2^*, \boldsymbol{e}_3^*\}(\boldsymbol{e}_3^* = \boldsymbol{e}_1^* \times \boldsymbol{e}_2^*)$ 的坐标变换公式. 这里 a_{ij} ($1 \leqslant i, j \leqslant 3$)是实数,满足公式组(2.2.12)和(2.2.14)式.

如果 $a_{ij} = \delta_{ij}$, 即 $\boldsymbol{e}_1^* = \boldsymbol{e}_1$, $\boldsymbol{e}_2^* = \boldsymbol{e}_2$, $\boldsymbol{e}_3^* = \boldsymbol{e}_3$, 从(2.2.17)式,有

$$x = a_1 + x^*, \quad y = a_2 + y^*, \quad z = a_3 + z^*. \tag{2.2.18}$$

这个变换公式称为平移公式.

如果点 O^* 与 O 重合,从(2.2.17)式,有

$$\begin{cases} x = a_{11}x^* + a_{21}y^* + a_{31}z^*, \\ y = a_{12}x^* + a_{22}y^* + a_{32}z^*, \\ z = a_{13}x^* + a_{23}y^* + a_{33}z^*. \end{cases} \tag{2.2.19}$$

这个变换公式称为旋转公式. 利用公式组(2.2.12)两端的下标关于 i, j 对称,公式组(2.2.12)实际上是 6 个等式.

三、Euler 角

下面用角度的正弦和余弦来代替上述 a_{ij}.

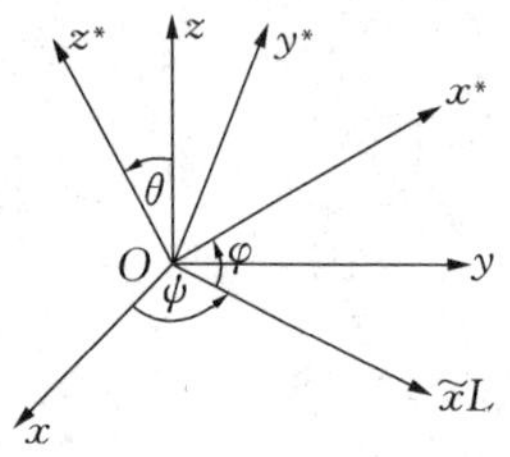

图 2.7

设平面 xy 与平面 x^*y^*(有公共点 O)的交线是 L.

第一步,如图 2.7 所示,保持 z 轴不动,将 x 轴绕 z 轴转到直线 L 的位置. 当然,也要将 y 轴相应旋转相同的角度,建立过渡性的直角坐标系 $O\tilde{x}\tilde{y}z$. 设 x 轴绕 z 轴逆时针旋转 ψ 角到 $\tilde{x}$ 轴,这里 $\tilde{x}$ 轴重合于直线 L. 利用公式(2.2.4),有

$$\begin{cases} x = \tilde{x}\cos\psi - \tilde{y}\sin\psi, \\ y = \tilde{x}\sin\psi + \tilde{y}\cos\psi. \end{cases} \tag{2.2.20}$$

第二步,如图 2.7 所示,保持直线 L 不动,即 $\tilde{x}$ 轴保持不动,将 z 轴绕 $\tilde{x}$ 轴按逆时针旋转 θ 角到 z^*轴,建立过渡性直角坐标系 $O\tilde{x}\tilde{y}z^*$,类似公式(2.2.4),有

$$\begin{cases}\tilde{y}=\bar{y}\cos\theta-z^*\sin\theta,\\ z=\bar{y}\sin\theta+z^*\cos\theta.\end{cases}\tag{2.2.21}$$

第三步,如图 2.7 所示,保持 z^* 轴不动,将 $\tilde{x}$ 轴绕 z^*轴按逆时针旋转 φ 角到 x^*轴,建立直角坐标系 $Ox^*y^*z^*$. 由于 $\boldsymbol{e}_2^*=\boldsymbol{e}_3^*\times\boldsymbol{e}_1^*$, 当 x^*轴和 z^*轴旋转到位后, y^*轴也一定旋转到位.

类似公式(2.2.4),有

$$\begin{cases}\tilde{x}=x^*\cos\varphi-y^*\sin\varphi,\\ \bar{y}=x^*\sin\varphi+y^*\cos\varphi.\end{cases}\tag{2.2.22}$$

这样,利用 3 次平面直角坐标系的旋转,将直角坐标系 $Oxyz$ 变换到直角坐标系 $Ox^*y^*z^*$.

由(2.2.20)式、(2.2.21)式和(2.2.22)式,有

$$\begin{aligned}x&=\tilde{x}\cos\psi-\tilde{y}\sin\psi=(x^*\cos\varphi-y^*\sin\varphi)\cos\psi-(\bar{y}\cos\theta-z^*\sin\theta)\sin\psi\\&=(x^*\cos\varphi-y^*\sin\varphi)\cos\psi-(x^*\sin\varphi+y^*\cos\varphi)\cos\theta\sin\psi+z^*\sin\theta\sin\psi\\&=(\cos\varphi\cos\psi-\sin\varphi\cos\theta\sin\psi)x^*\\&\quad+(-\sin\varphi\cos\psi-\cos\varphi\cos\theta\sin\psi)y^*+\sin\theta\sin\psi z^*,\end{aligned}\tag{2.2.23}$$

$$\begin{aligned}y&=\tilde{x}\sin\psi+\tilde{y}\cos\psi=(x^*\cos\varphi-y^*\sin\varphi)\sin\psi+(\bar{y}\cos\theta-z^*\sin\theta)\cos\psi\\&=(x^*\cos\varphi-y^*\sin\varphi)\sin\psi+(x^*\sin\varphi+y^*\cos\varphi)\cos\theta\cos\psi-z^*\sin\theta\cos\psi\\&=(\cos\varphi\sin\psi+\sin\varphi\cos\theta\cos\psi)x^*\\&\quad+(\cos\varphi\cos\theta\cos\psi-\sin\varphi\sin\psi)y^*-\sin\theta\cos\psi z^*,\end{aligned}\tag{2.2.24}$$

$$\begin{aligned}z&=\bar{y}\sin\theta+z^*\cos\theta\\&=x^*\sin\varphi\sin\theta+y^*\cos\varphi\sin\theta+z^*\cos\theta.\end{aligned}\tag{2.2.25}$$

公式(2.2.23),(2.2.24)和(2.2.25)中的 3 个角 ψ, θ, φ 称为 Euler 角,这 3 个公式将公式(2.2.19)具体化了.

从(2.2.19)式、(2.2.23)式、(2.2.24)式和(2.2.25)式,有

$$\begin{pmatrix}a_{11}&a_{21}&a_{31}\\a_{12}&a_{22}&a_{32}\\a_{13}&a_{23}&a_{33}\end{pmatrix}=\begin{pmatrix}\cos\varphi\cos\psi-\sin\varphi\cos\theta\sin\psi&-\sin\varphi\cos\psi-\cos\varphi\cos\theta\sin\psi&\sin\theta\sin\psi\\\cos\varphi\sin\psi+\sin\varphi\cos\theta\cos\psi&\cos\varphi\cos\theta\cos\psi-\sin\varphi\sin\psi&-\sin\theta\cos\psi\\\sin\varphi\sin\theta&\cos\varphi\sin\theta&\cos\theta\end{pmatrix}.\tag{2.2.26}$$

从(2.2.26)式,我们还可以看到

$$\sum_{k=1}^{3}a_{ki}a_{kj}=\delta_{ij},\tag{2.2.27}$$

这是正交矩阵的一个性质.

§2.3　二次曲面的分类

在直角坐标系$\{O, \boldsymbol{e}_1, \boldsymbol{e}_2, \boldsymbol{e}_3\}$内,我们把由三元二次方程

$$\begin{aligned}F(x, y, z) = & a_{11}x^2 + 2a_{12}xy + a_{22}y^2 + 2a_{13}xz + 2a_{23}yz \\ & + a_{33}z^2 + 2b_1x + 2b_2y + 2b_3z + C = 0\end{aligned} \tag{2.3.1}$$

表示的曲面称为二次曲面.这里a_{11}, a_{12}, a_{22}, a_{13}, a_{23}和a_{33}是不全为零的实数, b_1, b_2, b_3和C也都是实数.

在本节,我们要通过选择新的直角坐标系,化简方程(2.3.1),并给出满足方程(2.3.1)的全部曲面.

令矩阵

$$\boldsymbol{D} = \begin{pmatrix} a_{11} & a_{12} & a_{13} \\ a_{12} & a_{22} & a_{23} \\ a_{13} & a_{23} & a_{33} \end{pmatrix}, \tag{2.3.2}$$

由于右端a_{ij}不全为零,故$\boldsymbol{D}$称为非零矩阵.又令

$$\Phi(x, y, z) = a_{11}x^2 + 2a_{12}xy + a_{22}y^2 + 2a_{13}xz + 2a_{23}yz + a_{33}z^2. \tag{2.3.3}$$

下面引入矩阵的乘法法则.设

$$m(\text{行}) \times n(\text{列})\text{矩阵 } \boldsymbol{A} = \begin{pmatrix} b_{11} & b_{12} & \cdots & b_{1n} \\ b_{21} & b_{22} & \cdots & b_{2n} \\ \vdots & \vdots & & \vdots \\ b_{m1} & b_{m2} & \cdots & b_{mn} \end{pmatrix},$$

$$n(\text{行}) \times s(\text{列})\text{矩阵 } \boldsymbol{B} = \begin{pmatrix} c_{11} & c_{12} & \cdots & c_{1s} \\ c_{21} & c_{22} & \cdots & c_{2s} \\ \vdots & \vdots & & \vdots \\ c_{n1} & c_{n2} & \cdots & c_{ns} \end{pmatrix},$$

$$\text{矩阵 } \boldsymbol{AB} = \begin{pmatrix} d_{11} & d_{12} & \cdots & d_{1s} \\ d_{21} & d_{22} & \cdots & d_{2s} \\ \vdots & \vdots & & \vdots \\ d_{m1} & d_{m2} & \cdots & d_{ms} \end{pmatrix},$$

这里

$$d_{i\alpha}=\sum_{k=1}^{n}b_{ik}c_{k\alpha}, \tag{2.3.4}$$

$1\leqslant i\leqslant m,\ 1\leqslant\alpha\leqslant s$. 矩阵乘法是满足结合律的,如果还有一个 s(行)$\times t$(列)矩阵 $\boldsymbol{C}$,则

$$(\boldsymbol{AB})\boldsymbol{C}=\boldsymbol{A}(\boldsymbol{BC}). \tag{2.3.5}$$

由矩阵乘法的定义和(2.3.3)式,可以看到

$$\begin{aligned}
&(x,\ y,\ z)\begin{pmatrix}a_{11} & a_{12} & a_{13}\\ a_{12} & a_{22} & a_{23}\\ a_{13} & a_{23} & a_{33}\end{pmatrix}\begin{pmatrix}x\\ y\\ z\end{pmatrix}\\
&=(x,\ y,\ z)\begin{pmatrix}a_{11}x+a_{12}y+a_{13}z\\ a_{12}x+a_{22}y+a_{23}z\\ a_{13}x+a_{23}y+a_{33}z\end{pmatrix}\\
&=x(a_{11}x+a_{12}y+a_{13}z)+y(a_{12}x+a_{22}y+a_{23}z)+z(a_{13}x+a_{23}y+a_{33}z)\\
&=\Phi(x,\ y,\ z).
\end{aligned} \tag{2.3.6}$$

令矩阵

$$\boldsymbol{A}=\begin{pmatrix}b_{11} & b_{12} & b_{13}\\ b_{21} & b_{22} & b_{23}\\ b_{31} & b_{32} & b_{33}\end{pmatrix}, \tag{2.3.7}$$

这里 $b_{ij}\ (1\leqslant i,\ j\leqslant 3)$ 全是实数.

矩阵 $\boldsymbol{A}$ 的转置矩阵 $\boldsymbol{A}^{\mathrm{T}}$ 为下列矩阵:

$$\boldsymbol{A}^{\mathrm{T}}=\begin{pmatrix}b_{11} & b_{21} & b_{31}\\ b_{12} & b_{22} & b_{32}\\ b_{13} & b_{23} & b_{33}\end{pmatrix}. \tag{2.3.8}$$

显然,有

$$(\boldsymbol{A}^{\mathrm{T}})^{\mathrm{T}}=\boldsymbol{A}. \tag{2.3.9}$$

矩阵的乘法与转置有下述关系(利用公式(2.3.4)的记号):

$$(\boldsymbol{AB})^{\mathrm{T}}=\boldsymbol{B}^{\mathrm{T}}\boldsymbol{A}^{\mathrm{T}}. \tag{2.3.10}$$

如果矩阵 $\boldsymbol{A}$ 满足

$$\boldsymbol{A}^{\mathrm{T}}\boldsymbol{A}=\boldsymbol{A}\boldsymbol{A}^{\mathrm{T}}=\begin{pmatrix}1&0&0\\0&1&0\\0&0&1\end{pmatrix},\tag{2.3.11}$$

即实数 $b_{ij}\,(1\leqslant i,\ j\leqslant 3)$ 满足

$$\sum_{k=1}^{3}b_{ki}b_{kj}=\sum_{k=1}^{3}b_{ik}b_{jk}=\delta_{ij},\tag{2.3.12}$$

从 §2.2 知道,矩阵 $\boldsymbol{A}$ 是一个正交矩阵.

令

$$(\boldsymbol{e}_1^*,\ \boldsymbol{e}_2^*,\ \boldsymbol{e}_3^*)=(\boldsymbol{e}_1,\ \boldsymbol{e}_2,\ \boldsymbol{e}_3)\boldsymbol{A}^{\mathrm{T}},\tag{2.3.13}$$

即

$$\boldsymbol{e}_k^*=\sum_{j=1}^{3}b_{kj}\boldsymbol{e}_j,\qquad k=1,\ 2,\ 3.\tag{2.3.14}$$

公式(2.3.13)只是一种习惯写法,将向量 $\boldsymbol{e}_j\,(1\leqslant j\leqslant 3)$, $\boldsymbol{e}_k^*\,(1\leqslant k\leqslant 3)$ 当作实数一样作乘法,将公式(2.3.13)两端作转置,有

$$\begin{pmatrix}\boldsymbol{e}_1^*\\\boldsymbol{e}_2^*\\\boldsymbol{e}_3^*\end{pmatrix}=\boldsymbol{A}\begin{pmatrix}\boldsymbol{e}_1\\\boldsymbol{e}_2\\\boldsymbol{e}_3\end{pmatrix}.\tag{2.3.15}$$

利用 $\boldsymbol{e}_l\cdot\boldsymbol{e}_s=\delta_{ls}$, (2.3.12)式和(2.3.14)式,有

$$\boldsymbol{e}_i^*\cdot\boldsymbol{e}_j^*=\Big(\sum_{l=1}^{3}b_{il}\boldsymbol{e}_l\Big)\cdot\Big(\sum_{s=1}^{3}b_{js}\boldsymbol{e}_s\Big)=\sum_{l,s=1}^{3}b_{il}b_{js}\delta_{ls}=\sum_{l=1}^{3}b_{il}b_{jl}=\delta_{ij}.\tag{2.3.16}$$

因而 $\boldsymbol{e}_1^*$, $\boldsymbol{e}_2^*$, $\boldsymbol{e}_3^*$ 仍然是 3 个互相垂直的单位向量. 为了下面讨论简洁,这里不一定要求 $\boldsymbol{e}_3^*=\boldsymbol{e}_1^*\times\boldsymbol{e}_2^*$, 即可能 $\boldsymbol{e}_3^*=\boldsymbol{e}_1^*\times\boldsymbol{e}_2^*$, $\boldsymbol{e}_1^*$, $\boldsymbol{e}_2^*$, $\boldsymbol{e}_3^*$ 组成右手系;也可能 $\boldsymbol{e}_3^*=-\boldsymbol{e}_1^*\times\boldsymbol{e}_2^*$, 即 $\boldsymbol{e}_1^*$, $\boldsymbol{e}_2^*$, $\boldsymbol{e}_3^*$ 组成左手系.

一、二次曲面的旋转不变量

下面先寻找矩阵 $\boldsymbol{D}$ 中哪些实数的组合在坐标变换下是不变的,而这些不变的实数组合恰能反映曲面本身的形状.

空间一点 M,它在直角坐标系 $\{O,\ \boldsymbol{e}_1,\ \boldsymbol{e}_2,\ \boldsymbol{e}_3\}$ 中的坐标是 $(x,\ y,\ z)$,在直角坐标系(可能是左手系) $\{O,\ \boldsymbol{e}_1^*,\ \boldsymbol{e}_2^*,\ \boldsymbol{e}_3^*\}$ 中的坐标是 $(x^*,\ y^*,\ z^*)$. 那么,有

$$\overrightarrow{OM} = x\boldsymbol{e}_1 + y\boldsymbol{e}_2 + z\boldsymbol{e}_3, \tag{2.3.17}$$

以及

$$\overrightarrow{OM} = x^*\boldsymbol{e}_1^* + y^*\boldsymbol{e}_2^* + z^*\boldsymbol{e}_3^*. \tag{2.3.18}$$

从(2.3.17)式和(2.3.18)式,有

$$(x^*,\ y^*,\ z^*)\begin{pmatrix}\boldsymbol{e}_1^*\\ \boldsymbol{e}_2^*\\ \boldsymbol{e}_3^*\end{pmatrix} = (x,\ y,\ z)\begin{pmatrix}\boldsymbol{e}_1\\ \boldsymbol{e}_2\\ \boldsymbol{e}_3\end{pmatrix}. \tag{2.3.19}$$

将(2.3.15)代入(2.3.19)式,有

$$(x^*,\ y^*,\ z^*)\boldsymbol{A}\begin{pmatrix}\boldsymbol{e}_1\\ \boldsymbol{e}_2\\ \boldsymbol{e}_3\end{pmatrix} = (x,\ y,\ z)\begin{pmatrix}\boldsymbol{e}_1\\ \boldsymbol{e}_2\\ \boldsymbol{e}_3\end{pmatrix}. \tag{2.3.20}$$

从(2.3.20)式,立即有

$$(x,\ y,\ z) = (x^*,\ y^*,\ z^*)\boldsymbol{A}. \tag{2.3.21}$$

转置上述公式,有

$$\begin{pmatrix}x\\ y\\ z\end{pmatrix} = \boldsymbol{A}^{\mathrm{T}}\begin{pmatrix}x^*\\ y^*\\ z^*\end{pmatrix}. \tag{2.3.22}$$

将(2.3.21)式和(2.3.22)式代入(2.3.6)式,并利用(2.3.2)式,有

$$\Phi(x,\ y,\ z) = (x^*,\ y^*,\ z^*)\boldsymbol{ADA}^{\mathrm{T}}\begin{pmatrix}x^*\\ y^*\\ z^*\end{pmatrix}. \tag{2.3.23}$$

由于矩阵乘法满足结合律,记

$$\boldsymbol{D}^* = \boldsymbol{ADA}^{\mathrm{T}}, \tag{2.3.24}$$

则有

$$\Phi(x,\ y,\ z) = (x^*,\ y^*,\ z^*)\boldsymbol{D}^*\begin{pmatrix}x^*\\ y^*\\ z^*\end{pmatrix}. \tag{2.3.25}$$

从(2.3.2)式及矩阵转置的定义,有

$$\boldsymbol{D}^{\mathrm{T}} = \boldsymbol{D}, \tag{2.3.26}$$

这样的矩阵 $\boldsymbol{D}$ 称为对称矩阵.

转置(2.3.24)式两端,利用(2.3.26)式,有

$$\boldsymbol{D}^{*\mathrm{T}} = (\boldsymbol{A}\boldsymbol{D}\boldsymbol{A}^{\mathrm{T}})^{\mathrm{T}} = \boldsymbol{A}\boldsymbol{D}\boldsymbol{A}^{\mathrm{T}} = \boldsymbol{D}^*, \tag{2.3.27}$$

从而 $\boldsymbol{D}^*$ 也是对称矩阵.因此,可以写成

$$\boldsymbol{D}^* = \begin{pmatrix} a_{11}^* & a_{12}^* & a_{13}^* \\ a_{12}^* & a_{22}^* & a_{23}^* \\ a_{13}^* & a_{23}^* & a_{33}^* \end{pmatrix}, \tag{2.3.28}$$

这里 a_{ij}^* 全是实数.

将(2.3.28)式代入(2.3.25)式,类似(2.3.6)式,有

$$\begin{aligned}\Phi(x, y, z) &= a_{11}^* x^{*2} + 2a_{12}^* x^* y^* + a_{22}^* y^{*2} \\ &\quad + 2a_{13}^* x^* z^* + 2a_{23}^* y^* z^* + a_{33}^* z^{*2}.\end{aligned} \tag{2.3.29}$$

将等式(2.3.29)式的右端记为 $\Phi^*(x^*, y^*, z^*)$.

利用(2.3.11)式、(2.3.21)式、(2.3.22)式和矩阵乘法定义、性质,有

$$\begin{aligned} x^2+y^2+z^2 &= (x, y, z)\begin{pmatrix} x \\ y \\ z \end{pmatrix} = (x^*, y^*, z^*)\boldsymbol{A}\boldsymbol{A}^{\mathrm{T}}\begin{pmatrix} x^* \\ y^* \\ z^* \end{pmatrix} \\ &= (x^*, y^*, z^*)\begin{pmatrix} 1 & 0 & 0 \\ 0 & 1 & 0 \\ 0 & 0 & 1 \end{pmatrix}\begin{pmatrix} x^* \\ y^* \\ z^* \end{pmatrix} \\ &= (x^*, y^*, z^*)\begin{pmatrix} x^* \\ y^* \\ z^* \end{pmatrix} \\ &= x^{*2} + y^{*2} + z^{*2}. \end{aligned} \tag{2.3.30}$$

利用(2.3.3)式、(2.3.29)式和(2.3.30)式,对于任一实数 λ,有

$$\begin{aligned} &(a_{11}-\lambda)x^2 + (a_{22}-\lambda)y^2 + (a_{33}-\lambda)z^2 + 2a_{12}xy + 2a_{13}xz + 2a_{23}yz \\ &= \Phi(x, y, z) - \lambda(x^2+y^2+z^2) \\ &= \Phi^*(x^*, y^*, z^*) - \lambda(x^{*2}+y^{*2}+z^{*2}) \\ &= (a_{11}^*-\lambda)x^{*2} + (a_{22}^*-\lambda)y^{*2} + (a_{33}^*-\lambda)z^{*2} \\ &\quad + 2a_{12}^* x^* y^* + 2a_{13}^* x^* z^* + 2a_{23}^* y^* z^*. \end{aligned} \tag{2.3.31}$$

利用矩阵乘法写出上式,就是

$$(x, y, z)\begin{pmatrix} a_{11}-\lambda & a_{12} & a_{13} \\ a_{12} & a_{22}-\lambda & a_{23} \\ a_{13} & a_{23} & a_{33}-\lambda \end{pmatrix}\begin{pmatrix} x \\ y \\ z \end{pmatrix}$$

$$=(x^*, y^*, z^*)\begin{pmatrix} a_{11}^*-\lambda & a_{12}^* & a_{13}^* \\ a_{12}^* & a_{22}^*-\lambda & a_{23}^* \\ a_{13}^* & a_{23}^* & a_{33}^*-\lambda \end{pmatrix}\begin{pmatrix} x^* \\ y^* \\ z^* \end{pmatrix}. \qquad (2.3.32)$$

利用 $\boldsymbol{A}$ 是正交矩阵,从(2.3.21)式,得到

$$(x, y, z)\boldsymbol{A}^{\mathrm{T}} = (x^*, y^*, z^*)\boldsymbol{A}\boldsymbol{A}^{\mathrm{T}} = (x^*, y^*, z^*)\begin{pmatrix} 1 & 0 & 0 \\ 0 & 1 & 0 \\ 0 & 0 & 1 \end{pmatrix}$$

$$= (x^*, y^*, z^*). \qquad (2.3.33)$$

转置上述公式两端,有

$$\boldsymbol{A}\begin{pmatrix} x \\ y \\ z \end{pmatrix} = \begin{pmatrix} x^* \\ y^* \\ z^* \end{pmatrix}. \qquad (2.3.34)$$

将(2.3.33)式和(2.3.34)式代入(2.3.32)式,有

$$(x, y, z)\begin{pmatrix} a_{11}-\lambda & a_{12} & a_{13} \\ a_{12} & a_{22}-\lambda & a_{23} \\ a_{13} & a_{23} & a_{33}-\lambda \end{pmatrix}\begin{pmatrix} x \\ y \\ z \end{pmatrix}$$

$$=(x, y, z)\boldsymbol{A}^{\mathrm{T}}\begin{pmatrix} a_{11}^*-\lambda & a_{12}^* & a_{13}^* \\ a_{12}^* & a_{22}^*-\lambda & a_{23}^* \\ a_{13}^* & a_{23}^* & a_{33}^*-\lambda \end{pmatrix}\boldsymbol{A}\begin{pmatrix} x \\ y \\ z \end{pmatrix}. \qquad (2.3.35)$$

由于上式中 x, y, z 是任意实数,有

$$\begin{pmatrix} a_{11}-\lambda & a_{12} & a_{13} \\ a_{12} & a_{22}-\lambda & a_{23} \\ a_{13} & a_{23} & a_{33}-\lambda \end{pmatrix} = \boldsymbol{A}^{\mathrm{T}}\begin{pmatrix} a_{11}^*-\lambda & a_{12}^* & a_{13}^* \\ a_{12}^* & a_{22}^*-\lambda & a_{23}^* \\ a_{13}^* & a_{23}^* & a_{33}^*-\lambda \end{pmatrix}\boldsymbol{A}.$$

$$(2.3.36)$$

将(2.3.11)式两端取行列式,利用 $\boldsymbol{A}^{\mathrm{T}}$ 的行列式 $|\boldsymbol{A}^{\mathrm{T}}|$ 等于 $\boldsymbol{A}$ 的行列式 $|\boldsymbol{A}|$,矩阵乘积 $\boldsymbol{AB}$ 的行列式 $|\boldsymbol{AB}|$ 等于矩阵行列式 $|\boldsymbol{A}|$ 与 $|\boldsymbol{B}|$ 的乘积,这里 $\boldsymbol{A},\boldsymbol{B}$ 都是3×3的矩阵,有

$$|\boldsymbol{A}|^2=1,\qquad |\boldsymbol{A}|=\pm 1. \tag{2.3.37}$$

将(2.3.36)式两端取行列式,利用(2.3.37)式,有

$$\begin{vmatrix} a_{11}-\lambda & a_{12} & a_{13} \\ a_{12} & a_{22}-\lambda & a_{23} \\ a_{13} & a_{23} & a_{33}-\lambda \end{vmatrix}=\begin{vmatrix} a_{11}^*-\lambda & a_{12}^* & a_{13}^* \\ a_{12}^* & a_{22}^*-\lambda & a_{23}^* \\ a_{13}^* & a_{23}^* & a_{33}^*-\lambda \end{vmatrix}. \tag{2.3.38}$$

展开上式,有

$$\lambda^3-I_1\lambda^2+I_2\lambda-I_3=\lambda^3-I_1^*\lambda^2+I_2^*\lambda-I_3^*. \tag{2.3.39}$$

这里

$$\begin{aligned} I_1 &= a_{11}+a_{22}+a_{33}, \qquad I_1^*=a_{11}^*+a_{22}^*+a_{33}^*; \\ I_2 &= (a_{11}a_{22}+a_{11}a_{33}+a_{22}a_{33})-(a_{12}^2+a_{13}^2+a_{23}^2) \\ &= \begin{vmatrix} a_{11} & a_{12} \\ a_{12} & a_{22} \end{vmatrix}+\begin{vmatrix} a_{11} & a_{13} \\ a_{13} & a_{33} \end{vmatrix}+\begin{vmatrix} a_{22} & a_{23} \\ a_{23} & a_{33} \end{vmatrix}, \\ I_2^* &= (a_{11}^*a_{22}^*+a_{11}^*a_{33}^*+a_{22}^*a_{33}^*)-(a_{12}^{*2}+a_{13}^{*2}+a_{23}^{*2}) \\ &= \begin{vmatrix} a_{11}^* & a_{12}^* \\ a_{12}^* & a_{22}^* \end{vmatrix}+\begin{vmatrix} a_{11}^* & a_{13}^* \\ a_{13}^* & a_{33}^* \end{vmatrix}+\begin{vmatrix} a_{22}^* & a_{23}^* \\ a_{23}^* & a_{33}^* \end{vmatrix}; \\ I_3 &= \begin{vmatrix} a_{11} & a_{12} & a_{13} \\ a_{12} & a_{22} & a_{23} \\ a_{13} & a_{23} & a_{33} \end{vmatrix}, \qquad I_3^*=\begin{vmatrix} a_{11}^* & a_{12}^* & a_{13}^* \\ a_{12}^* & a_{22}^* & a_{23}^* \\ a_{13}^* & a_{23}^* & a_{33}^* \end{vmatrix}. \end{aligned} \tag{2.3.40}$$

由于 λ 是任一实数,从(2.3.39)式,有

$$I_1=I_1^*,\qquad I_2=I_2^*,\qquad I_3=I_3^*. \tag{2.3.41}$$

从(2.3.41)式可以知道,当直角坐标系 $\{O, \boldsymbol{e}_1, \boldsymbol{e}_2, \boldsymbol{e}_3\}$ 变到另一直角坐标系 $\{O, \boldsymbol{e}_1^*, \boldsymbol{e}_2^*, \boldsymbol{e}_3^*\}$ 时,对应的 I_1, I_2, I_3 实际上没有变化. I_1, I_2, I_3 称为二次曲面的旋转不变量.

二、特征方程和特征根

考虑方程组

$$\begin{cases} a_{11}x+a_{12}y+a_{13}z=\lambda x, \\ a_{12}x+a_{22}y+a_{23}z=\lambda y, \\ a_{13}x+a_{23}y+a_{33}z=\lambda z, \end{cases} \tag{2.3.42}$$

上述方程组即为

$$\begin{cases} (a_{11}-\lambda)x+a_{12}y+a_{13}z=0, \\ a_{12}x+(a_{22}-\lambda)y+a_{23}z=0, \\ a_{13}x+a_{23}y+(a_{33}-\lambda)z=0. \end{cases} \tag{2.3.43}$$

考虑关于 λ 的一元三次方程

$$\begin{vmatrix} a_{11}-\lambda & a_{12} & a_{13} \\ a_{12} & a_{22}-\lambda & a_{23} \\ a_{13} & a_{23} & a_{33}-\lambda \end{vmatrix} = 0, \tag{2.3.44}$$

方程(2.3.44)称为对应矩阵 $\boldsymbol{D}$ 的特征方程.

从(2.3.40)式和(2.3.44)式,有

$$\lambda^3 - I_1\lambda^2 + I_2\lambda - I_3 = 0. \tag{2.3.45}$$

满足方程(2.3.45)的根 λ 称为矩阵 $\boldsymbol{D}$ 的特征根(又称特征值). 上述关于 λ 的一元三次实系数方程至少有一个实根 λ_3(记为 λ_3 是为了下面叙述方便),对应于实根 λ_3,有不全为零的实数组(x, y, z)满足方程组(2.3.43)(即方程组(2.3.42)),这是由于 3 个向量 $(a_{11}-\lambda_3, a_{12}, a_{13})$, $(a_{12}, a_{22}-\lambda_3, a_{23})$, $(a_{13}, a_{23}, a_{33}-\lambda_3)$ 共面,必有一非零向量(x, y, z)同时垂直于这 3 个向量. 向量(x, y, z)称为对应于特征根 λ_3 的主方向(又称为特征方向,或特征向量).

将方程组(2.3.42)写成矩阵形式,利用(2.3.2)式,有

$$\boldsymbol{D}\begin{pmatrix} x \\ y \\ z \end{pmatrix} = \lambda\begin{pmatrix} x \\ y \\ z \end{pmatrix}. \tag{2.3.46}$$

由(2.3.22)式和(2.3.46)式,得到

$$\boldsymbol{D}\boldsymbol{A}^{\mathrm{T}}\begin{pmatrix} x^* \\ y^* \\ z^* \end{pmatrix} = \lambda\boldsymbol{A}^{\mathrm{T}}\begin{pmatrix} x^* \\ y^* \\ z^* \end{pmatrix}. \tag{2.3.47}$$

上述公式两端在左边乘以矩阵 A,利用(2.3.11)式和(2.3.24)式,有

$$\boldsymbol{D}^*\begin{pmatrix} x^* \\ y^* \\ z^* \end{pmatrix} = \lambda\begin{pmatrix} x^* \\ y^* \\ z^* \end{pmatrix}. \tag{2.3.48}$$

从(2.3.28)式和(2.3.48)式,得

$$\begin{cases} a_{11}^* x^* + a_{12}^* y^* + a_{13}^* z^* = \lambda x^*, \\ a_{12}^* x^* + a_{22}^* y^* + a_{23}^* z^* = \lambda y^*, \\ a_{13}^* x^* + a_{23}^* y^* + a_{33}^* z^* = \lambda z^*. \end{cases} \tag{2.3.49}$$

从上述推导可以看出,在直角坐标系$\{O, \boldsymbol{e}_1, \boldsymbol{e}_2, \boldsymbol{e}_3\}$中,对应于特征根 λ_3 的

主方向(x, y, z)在另一直角坐标系$\{O, \boldsymbol{e}_1^*, \boldsymbol{e}_2^*, \boldsymbol{e}_3^*\}$中变换为对应于同一特征根$\lambda_3$的主方向$(x^*, y^*, z^*)$.

由(2.3.19)式,即从向量而言,主方向仍是主方向,并没有改变,只是在不同的直角坐标系中,表示实数不同.

定理 1　经过适当的坐标变换,$\Phi(x, y, z)$总可以化为标准形式$\lambda_1 x^{*2} + \lambda_2 y^{*2} + \lambda_3 z^{*2}$,其中实数$\lambda_1$, λ_2, λ_3是对应矩阵$\boldsymbol{D}$的3个特征根.

证明　非零向量(x, y, z)是对应于特征根λ_3的主方向.取新的直角坐标系$\{O, \boldsymbol{e}_1^*, \boldsymbol{e}_2^*, \boldsymbol{e}_3^*\}$,使得$\boldsymbol{e}_3^*$平行于向量$x\boldsymbol{e}_1 + y\boldsymbol{e}_2 + z\boldsymbol{e}_3$.在新的直角坐标系$\{O, \boldsymbol{e}_1^*, \boldsymbol{e}_2^*, \boldsymbol{e}_3^*\}$下,$\boldsymbol{e}_3^* = (0, 0, 1)$为对应于特征根$\lambda_3$的主方向(注意对应于$\lambda = \lambda_3$,有满足方程(2.3.42)的非零向量$(x, y, z)$,且非零向量$(tx, ty, tz)$也是主方向,这里$t$是任一非零实数,即平行于向量$(x, y, z)$的任一非零向量都是主方向).

将$\lambda = \lambda_3$, $x^* = 0$, $y^* = 0$, $z^* = 1$代入方程组(2.3.49),有

$$a_{13}^* = 0,\qquad a_{23}^* = 0,\qquad a_{33}^* = \lambda_3. \tag{2.3.50}$$

将(2.3.50)式代入(2.3.29)式,有

$$\Phi(x, y, z) = \Phi^*(x^*, y^*, z^*) = a_{11}^* x^{*2} + 2a_{12}^* x^* y^* + a_{22}^* y^{*2} + \lambda_3 z^{*2}. \tag{2.3.51}$$

下面证明3个引理.由于(2.3.2)式中的数全是实数,因此$\boldsymbol{D}$称为实对称矩阵.

引理 1　非零实对称矩阵$\boldsymbol{D}$的特征根全是实数.

证明　由于(2.3.38)式、(2.3.39)式、(2.3.44)式、(2.3.45)式、(2.3.50)式,只须考虑

$$\begin{vmatrix} a_{11}^* - \lambda & a_{12}^* & 0 \\ a_{12}^* & a_{22}^* - \lambda & 0 \\ 0 & 0 & \lambda_3 - \lambda \end{vmatrix} = 0, \tag{2.3.52}$$

展开上式,有

$$(\lambda_3 - \lambda)[(a_{11}^* - \lambda)(a_{22}^* - \lambda) - a_{12}^{*2}] = 0. \tag{2.3.53}$$

因而方程(2.3.52)的3个根λ_1, λ_2, λ_3中λ_1, λ_2为下述关于λ的一元二次方程的两个根:

$$(a_{11}^* - \lambda)(a_{22}^* - \lambda) - a_{12}^{*2} = 0, \tag{2.3.54}$$

上式即

$$\lambda^2 - (a_{11}^* + a_{22}^*)\lambda + (a_{11}^* a_{22}^* - a_{12}^{*2}) = 0. \tag{2.3.55}$$

方程(2.3.55)的判别式记为 Δ，

$$\begin{aligned}\Delta &= (a_{11}^* + a_{22}^*)^2 - 4(a_{11}^* a_{22}^* - a_{12}^{*2}) \\ &= (a_{11}^* - a_{22}^*)^2 + 4a_{12}^{*2} \geqslant 0.\end{aligned} \tag{2.3.56}$$

所以方程(2.3.54)有两个实根，因而方程(2.3.52)的 3 个根全是实数，即非零实对称矩阵 $\boldsymbol{D}$ 的特征根全是实数.

对于每个特征根(实根)有对应的主方向，至少有 3 个主方向.

引理 2　非零实对称矩阵 $\boldsymbol{D}$ 的 3 个特征根至少有 1 个不为零.

证明　用反证法，如果全为零，则从(2.3.50)式、(2.3.53)式、(2.3.55)式，有

$$a_{33}^* = 0, \quad a_{11}^* + a_{22}^* = 0, \quad a_{11}^* a_{22}^* - a_{12}^{*2} = 0. \tag{2.3.57}$$

从(2.3.57)式的第二式，有 $a_{22}^* = -a_{11}^*$，代入(2.3.57)式的第三式，有

$$-(a_{11}^{*2} + a_{12}^{*2}) = 0, \tag{2.3.58}$$

即

$$a_{11}^* = 0, \quad a_{12}^* = 0, \quad a_{22}^* = 0. \tag{2.3.59}$$

再从(2.3.28)式可以知道 $\boldsymbol{D}^*$ 是零矩阵. 利用(2.3.11)式和(2.3.24)式，有 $\boldsymbol{D} = \boldsymbol{A}^{\mathrm{T}} \boldsymbol{D}^* \boldsymbol{A}$，$\boldsymbol{D}$ 也是零矩阵，这是一个矛盾.

引理 3　可以选择对应 3 个特征根(实根)的主方向，使得它们互相垂直.

证明　由于在直角坐标系 $\{O, \boldsymbol{e}_1^*, \boldsymbol{e}_2^*, \boldsymbol{e}_3^*\}$ 中，对应特征根 λ_3 的主方向为 $\boldsymbol{e}_3^* = (0, 0, 1)$. 如果这时一元二次方程(2.3.55)有两个相等的实根，则判别式 Δ 等于零，从而有 $a_{11}^* = a_{22}^*$，$a_{12}^* = 0$. 那么，有 $\lambda_1 = a_{11}^*$，$\lambda_2 = a_{22}^*$. $\boldsymbol{e}_1^* = (1, 0, 0)$，$\boldsymbol{e}_2^* = (0, 1, 0)$ 就是另外两个主方向.

如果方程(2.3.55)的两个实根 λ_1，λ_2 不相等. 由于

$$\begin{vmatrix} a_{11}^* - \lambda_j & a_{12}^* \\ a_{12}^* & a_{22}^* - \lambda_j \end{vmatrix} = 0, \tag{2.3.60}$$

则有不全为零的实数组 $(x_j^*, y_j^*)(j = 1, 2)$ 满足：

$$\begin{cases}(a_{11}^* - \lambda_j)x_j^* + a_{12}^* y_j^* = 0, \\ a_{12}^* x_j^* + (a_{22}^* - \lambda_j)y_j^* = 0.\end{cases} \tag{2.3.61}$$

上式写成矩阵乘法形式，有

$$\begin{pmatrix} a_{11}^* & a_{12}^* \\ a_{12}^* & a_{22}^* \end{pmatrix} \begin{pmatrix} x_j^* \\ y_j^* \end{pmatrix} = \lambda_j \begin{pmatrix} x_j^* \\ y_j^* \end{pmatrix}, \quad j = 1, 2. \tag{2.3.62}$$

转置上述公式两端,有

$$(x_j^*, y_j^*) \begin{pmatrix} a_{11}^* & a_{12}^* \\ a_{12}^* & a_{22}^* \end{pmatrix} = \lambda_j (x_j^*, y_j^*), \quad j = 1, 2. \tag{2.3.63}$$

因而有

$$\begin{aligned} \lambda_1 (x_1^*, y_1^*) \begin{pmatrix} x_2^* \\ y_2^* \end{pmatrix} &= (x_1^*, y_1^*) \begin{pmatrix} a_{11}^* & a_{12}^* \\ a_{12}^* & a_{22}^* \end{pmatrix} \begin{pmatrix} x_2^* \\ y_2^* \end{pmatrix} (\text{利用}(2.3.63)\text{式}) \\ &= (x_1^*, y_1^*) \lambda_2 \begin{pmatrix} x_2^* \\ y_2^* \end{pmatrix} (\text{利用}(2.3.62)\text{式}), \end{aligned} \tag{2.3.64}$$

由于 $\lambda_1 \neq \lambda_2$,则从上式有

$$(x_1^*, y_1^*) \begin{pmatrix} x_2^* \\ y_2^* \end{pmatrix} = 0, \text{即 } x_1^* x_2^* + y_1^* y_2^* = 0. \tag{2.3.65}$$

从(2.3.49)式、(2.3.50)式、(2.3.61)式可以看到非零向量$(x_1^*, y_1^*, 0)$是对应于特征根 λ_1 的主方向,非零向量$(x_2^*, y_2^*, 0)$是对应于特征根 λ_2 的主方向. 从(2.3.65)式可以看到 3 个主方向$(0, 0, 1)$,$(x_1^*, y_1^*, 0)$与$(x_2^*, y_2^*, 0)$互相垂直.

取新的直角坐标系$\{O, \boldsymbol{e}_1^*, \boldsymbol{e}_2^*, \boldsymbol{e}_3^*\}$,使得新的 $\boldsymbol{e}_1^*$ 平行于非零向量$(x_1^*, y_1^*, 0)$,新的$\boldsymbol{e}_2^*$平行于非零向量$(x_2^*, y_2^*, 0)$,$\boldsymbol{e}_3^*$不动,得到一个新的直角坐标系$\{O, \boldsymbol{e}_1^*, \boldsymbol{e}_2^*, \boldsymbol{e}_3^*\}$,3 个坐标轴的单位正向量都是主方向. 由于现在 $\boldsymbol{e}_1^* = (1, 0, 0)$是主方向,从(2.3.49)式,有

$$a_{12}^* = 0, \quad a_{11}^* = \lambda_1, \tag{2.3.66}$$

$\boldsymbol{e}_2^* = (0, 1, 0)$是主方向,再利用(2.3.49)式,有

$$a_{22}^* = \lambda_2. \tag{2.3.67}$$

从而,利用(2.3.29)式、(2.3.50)式、(2.3.51)式、(2.3.66)式和(2.3.67)式,有

$$\Phi(x, y, z) = \Phi^*(x^*, y^*, z^*) = \lambda_1 x^{*2} + \lambda_2 y^{*2} + \lambda_3 z^{*2}. \tag{2.3.68}$$

三、二次曲面方程的化简与二次曲面分类

利用定理 1 及坐标变换公式(2.3.22),有

$$F(x, y, z)=\lambda_1 x^{*2}+\lambda_2 y^{*2}+\lambda_3 z^{*2}+2b_1^* x^*+2b_2^* y^* \\ +2b_3^* z^*+C=0, \quad (2.3.69)$$

这里 b_1^*, b_2^*, b_3^*都是实数.

下面根据 λ_1, λ_2, λ_3 中等于零的个数分别进行讨论.

1. 特征根 λ_1, λ_2, λ_3 都不为零

利用(2.3.69)式,有

$$\lambda_1\left(x^*+\frac{b_1^*}{\lambda_1}\right)^2+\lambda_2\left(y^*+\frac{b_2^*}{\lambda_2}\right)^2+\lambda_3\left(z^*+\frac{b_3^*}{\lambda_3}\right)^2=C^*, \quad (2.3.70)$$

这里

$$C^*=\frac{b_1^{*2}}{\lambda_1}+\frac{b_2^{*2}}{\lambda_2}+\frac{b_3^{*2}}{\lambda_3}-C. \quad (2.3.71)$$

引入新的直角坐标系 $Oxyz$(这里 $Oxyz$ 不同于本节一开始的 $Oxyz$),使得

$$x=x^*+\frac{b_1^*}{\lambda_1}, \qquad y=y^*+\frac{b_2^*}{\lambda_2}, \qquad z=z^*+\frac{b_3^*}{\lambda_3}. \quad (2.3.72)$$

将(2.3.72)式代入(2.3.70)式,有

$$\lambda_1 x^2+\lambda_2 y^2+\lambda_3 z^2=C^*. \quad (2.3.73)$$

当 C^* 不等于零,且 λ_1, λ_2, λ_3 全同号时,如果$\frac{\lambda_1}{C^*}$, $\frac{\lambda_2}{C^*}$, $\frac{\lambda_3}{C^*}$全为正号,将(2.3.73)式两端除以 C^*;当$\frac{\lambda_1}{C^*}$, $\frac{\lambda_2}{C^*}$, $\frac{\lambda_3}{C^*}$全为负号时,将(2.3.73)式两端除以$-C^*$,那么,有下述两种情况:

(1) $\frac{x^2}{a^2}+\frac{y^2}{b^2}+\frac{z^2}{c^2}=1$, (2.3.74)

对应的曲面称为椭球面.这里及下述的 a, b, c 都是正常数.

(2) $\frac{x^2}{a^2}+\frac{y^2}{b^2}+\frac{z^2}{c^2}=-1$, (2.3.75)

对应的曲面不存在,称为虚椭球面.

当 C^* 不等于零,且 λ_1, λ_2, λ_3 不全同号时,那么在这 3 个非零实数中,必有两正一负或两负一正,如果是两负一正,将公式(2.3.73)式两端乘以-1,因而只须考虑 λ_1, λ_2, λ_3 两正一负或$-\lambda_1$, $-\lambda_2$, $-\lambda_3$ 两正一负的情况.由于本节只考虑二次曲面的分类,不妨设 λ_1, λ_2 同号,λ_3 异号的情况(如果 λ_2, λ_3 同号,或 λ_1, λ_3 同号,则认为与 λ_1, λ_2 同号的情况属同一类曲面).

如果 λ_3, C^*异号,有

(3) $\frac{x^2}{a^2}+\frac{y^2}{b^2}-\frac{z^2}{c^2}-1=0,$ (2.3.76)

对应的曲面称为单叶双曲面. 当然

$$\frac{x^2}{a^2}-\frac{y^2}{b^2}+\frac{z^2}{c^2}-1=0 \text{ 和 } -\frac{x^2}{a^2}+\frac{y^2}{b^2}+\frac{z^2}{c^2}-1=0$$

也称为单叶双曲面.

如果 λ_3, C^* 同号,有

(4) $\frac{x^2}{a^2}+\frac{y^2}{b^2}-\frac{z^2}{c^2}+1=0,$ (2.3.77)

对应的曲面称为双叶双曲面. 当然

$$\frac{x^2}{a^2}-\frac{y^2}{b^2}+\frac{z^2}{c^2}+1=0 \text{ 和 } -\frac{x^2}{a^2}+\frac{y^2}{b^2}+\frac{z^2}{c^2}+1=0$$

也称为双叶双曲面.

C^* 等于零,且 λ_1, λ_2, λ_3 同号,从(2.3.73)式,有

(5) $\frac{x^2}{a^2}+\frac{y^2}{b^2}+\frac{z^2}{c^2}=0,$ (2.3.78)

这时对应的曲面退化为一点(原点).

C^* 等于零,且 λ_1, λ_2, λ_3 不全同号,类似前述的理由,不妨设 λ_1, λ_2 同号,与 λ_3 异号,从(2.3.73)式,有

(6) $\frac{x^2}{a^2}+\frac{y^2}{b^2}-\frac{z^2}{c^2}=0,$ (2.3.79)

对应的曲面称为两次锥面.

2. λ_1, λ_2, λ_3 中有一个为零

不妨设 $\lambda_3=0$, 从(2.3.69)式,有

$$\lambda_1 x^{*2}+\lambda_2 y^{*2}+2b_1^* x^*+2b_2^* y^*+2b_3^* z^*+C=0. \tag{2.3.80}$$

从上式,有

$$\lambda_1\left(x^*+\frac{b_1^*}{\lambda_1}\right)^2+\lambda_2\left(y^*+\frac{b_2^*}{\lambda_2}\right)^2+2b_3^* z^*+C-\left(\frac{b_1^{*2}}{\lambda_1}+\frac{b_2^{*2}}{\lambda_2}\right)=0. \tag{2.3.81}$$

如果 $b_3^*\neq 0$, 引进新的直角坐标系 $Oxyz$,使得

$$\begin{cases} x=x^*+\dfrac{b_1^*}{\lambda_1}, \\ y=y^*+\dfrac{b_2^*}{\lambda_2}, \\ z=z^*+\dfrac{1}{2b_3^*}\left[C-\left(\dfrac{b_1^{*2}}{\lambda_1}+\dfrac{b_2^{*2}}{\lambda_2}\right)\right]. \end{cases} \tag{2.3.82}$$

将(2.3.82)式代入(2.3.81)式,有

$$\lambda_1 x^2 + \lambda_2 y^2 + 2b_3^* z = 0. \tag{2.3.83}$$

当 $\dfrac{\lambda_1}{-b_3^*}$, $\dfrac{\lambda_2}{-b_3^*}$ 同号,不妨设同为正号,这时,从上式,有

(1) $\dfrac{x^2}{a^2} + \dfrac{y^2}{b^2} - 2z = 0,$ (2.3.84)

对应的曲面称为椭圆抛物面 $\left(\text{当然}\dfrac{x^2}{a^2} + \dfrac{y^2}{b^2} + 2z = 0\text{ 也称为椭圆抛物面}\right)$.

当 $\dfrac{\lambda_1}{-b_3^*}$, $\dfrac{\lambda_2}{-b_3^*}$ 异号,不妨设 $\dfrac{\lambda_1}{-b_3^*}$ 取正号, $\dfrac{\lambda_2}{-b_3^*}$ 取负号,有

(2) $\dfrac{x^2}{a^2} - \dfrac{y^2}{b^2} - 2z = 0,$ (2.3.85)

对应的曲面称为双曲抛物面.

如果 $b_3^* = 0$, 从(2.3.81)式,有

$$\lambda_1\left(x^* + \frac{b_1^*}{\lambda_1}\right)^2 + \lambda_2\left(y^* + \frac{b_2^*}{\lambda_2}\right)^2 + C - \left(\frac{b_1^{*2}}{\lambda_1} + \frac{b_2^{*2}}{\lambda_2}\right) = 0. \tag{2.3.86}$$

引入新的直角坐标系 $Oxyz$,使得

$$\begin{cases} x = x^* + \dfrac{b_1^*}{\lambda_1}, \\ y = y^* + \dfrac{b_2^*}{\lambda_2}, \\ z = z^*. \end{cases} \tag{2.3.87}$$

将(2.3.87)式代入(2.3.86)式,有

$$\lambda_1 x^2 + \lambda_2 y^2 + C^* = 0, \tag{2.3.88}$$

这里

$$C^* = C - \left(\frac{b_1^{*2}}{\lambda_1} + \frac{b_2^{*2}}{\lambda_2}\right). \tag{2.3.89}$$

如果 $C^* \neq 0$, λ_1, λ_2 同号,但与 C^* 异号,从(2.3.88)式,有

(3) $\dfrac{x^2}{a^2} + \dfrac{y^2}{b^2} - 1 = 0,$ (2.3.90)

对应的曲面称为椭圆柱面.

如果 $C^* \neq 0$, λ_1, λ_2 同号,且与 C^* 同号,从(2.3.88)式,有

(4) $\dfrac{x^2}{a^2} + \dfrac{y^2}{b^2} + 1 = 0,$ (2.3.91)

对应的曲面不存在,称为虚椭圆柱面.

如果 $C^*\neq 0$, λ_1, λ_2 异号,不妨设 λ_2, C^* 同号,从(2.3.88)式,有

$$(5)\ \frac{x^2}{a^2}-\frac{y^2}{b^2}-1=0, \tag{2.3.92}$$

对应的曲面称为双曲柱面.

如果 $C^*=0$, 且 λ_1, λ_2 同号,从(2.3.88)式,有

$$(6)\ \frac{x^2}{a^2}+\frac{y^2}{b^2}=0, \tag{2.3.93}$$

对应的曲面退化为一条直线 z 轴.

如果 $C^*=0$, 且 λ_1, λ_2 异号,从(2.3.88)式,有

$$(7)\ \frac{x^2}{a^2}-\frac{y^2}{b^2}=0, \tag{2.3.94}$$

从上式,有

$$\frac{x}{a}+\frac{y}{b}=0, \qquad \frac{x}{a}-\frac{y}{b}=0, \tag{2.3.95}$$

这表明相应的曲面为两张相交于 z 轴的平面.

3. λ_1, λ_2, λ_3 中有两个为零

不妨设 $\lambda_2=0$, $\lambda_3=0$, 从(2.3.69)式,有

$$\lambda_1 x^{*2}+2b_1^*x^*+2b_2^*y^*+2b_3^*z^*+C=0. \tag{2.3.96}$$

当b_2^*, b_3^*不全为零时,从上式,有

$$\lambda_1\left(x^*+\frac{b_1^*}{\lambda_1}\right)^2+2\sqrt{b_2^{*2}+b_3^{*2}}\left(\frac{b_2^*}{\sqrt{b_2^{*2}+b_3^{*2}}}y^*+\frac{b_3^*}{\sqrt{b_2^{*2}+b_3^{*2}}}z^*+\frac{C-\frac{b_1^{*2}}{\lambda_1}}{2\sqrt{b_2^{*2}+b_3^{*2}}}\right)=0. \tag{2.3.97}$$

显然,有 $\theta\in[0, 2\pi)$, 使得

$$\cos\theta=\frac{b_2^*}{\sqrt{b_2^{*2}+b_3^{*2}}}, \qquad \sin\theta=-\frac{b_3^*}{\sqrt{b_2^{*2}+b_3^{*2}}}. \tag{2.3.98}$$

引入新的直角坐标系 $Oxyz$,使得

$$\begin{cases} x=x^*+\dfrac{b_1^*}{\lambda_1}, \\ y=y^*\cos\theta-z^*\sin\theta+\dfrac{C-\frac{b_1^{*2}}{\lambda_1}}{2\sqrt{b_2^{*2}+b_3^{*2}}}, \\ z=y^*\sin\theta+z^*\cos\theta. \end{cases} \tag{2.3.99}$$

将(2.3.99)式代入(2.3.97)式,有

$$\lambda_1 x^2 + 2\sqrt{b_2^{*2} + b_3^{*2}}\, y = 0. \tag{2.3.100}$$

从上式,有

(1) $x^2 - 2py = 0$, (2.3.101)

这里,p 是一个非零实数,对应的曲面称为抛物柱面.

当 b_2^*, b_3^*全为零时,从(2.3.96)式,有

$$\lambda_1 x^{*2} + 2b_1^* x^* + C = 0. \tag{2.3.102}$$

从上式,有

$$\lambda_1 \left(x^* + \frac{b_1^*}{\lambda_1}\right)^2 + C^* = 0, \tag{2.3.103}$$

这里

$$C^* = C - \frac{b_1^{*2}}{\lambda_1}. \tag{2.3.104}$$

引入新的直角坐标系 $Oxyz$,使得

$$\begin{cases} x = x^* + \dfrac{b_1^*}{\lambda_1}, \\ y = y^*, \\ z = z^*. \end{cases} \tag{2.3.105}$$

将(2.3.105)式代入(2.3.103)式,有

$$\lambda_1 x^2 + C^* = 0. \tag{2.3.106}$$

当 $C^* \neq 0$, 且 C^*, λ_1 异号时,从上式有

(2) $x^2 - a^2 = 0$, (2.3.107)

这里 a 是一个正常数.对应的曲面为一对平行平面:

$$x + a = 0, \qquad x - a = 0. \tag{2.3.108}$$

当 $C^* \neq 0$, 且 C^*, λ_1 同号时,从(2.3.106)式,有

(3) $x^2 + a^2 = 0$, (2.3.109)

这里 a 是一个正常数,对应无曲面,称为一对虚平行平面.

当 $C^* = 0$ 时,从(2.3.106)式,有

(4) $x^2 = 0$, (2.3.110)

对应的曲面为一对重合平面 $x=0$.

上面的过程,称为二次曲面化为标准形式的过程.从上面叙述,有下述定理.

定理 2　二次曲面方程化为标准形式,一共有 17 类.

在 17 类曲面中,平面与柱面是比较简单的,图 2.8 所示是其中 12 类曲面的图形.下面两节将对椭球面、单叶双曲面、双曲抛物面、二次锥面、双叶双曲面和椭圆抛物面这 6 种新曲面进行一些研究.

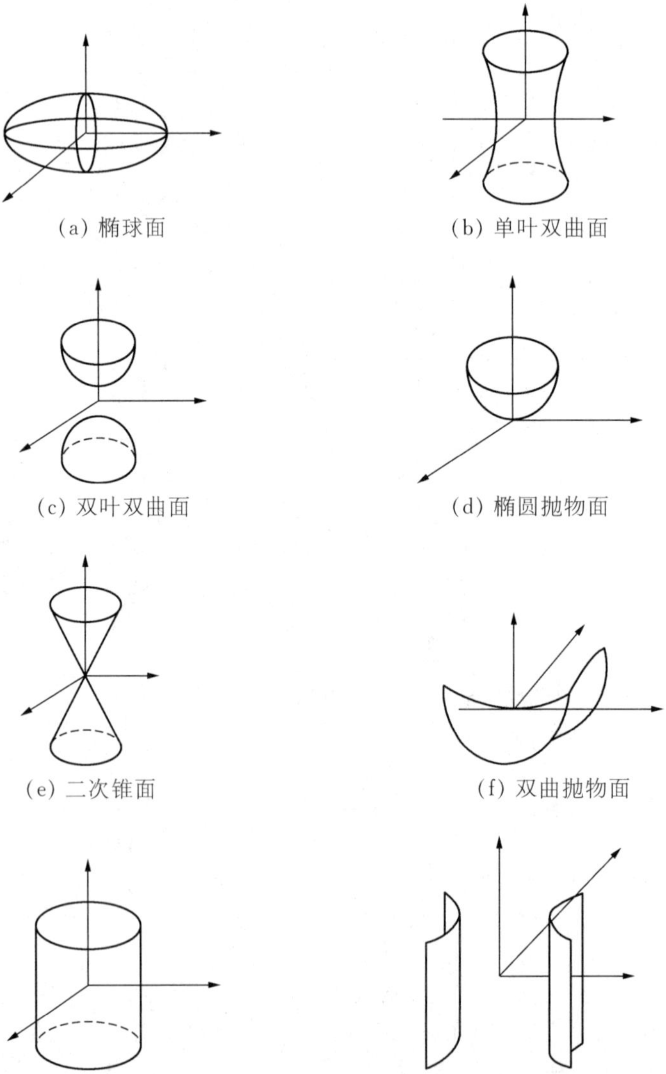

(a) 椭球面　(b) 单叶双曲面

(c) 双叶双曲面　(d) 椭圆抛物面

(e) 二次锥面　(f) 双曲抛物面

(g) 椭圆柱面　(h) 双曲柱面

图 2.8

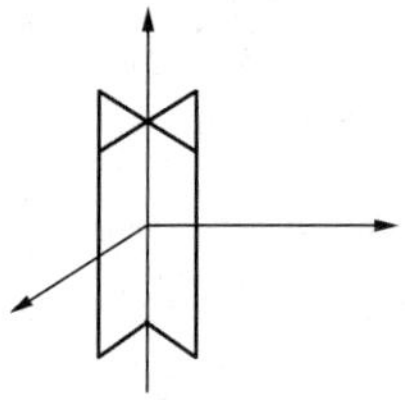

(i) 一对相交平面

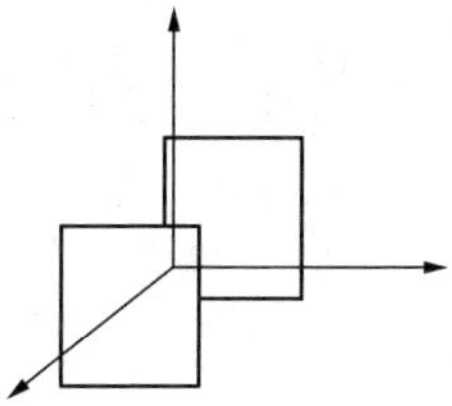

(j) 一对平行平面

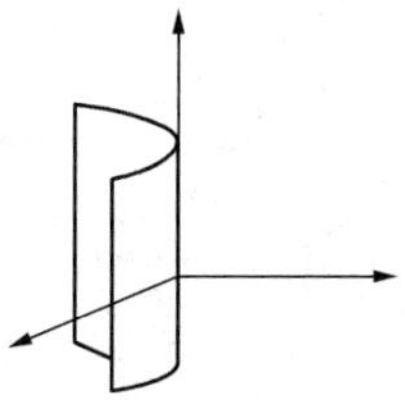

(k) 抛物柱面

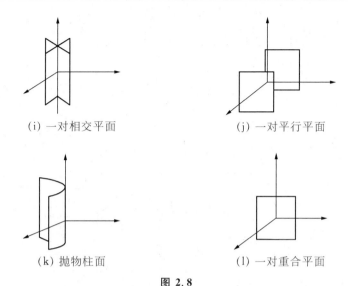

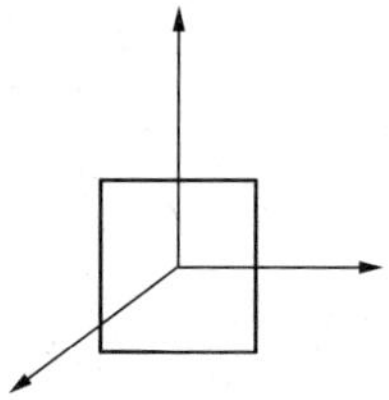

(l) 一对重合平面

图 2.8

上面的推导比较理论化,下面通过一例题,将上面的理论具体化.

例 1　求下列曲面的标准化方程:

$$x^2+y^2+z^2-xy+xz-yz-2y-2z+2=0.$$

解　令

$$\boldsymbol{D}=\begin{pmatrix}1 & -\frac{1}{2} & \frac{1}{2}\\ -\frac{1}{2} & 1 & -\frac{1}{2}\\ \frac{1}{2} & -\frac{1}{2} & 1\end{pmatrix}, \tag{2.3.111}$$

写出对应的特征方程

$$\begin{vmatrix}1-\lambda & -\frac{1}{2} & \frac{1}{2}\\ -\frac{1}{2} & 1-\lambda & -\frac{1}{2}\\ \frac{1}{2} & -\frac{1}{2} & 1-\lambda\end{vmatrix}=0. \tag{2.3.112}$$

展开上式,有

$$(1-\lambda)^3+\frac{1}{4}-\frac{3}{4}(1-\lambda)=0, \tag{2.3.113}$$

化简上式,有

$$4\lambda^3-12\lambda^2+9\lambda-2=0,$$

即

$$(\lambda-2)(2\lambda-1)^2=0, \tag{2.3.114}$$

有特征根

$$\lambda_1=\lambda_2=\frac{1}{2},\qquad \lambda_3=2. \tag{2.3.115}$$

解方程组

$$\begin{cases}x-\frac{1}{2}y+\frac{1}{2}z=\lambda x,\\ -\frac{1}{2}x+y-\frac{1}{2}z=\lambda y,\\ \frac{1}{2}x-\frac{1}{2}y+z=\lambda z.\end{cases} \tag{2.3.116}$$

当 $\lambda=2$ 时,上述方程组为

$$\begin{cases}x+\frac{1}{2}y-\frac{1}{2}z=0,\\ \frac{1}{2}x+y+\frac{1}{2}z=0,\\ \frac{1}{2}x-\frac{1}{2}y-z=0.\end{cases} \tag{2.3.117}$$

$(x, y, z)=(1, -1, 1)$ 是解,令 $\boldsymbol{e}_3^*=\frac{1}{\sqrt{3}}(1, -1, 1)$.

当 $\lambda=\frac{1}{2}$ 时,方程组(2.3.116)归结为一个方程

$$x-y+z=0, \tag{2.3.118}$$

取 $(x, y, z)=(1, 1, 0)$,这是方程组(2.3.118)的一组解.令 $\boldsymbol{e}_1^*=\frac{1}{\sqrt{2}}(1, 1, 0)$,这是对应于特征根$\frac{1}{2}$的一个主方向.

$$\boldsymbol{e}_2^*=\boldsymbol{e}_3^*\times\boldsymbol{e}_1^*=\frac{1}{\sqrt{6}}(-1, 1, 2).$$

在新的直角坐标系$\{O, \boldsymbol{e}_1^*, \boldsymbol{e}_2^*, \boldsymbol{e}_3^*\}$内,有坐标变换公式

$$\begin{cases} x = \frac{1}{\sqrt{2}}x^* - \frac{1}{\sqrt{6}}y^* + \frac{1}{\sqrt{3}}z^*, \\ y = \frac{1}{\sqrt{2}}x^* + \frac{1}{\sqrt{6}}y^* - \frac{1}{\sqrt{3}}z^*, \\ z = \frac{2}{\sqrt{6}}y^* + \frac{1}{\sqrt{3}}z^*. \end{cases} \tag{2.3.119}$$

利用上式,有

$$\begin{aligned} x^2 &= \frac{1}{2}x^{*2} + \frac{1}{6}y^{*2} + \frac{1}{3}z^{*2} - \frac{1}{\sqrt{3}}x^*y^* + \frac{2}{\sqrt{6}}x^*z^* - \frac{\sqrt{2}}{3}y^*z^*, \\ y^2 &= \frac{1}{2}x^{*2} + \frac{1}{6}y^{*2} + \frac{1}{3}z^{*2} + \frac{1}{\sqrt{3}}x^*y^* - \frac{2}{\sqrt{6}}x^*z^* - \frac{\sqrt{2}}{3}y^*z^*, \\ z^2 &= \frac{2}{3}y^{*2} + \frac{1}{3}z^{*2} + \frac{2\sqrt{2}}{3}y^*z^*, \\ -xy &= -\frac{1}{2}x^{*2} + \frac{1}{6}y^{*2} + \frac{1}{3}z^{*2} - \frac{\sqrt{2}}{3}y^*z^*, \\ xz &= -\frac{1}{3}y^{*2} + \frac{1}{3}z^{*2} + \frac{1}{\sqrt{3}}x^*y^* + \frac{1}{\sqrt{6}}x^*z^* + \frac{1}{3\sqrt{2}}y^*z^*, \\ -yz &= -\frac{1}{3}y^{*2} + \frac{1}{3}z^{*2} - \frac{1}{\sqrt{3}}x^*y^* - \frac{1}{\sqrt{6}}x^*z^* + \frac{1}{3\sqrt{2}}y^*z^*. \end{aligned} \tag{2.3.120}$$

在新的直角坐标系下,曲面方程为

$$\begin{aligned} &\frac{1}{2}x^{*2} + \frac{1}{2}y^{*2} + 2z^{*2} - 2\left(\frac{1}{\sqrt{2}}x^* + \frac{1}{\sqrt{6}}y^* - \frac{1}{\sqrt{3}}z^*\right) \\ &\qquad - 2\left(\frac{2}{\sqrt{6}}y^* + \frac{1}{\sqrt{3}}z^*\right) + 2 = 0. \end{aligned} \tag{2.3.121}$$

化简上式,有

$$x^{*2} + y^{*2} + 4z^{*2} - 2\sqrt{2}x^* - 2\sqrt{6}y^* + 4 = 0. \tag{2.3.122}$$

再令

$$\tilde{x} = x^* - \sqrt{2}, \qquad \tilde{y} = y^* - \sqrt{6}, \qquad \tilde{z} = z^*, \tag{2.3.123}$$

有

$$\tilde{x}^2 + \tilde{y}^2 + 4\tilde{z}^2 = 4, \tag{2.3.124}$$

对应的曲面是椭球面.实际上,公式(2.3.120)是不必计算的.

用本节定理的证明过程,可以写出平面上二次曲线的分类定理.

在 xy 平面上,有一条二次曲线

$$a_{11}x^2+2a_{12}xy+a_{22}y^2+2b_1x+2b_2y+C=0, \tag{2.3.125}$$

这里 a_{11}, a_{12}, a_{22}, b_1, b_2, C 都是实数,且 a_{11}, a_{12}, a_{22}不全为零.

这条二次曲线是同一方程(2.3.125)表示的二次曲面与平面 $z=0$ 的交线.

这个二次曲面(2.3.125)对应的特征方程是

$$\begin{vmatrix} a_{11}-\lambda & a_{12} & 0 \\ a_{12} & a_{22}-\lambda & 0 \\ 0 & 0 & -\lambda \end{vmatrix}=0. \tag{2.3.126}$$

展开上式,有

$$-\lambda[(a_{11}-\lambda)(a_{22}-\lambda)-a_{12}^2]=0. \tag{2.3.127}$$

这特征方程有一个特征根 $\lambda_3=0$,对应的主方向是(0,0,1).换句话讲,保持 z 轴方向不动.这从方程(2.3.125)中无 z 的项也可以看出.

利用本节定理 1 的证明过程,可以看出,经过坐标变换

$$\begin{cases} x=b_{11}x^*+b_{21}y^*, \\ y=b_{12}x^*+b_{22}y^*, \end{cases} \tag{2.3.128}$$

这里在公式(2.3.128)中省略公式 $z=z^*$,以及矩阵 $\begin{pmatrix} b_{11} & b_{12} & 0 \\ b_{21} & b_{22} & 0 \\ 0 & 0 & 1 \end{pmatrix}$ 是一个正交矩阵,可以得到

$$a_{11}x^2+2a_{12}xy+a_{22}y^2=\lambda_1x^{*2}+\lambda_2y^{*2}. \tag{2.3.129}$$

从公式(2.3.80)至(2.3.110)可以得到(注意公式(2.3.80)中 $b_3^*=0$),二次曲面(2.3.125)可以化为标准方程(下面的 x, y 不同于公式(2.3.125)中的 x, y):

(1) 椭圆柱面 $\dfrac{x^2}{a^2}+\dfrac{y^2}{b^2}=1$,与平面 $z=0$ 的交线是同一方程表示的椭圆.这里及下述 a, b 都是正实数.

(2) 虚椭圆柱面 $\dfrac{x^2}{a^2}+\dfrac{y^2}{b^2}=-1$,与平面 $z=0$ 的交线是虚椭圆.

(3) 双曲柱面 $\dfrac{x^2}{a^2}-\dfrac{y^2}{b^2}=1$,与平面 $z=0$ 的交线是双曲线.

(4) z 轴 $\frac{x^2}{a^2}+\frac{y^2}{b^2}=0$，与平面 $z=0$ 的交线是一点.

(5) 两张相交于 z 轴的平面 $\frac{x^2}{a^2}-\frac{y^2}{b^2}=0$，与平面 $z=0$ 的交线是两条相交直线.

(6) 抛物柱面 $x^2-2py=0$，这里 p 是一个非零实数，与平面 $z=0$ 的交线是一条抛物线.

(7) 一对平行平面 $x^2-a^2=0$，与平面 $z=0$ 的交线是两条平行直线.

(8) 一对虚平行平面 $x^2+a^2=0$，与平面 $z=0$ 的交线是两条虚平行直线.

(9) 一对重合平面 $x^2=0$，与平面 $z=0$ 的交线是两条重合直线.

于是，有下述定理.

定理 3 平面上二次曲线一共有 9 类：椭圆，虚椭圆，双曲线，一点，两条相交直线，抛物线，两条平行直线，两条虚平行直线，两条重合直线.

§2.4 直 纹 面

定义 1 如果曲面 S 上有一族单参数直线(随着一个参数变化的一族直线)，而 S 的每一点都在这族直线上，则 S 称为直纹面. 这族直线中每一条直线都称为直母线.

柱面、锥面，特别二次曲面中的椭圆柱面、双曲柱面、抛物柱面都是直纹面.

如图 2.9 所示，设 $\boldsymbol{r}(u)=(x(u),\ y(u),\ z(u))$，$u\in[a,\ b]$ 是一条空间曲线 C，曲面

$$\boldsymbol{X}(u,\ v)=\boldsymbol{r}(u)+v\boldsymbol{l}(u) \qquad (2.4.1)$$

就是直纹面，这里 $\boldsymbol{l}(u)$ 是依赖于 u 的非零向量.

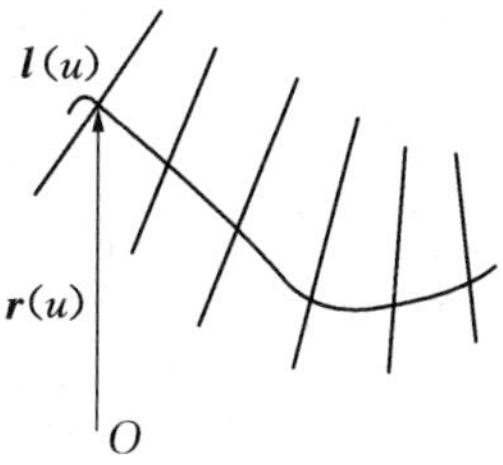

图 2.9

一、单叶双曲面

下面来观察二次曲面中的单叶双曲面

$$\frac{x^2}{a^2}+\frac{y^2}{b^2}-\frac{z^2}{c^2}=1, \qquad (2.4.2)$$

这里 $a,\ b,\ c$ 是 3 个正常数.

定理 1 单叶双曲面是直纹面. 过单叶双曲面上任一点，恰有两条不同的直母线.

证明 一条直线 L:

$$x=x_0+lt,\qquad y=y_0+mt,\qquad z=z_0+nt,\tag{2.4.3}$$

这里 (x_0, y_0, z_0) 是这单叶双曲面 S(由方程(2.4.2) 确定) 上一点,(l, m, n) 是 L 的方向向量,l, m, n 不全为零. 如果这条直线 L 整个在曲面 S 上,则

$$\frac{(x_0+lt)^2}{a^2}+\frac{(y_0+mt)^2}{b^2}-\frac{(z_0+nt)^2}{c^2}=1,\tag{2.4.4}$$

上式对任意实数 t 成立.

$$\frac{1}{a^2}(x_0^2+2x_0lt+l^2t^2)+\frac{1}{b^2}(y_0^2+2y_0mt+m^2t^2)-\frac{1}{c^2}(z_0^2+2z_0nt+n^2t^2)=1.\tag{2.4.5}$$

由于 $(x_0, y_0, z_0)\in S$,则

$$\frac{x_0^2}{a^2}+\frac{y_0^2}{b^2}-\frac{z_0^2}{c^2}=1.\tag{2.4.6}$$

将(2.4.6)式代入(2.4.5)式,有

$$\left(\frac{l^2}{a^2}+\frac{m^2}{b^2}-\frac{n^2}{c^2}\right)t^2+2\left(\frac{x_0l}{a^2}+\frac{y_0m}{b^2}-\frac{z_0n}{c^2}\right)t=0.\tag{2.4.7}$$

由于(2.4.7)式对任意实数 t 成立,必有

$$\begin{cases}\dfrac{l^2}{a^2}+\dfrac{m^2}{b^2}-\dfrac{n^2}{c^2}=0,\\[2mm] \dfrac{x_0l}{a^2}+\dfrac{y_0m}{b^2}-\dfrac{z_0n}{c^2}=0.\end{cases}\tag{2.4.8}$$

(2.4.8)式是经过单叶双曲面 S 上一点(x_0, y_0, z_0) 的一条直线 L 整个在曲面 S 上的充分必要条件.

当 $z_0=0$ 时,(2.4.8) 式简化为

$$\begin{cases}\dfrac{l^2}{a^2}+\dfrac{m^2}{b^2}-\dfrac{n^2}{c^2}=0,\\[2mm] \dfrac{x_0l}{a^2}+\dfrac{y_0m}{b^2}=0.\end{cases}\tag{2.4.9}$$

如果 l, m 全为零,从(2.4.9) 第一式,有 n 为零,这不可能. 因而 l, m 不全为零. 由于$(x_0, y_0, 0)$ 满足(2.4.6)(这里 $z_0=0$),则 x_0, y_0 不全为零,满足(2.4.9) 第二式的全部解为

$$l = a^2 y_0 u, \qquad m = -b^2 x_0 u, \tag{2.4.10}$$

这里 u 是非零实数.将(2.4.10)式代入(2.4.9)式的第一式,有

$$n = \pm c\sqrt{a^2 y_0^2 + b^2 x_0^2}\,u. \tag{2.4.11}$$

因而,过单叶双曲面上的点 $(x_0, y_0, 0)$ 恰有两条不同直线通过,其中一条直线的方向向量是 $(a^2 y_0, -b^2 x_0, c\sqrt{a^2 y_0^2 + b^2 x_0^2})$,另一条直线的方向向量是 $(a^2 y_0, -b^2 x_0, -c\sqrt{a^2 y_0^2 + b^2 x_0^2})$,这两条直线整个在这单叶双曲面上.

当 $z_0 \neq 0$ 时,从(2.4.8)的第二式,有

$$n = \frac{c^2}{z_0}\left(\frac{x_0 l}{a^2} + \frac{y_0 m}{b^2}\right). \tag{2.4.12}$$

将(2.4.12)式代入(2.4.8)式的第一式,有

$$\frac{l^2}{a^2} + \frac{m^2}{b^2} - \frac{c^2}{z_0^2}\left(\frac{x_0 l}{a^2} + \frac{y_0 m}{b^2}\right)^2 = 0. \tag{2.4.13}$$

从上式,有

$$\left(\frac{1}{a^2} - \frac{x_0^2 c^2}{z_0^2 a^4}\right) l^2 + \left(\frac{1}{b^2} - \frac{y_0^2 c^2}{z_0^2 b^4}\right) m^2 - \frac{2x_0 y_0 c^2}{z_0^2 a^2 b^2} lm = 0. \tag{2.4.14}$$

由于 l, m 不全为零(否则从(2.4.12)式有 l, m, n 全为零),如果 $\frac{x_0^2}{a^2} \neq \frac{z_0^2}{c^2}$(即 $y_0^2 \neq b^2$),则 $\frac{1}{a^2} - \frac{x_0^2 c^2}{z_0^2 a^4} \neq 0$,令 $\frac{l}{m} = u$,从(2.4.14)式,有

$$\left(\frac{1}{a^2} - \frac{x_0^2 c^2}{z_0^2 a^4}\right) u^2 - \frac{2x_0 y_0 c^2}{z_0^2 a^2 b^2} u + \left(\frac{1}{b^2} - \frac{y_0^2 c^2}{z_0^2 b^4}\right) = 0. \tag{2.4.15}$$

记上述关于 u 的一元二次方程的判别式为 Δ,则

$$\begin{aligned}
\Delta &= \frac{4x_0^2 y_0^2 c^4}{z_0^4 a^4 b^4} - 4\left(\frac{1}{a^2} - \frac{x_0^2 c^2}{z_0^2 a^4}\right)\left(\frac{1}{b^2} - \frac{y_0^2 c^2}{z_0^2 b^4}\right) \\
&= \frac{4x_0^2 y_0^2 c^4}{z_0^4 a^4 b^4} - \frac{4}{a^2 b^2}\left(1 - \frac{x_0^2 c^2}{z_0^2 a^2} - \frac{y_0^2 c^2}{z_0^2 b^2} + \frac{x_0^2 y_0^2 c^4}{z_0^4 a^2 b^2}\right) \\
&= \frac{4c^2}{a^2 b^2 z_0^2}\left(\frac{x_0^2}{a^2} + \frac{y_0^2}{b^2} - \frac{z_0^2}{c^2}\right) \\
&= \frac{4c^2}{a^2 b^2 z_0^2} > 0.
\end{aligned} \tag{2.4.16}$$

所以,方程(2.4.15)必有两个不同的实根:

$$u_1 = \frac{1}{2\left(\frac{1}{a^2} - \frac{x_0^2 c^2}{z_0^2 a^4}\right)}\left(\frac{2x_0 y_0 c^2}{z_0^2 a^2 b^2} + \frac{2c}{abz_0}\right) = \frac{\frac{x_0 y_0 c^2}{z_0^2 b^2} + \frac{ac}{bz_0}}{1 - \frac{x_0^2 c^2}{z_0^2 a^2}},$$

$$u_2 = \frac{\frac{x_0 y_0 c^2}{z_0^2 b^2} - \frac{ac}{bz_0}}{1 - \frac{x_0^2 c^2}{z_0^2 a^2}}. \tag{2.4.17}$$

如果 $\frac{x_0^2}{a^2} = \frac{z_0^2}{c^2}$(即 $y_0^2 = b^2$),则$\frac{1}{a^2} = \frac{x_0^2 c^2}{z_0^2 a^4}$,从(2.4.14)式,有

$$\left(\frac{1}{b^2} - \frac{y_0^2 c^2}{z_0^2 b^4}\right)m^2 - \frac{2x_0 y_0 c^2}{z_0^2 a^2 b^2} lm = 0. \tag{2.4.18}$$

由于 lm 前的系数不为零,则有

$$m = 0, \qquad \text{或} \qquad l = \frac{\frac{1}{b^2} - \frac{y_0^2 c^2}{z_0^2 b^4}}{\frac{2x_0 y_0 c^2}{z_0^2 a^2 b^2}} m. \tag{2.4.19}$$

从而无论是公式(2.4.17)的情况,还是公式(2.4.19)的情况,(l, m, n) 都平行于两个不同的非零向量.

上述结论证明了过单叶双曲面上任一点,恰有两条不同的直线整个在这曲面上.

这两条直线是否分别属于单叶双曲面上的单参数直线族呢?下面的讨论回答了这个问题.

从(2.4.2)式,有

$$\left(\frac{x}{a} + \frac{z}{c}\right)\left(\frac{x}{a} - \frac{z}{c}\right) = \left(1 + \frac{y}{b}\right)\left(1 - \frac{y}{b}\right). \tag{2.4.20}$$

取两个不全为零的实数 u, v,令

$$\text{直线 } L_1: \begin{cases} u\left(\frac{x}{a} + \frac{z}{c}\right) = v\left(1 - \frac{y}{b}\right), \\ v\left(\frac{x}{a} - \frac{z}{c}\right) = u\left(1 + \frac{y}{b}\right). \end{cases} \tag{2.4.21}$$

当 $uv \neq 0$ 时,显然直线 L_1 在这单叶双曲面上. 当 $u = 0$, $v \neq 0$ 时,从方程组(2.4.21),有

$$
\text{直线 } L_1:\begin{cases} 1-\dfrac{y}{b}=0, \\ \dfrac{x}{a}-\dfrac{z}{c}=0. \end{cases} \tag{2.4.22}
$$

从(2.4.2)式(或(2.4.20)式)和(2.4.22)式可以看出,这时直线 L_1 也在这单叶双曲面上.

当 $v=0$, $u\neq 0$ 时,从(2.4.21)式,有

$$
\text{直线 } L_1:\begin{cases} \dfrac{x}{a}+\dfrac{z}{c}=0, \\ 1+\dfrac{y}{b}=0. \end{cases} \tag{2.4.23}
$$

这时直线 L_1 还在这单叶双曲面上.

从方程组(2.4.21) 可以看出,直线 L_1 仅仅依赖于 u 与 v 的比值,即当 u, v 变化时,这族直线是单参数的. 因而,单叶双曲面上有一族单参数直线族.

在这单叶双曲面上任取一点(x_0, y_0, z_0),当 $1+\dfrac{y_0}{b}$ 不等于零时,在方程组(2.4.21) 中令

$$
u=\frac{x_0}{a}-\frac{z_0}{c}, \qquad v=1+\frac{y_0}{b}, \tag{2.4.24}
$$

显然,点 (x_0, y_0, z_0) 在这条直线 L_1 上. 当 $1+\dfrac{y_0}{b}$ 等于零时,$1-\dfrac{y_0}{b}$ 不等于零,在方程组(2.4.21)中令

$$
u=1-\frac{y_0}{b}, \qquad v=\frac{x_0}{a}+\frac{z_0}{c}, \tag{2.4.25}
$$

显然,点 (x_0, y_0, z_0) 在这条直线 L_1 上.

因而,单叶双曲面上每一点都在单参数直线族 L_1 上,单叶双曲面是直纹面.

从定理的证明开始部分可以看出,过单叶双曲面上每一点恰有两条不同的直线在这单叶双曲面上. 公式(2.4.21) 给出了其中的一条.

对于不全为零的一对实数 u^*, v^*,令

$$
\text{直线 } L_2:\begin{cases} u^*\left(\dfrac{x}{a}+\dfrac{z}{c}\right)=v^*\left(1+\dfrac{y}{b}\right), \\ v^*\left(\dfrac{x}{a}-\dfrac{z}{c}\right)=u^*\left(1-\dfrac{y}{b}\right). \end{cases} \tag{2.4.26}
$$

类似单参数族直线 L_1 的讨论,当 u^*, v^*变化时,直线族 L_2 也是单参数的. 过点

(x_0, y_0, z_0)，当 $1+\frac{y_0}{b}$ 不等于零时，令

$$u^* = 1+\frac{y_0}{b}, \qquad v^* = \frac{x_0}{a}+\frac{z_0}{c}; \tag{2.4.27}$$

当 $1+\frac{y_0}{b}$ 等于零时，$1-\frac{y_0}{b}$ 不等于零，在方程组(2.4.26)中，令

$$u^* = \frac{x_0}{a}-\frac{z_0}{c}, \qquad v^* = 1-\frac{y_0}{b}. \tag{2.4.28}$$

过点 (x_0, y_0, z_0) 恰有一条直线 L_2 在单叶双曲面 S 上.

如果能证明过这曲面 S 上同一点(x_0, y_0, z_0)，直线 L_1 与直线 L_2 不重合，那么这两条直线 L_1 与 L_2 恰是这单叶双曲面 S 上过点(x_0, y_0, z_0)的两条不同的直母线，从而完成了定理 1 的证明.

下面的定理 2 解决了这个问题.

定理 2　单叶双曲面 S 上一条直母线 L_1 与一条直母线 L_2 必定共面，而且过曲面 S 上同一点的直母线 L_1 与 L_2 必不重合.

证明　利用方程组(2.4.21)，直线 L_1 的方向向量为

$$\begin{aligned}\boldsymbol{v}_1 &= \left(\frac{u}{a}, \frac{v}{b}, \frac{u}{c}\right)\times\left(\frac{v}{a}, -\frac{u}{b}, -\frac{v}{c}\right) \\ &= \left(\frac{1}{bc}(u^2-v^2), \frac{2uv}{ac}, -\frac{1}{ab}(u^2+v^2)\right).\end{aligned} \tag{2.4.29}$$

利用方程组(2.4.26)，直线 L_2 的方向向量为

$$\begin{aligned}\boldsymbol{v}_2 &= \left(\frac{u^*}{a}, -\frac{v^*}{b}, \frac{u^*}{c}\right)\times\left(\frac{v^*}{a}, \frac{u^*}{b}, -\frac{v^*}{c}\right) \\ &= \left(\frac{1}{bc}(v^{*2}-u^{*2}), \frac{2u^*v^*}{ac}, \frac{1}{ab}(u^{*2}+v^{*2})\right).\end{aligned} \tag{2.4.30}$$

如果 $vv^* \neq 0$，以及

$$\frac{u}{v} = -\frac{u^*}{v^*} = \lambda, \tag{2.4.31}$$

则

$$\frac{u^2-v^2}{v^{*2}-u^{*2}} = \frac{\lambda^2 v^2 - v^2}{v^{*2}-\lambda^2 v^{*2}} = -\frac{v^2}{v^{*2}}. \tag{2.4.32}$$

当 $\lambda^2 \neq 1$ 时，上式显然成立；当 $\lambda^2 = 1$ 时，从(2.4.31)式有 $u^2 = v^2$，$u^{*2} = v^{*2}$，上式认为自动成立.

利用(2.4.31)式，有

$$\frac{uv}{u^*v^*}=\frac{\lambda v^2}{-\lambda v^{*2}}=-\frac{v^2}{v^{*2}}.\tag{2.4.33}$$

当 $\lambda\neq 0$ 时,上式显然成立;当 $\lambda=0$ 时,$u=0$, $u^*=0$,上式认为自动成立.

利用(2.4.31)式,有

$$-\frac{u^2+v^2}{u^{*2}+v^{*2}}=-\frac{(\lambda^2+1)v^2}{(\lambda^2+1)v^{*2}}=-\frac{v^2}{v^{*2}}.\tag{2.4.34}$$

因而,$\boldsymbol{v}_1$ 平行于 $\boldsymbol{v}_2$,从而直线 L_1 与 L_2 平行. 如果 $v=0$ 和 $v^*=0$,也有此结论.

如果

$$\frac{u}{v}\neq-\frac{u^*}{v^*},\qquad 即\ uv^*+u^*v\neq 0,\tag{2.4.35}$$

下面要证明直线 L_1 与直线 L_2 必相交于一点. 为了求直线 L_1 与 L_2 的交点,解方程组(利用方程组(2.4.21) 和方程组(2.4.26))

$$\begin{cases}u\left(\dfrac{x}{a}+\dfrac{z}{c}\right)=v\left(1-\dfrac{y}{b}\right),\\ v\left(\dfrac{x}{a}-\dfrac{z}{c}\right)=u\left(1+\dfrac{y}{b}\right),\\ u^*\left(\dfrac{x}{a}+\dfrac{z}{c}\right)=v^*\left(1+\dfrac{y}{b}\right),\\ v^*\left(\dfrac{x}{a}-\dfrac{z}{c}\right)=u^*\left(1-\dfrac{y}{b}\right).\end{cases}\tag{2.4.36}$$

将(2.4.36)式的第二式乘以 v^*减去(2.4.36) 式的第四式乘以 v,有

$$uv^*\left(1+\frac{y}{b}\right)-u^*v\left(1-\frac{y}{b}\right)=0.\tag{2.4.37}$$

从上式,有

$$y=\frac{b(u^*v-uv^*)}{uv^*+u^*v}.\tag{2.4.38}$$

将(2.4.38)式代入(2.4.36),有

$$\begin{cases}u\left(\dfrac{x}{a}+\dfrac{z}{c}\right)=\dfrac{2uvv^*}{uv^*+u^*v},\\ v\left(\dfrac{x}{a}-\dfrac{z}{c}\right)=\dfrac{2uu^*v}{uv^*+u^*v},\\ u^*\left(\dfrac{x}{a}+\dfrac{z}{c}\right)=\dfrac{2u^*vv^*}{uv^*+u^*v},\\ v^*\left(\dfrac{x}{a}-\dfrac{z}{c}\right)=\dfrac{2uu^*v^*}{uv^*+u^*v}.\end{cases}\tag{2.4.39}$$

由于条件(2.4.35), u, u^* 不全为零, v, v^* 也不全为零,因而从方程组(2.4.39),总有

$$\begin{cases}\dfrac{x}{a}+\dfrac{z}{c}=\dfrac{2vv^*}{uv^*+u^*v},\\[2ex]\dfrac{x}{a}-\dfrac{z}{c}=\dfrac{2uu^*}{uv^*+u^*v}.\end{cases}\tag{2.4.40}$$

解上述方程组,有

$$\begin{cases}x=\dfrac{a(uu^*+vv^*)}{uv^*+u^*v},\\[2ex]z=\dfrac{c(vv^*-uu^*)}{uv^*+u^*v}.\end{cases}\tag{2.4.41}$$

由(2.4.38)式和(2.4.41)式得到方程组(2.4.36)的一组唯一解,经检验,它满足方程组(2.4.36).

这表明当条件(2.4.35)成立时,一条直母线 L_1 与一条直母线 L_2 恰相交于一点.

从上面的结论还可以得到如下断言:一条直母线 L_1(见(2.4.21)式)与一条直母线 L_2(见(2.4.26)式)平行当且仅当 $\dfrac{u}{v}=-\dfrac{u^*}{v^*}$(即 $uv^*+u^*v=0$).

因此,单叶双曲面 S 上一条直母线 L_1 与一条直母线 L_2 必定共面.

过单叶双曲面上一点 (x_0, y_0, z_0),有直线 L_1 与 L_2 整个在单叶双曲面上.

当 $1+\dfrac{y_0}{b}\neq 0$ 时,从(2.4.24)式和(2.4.27)式,有

$$\frac{u}{v}=\frac{\dfrac{x_0}{a}-\dfrac{z_0}{c}}{1+\dfrac{y_0}{b}},\qquad \frac{u^*}{v^*}=\frac{1+\dfrac{y_0}{b}}{\dfrac{x_0}{a}+\dfrac{z_0}{c}}.\tag{2.4.42}$$

利用通过同一点的直线 L_1 与 L_2 重合的充要条件 $\dfrac{u}{v}=-\dfrac{u^*}{v^*}$,如果直线 L_1 与 L_2 重合,则应有

$$\left(\frac{x_0}{a}\right)^2-\left(\frac{z_0}{c}\right)^2=-\left(1+\frac{y_0}{b}\right)^2.\tag{2.4.43}$$

由(2.4.6)式和(2.4.43)式,有

$$1-\left(\frac{y_0}{b}\right)^2=-\left(1+\frac{y_0}{b}\right)^2,\tag{2.4.44}$$

从而,有

$$y_0=-b,\tag{2.4.45}$$

这与 $1+\frac{y_0}{b}\neq 0$ 矛盾.

当 $1+\frac{y_0}{b}=0$, $1-\frac{y_0}{b}\neq 0$ 时,从(2.4.25)式和(2.4.28)式,有

$$\frac{u}{v}=\frac{1-\frac{y_0}{b}}{\frac{x_0}{a}+\frac{z_0}{c}},\qquad \frac{u^*}{v^*}=\frac{\frac{x_0}{a}-\frac{z_0}{c}}{1-\frac{y_0}{b}}. \tag{2.4.46}$$

利用通过同一点的直线 L_1 与 L_2 重合的充要条件 $\frac{u}{v}=-\frac{u^*}{v^*}$,如果直线 L_1 与 L_2 重合,则应有

$$\left(\frac{x_0}{a}\right)^2-\left(\frac{z_0}{c}\right)^2=-\left(1-\frac{y_0}{b}\right)^2. \tag{2.4.47}$$

由(2.4.6)式和(2.4.47)式,有

$$1-\left(\frac{y_0}{b}\right)^2=-\left(1-\frac{y_0}{b}\right)^2. \tag{2.4.48}$$

从上式,有

$$y_0=b, \tag{2.4.49}$$

这与 $1-\frac{y_0}{b}\neq 0$ 矛盾.

从上面的证明可以看到,过单叶双曲面上任一点的两条直母线 L_1 与 L_2 必不重合.为方便,称直母线族 L_1 为第一族直母线,直母线族 L_2 为第二族直母线.

平面 $z=0$ 与单叶双曲面(2.4.2)的交线

$$\begin{cases}\frac{x^2}{a^2}+\frac{y^2}{b^2}=1,\\ z=0\end{cases} \tag{2.4.50}$$

称为单叶双曲面的腰椭圆.关于腰椭圆,有下述有趣性质.

定理 3 (1) 单叶双曲面的直母线始终与腰椭圆相交;

(2) 过单叶双曲面的腰椭圆上任一点的两条直母线张成的平面垂直于腰椭圆所在的平面.

证明 (1)在第一族直母线 L_1 中任取一条直母线(即在公式(2.4.21)中一对 (u, v) 固定).从(2.4.29)式可以知道直线 L_1 的方向向量不会垂直于平面 $z=0$ 的单位法向量(0, 0, 1),所以直线 L_1 必定与平面 $z=0$ 相交,设交点坐标是 $(x, y, 0)$.这交点在直线 L_1 上,利用(2.4.21)式,交点坐标 $(x, y, 0)$ 满足

$$\begin{cases}\dfrac{ux}{a}=v\left(1-\dfrac{y}{b}\right),\\ \dfrac{vx}{a}=u\left(1+\dfrac{y}{b}\right).\end{cases}\tag{2.4.51}$$

当 $uv\neq 0$ 时,将方程组(2.4.51)两个等式相乘,有

$$\left(\frac{x}{a}\right)^2=1-\left(\frac{y}{b}\right)^2,\tag{2.4.52}$$

这表明交点在腰椭圆上.

当 $u=0$ 时,$v\neq 0$ 时,从方程组(2.4.51),有

$$y=b,\qquad x=0,\tag{2.4.53}$$

交点$(0,\ b,\ 0)$仍然在腰椭圆上.

当 $v=0$, $u\neq 0$ 时,从方程组(2.4.51),有

$$x=0,\qquad y=-b,\tag{2.4.54}$$

交点$(0,\ -b,\ 0)$还在腰椭圆上.

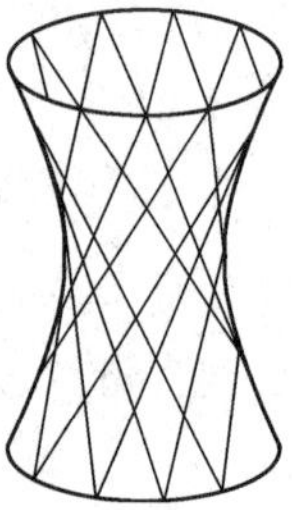
图 2.10

因而第一族直母线中任一条直母线必与腰椭圆相交,见图 2.10.

对于第二族直母线,将 u, v, y 改为 u^*, v^*, $-y$,同第一族直母线一样证明,也必与腰椭圆相交.

(2) 在腰椭圆上任取一点$(a\cos\theta,\ b\sin\theta,\ 0)$,这里 $\theta\in[0,\ 2\pi)$. 过点$(a\cos\theta,\ b\sin\theta,\ 0)$的第一族直母线中一条直线 L_1 的方向向量 $\boldsymbol{v}_1$ 由公式(2.4.29)决定,由公式(2.4.24)和(2.4.25),当 $\sin\theta\neq -1$ 时,$u=\cos\theta$, $v=1+\sin\theta$;当 $\sin\theta=-1$ 时,$u=1-\sin\theta$, $v=\cos\theta$. 利用公式(2.4.29),过点$(a\cos\theta,\ b\sin\theta,\ 0)$的第一族直母线中一条直线 L_1 的方向向量为

$$\boldsymbol{v}_1=\begin{cases}\left(-\dfrac{2}{bc}\sin\theta(1+\sin\theta),\ \dfrac{2}{ac}\cos\theta(1+\sin\theta),\ -\dfrac{2}{ab}(1+\sin\theta)\right),\\ \qquad\qquad \text{当 } \sin\theta\neq -1 \text{ 时};\\ \left(\dfrac{2}{bc}\sin\theta(\sin\theta-1),\ \dfrac{2}{ac}\cos\theta(1-\sin\theta),\ -\dfrac{2}{ab}(1-\sin\theta)\right),\\ \qquad\qquad \text{当 } \sin\theta=-1 \text{ 时}.\end{cases}\tag{2.4.55}$$

于是,过点$(a\cos\theta,\ b\sin\theta,\ 0)$的第一族直母线中一条直线 L_1 的方向向量可取为

$$w_1 = (-a\sin\theta,\ b\cos\theta,\ -c). \tag{2.4.56}$$

过点 $(a\cos\theta,\ b\sin\theta,\ 0)$ 的第二族直母线中一条直线 L_2的方向向量由公式(2.4.30)决定,由公式(2.4.27) 和(2.4.28) 可以知道,当 $\sin\theta \neq -1$ 时,$u^* = 1 + \sin\theta$, $v^* = \cos\theta$;当 $\sin\theta = -1$ 时,$u^* = \cos\theta$, $v^* = 1 - \sin\theta$. 利用(2.4.30) 式,过点 $(a\cos\theta,\ b\sin\theta,\ 0)$ 的第二族直母线中一条直线 L_2 的方向向量为

$$v_2 = \begin{cases} \left(-\dfrac{2}{bc}\sin\theta(1+\sin\theta),\ \dfrac{2}{ac}\cos\theta(1+\sin\theta),\ \dfrac{2}{ab}(1+\sin\theta)\right), \\ \qquad\qquad \text{当 } \sin\theta \neq -1 \text{ 时}; \\ \left(\dfrac{2}{bc}\sin\theta(\sin\theta-1),\ \dfrac{2}{ac}\cos\theta(1-\sin\theta),\ \dfrac{2}{ab}(1-\sin\theta)\right), \\ \qquad\qquad \text{当 } \sin\theta = -1 \text{ 时}. \end{cases} \tag{2.4.57}$$

于是,过点 $(a\cos\theta,\ b\sin\theta,\ 0)$ 的第二族直母线中一条直线 L_2 的方向向量可取为

$$w_2 = (-a\sin\theta,\ b\cos\theta,\ c). \tag{2.4.58}$$

这两条直母线张成的平面的法向量为

$$n = w_1 \times w_2 = (2bc\cos\theta,\ 2ac\sin\theta,\ 0). \tag{2.4.59}$$

向量 n 与向量$(0,\ 0,\ 1)$ 垂直,所以,过腰椭圆上一点的两条直母线张成的平面垂直于平面 $z = 0$.

注　上述证明是一个直接的计算,如果利用公式(2.4.11)后面的叙述,能直接得到结论(2).

二、双曲抛物面

双曲抛物面的方程为

$$\frac{x^2}{a^2} - \frac{y^2}{b^2} = 2z, \tag{2.4.60}$$

这里 a, b 是两个正常数.

定理 4　双曲抛物面是直纹面,过双曲抛物面上每一点恰有两条不同的直母线.

证明　类似单叶双曲面情况,过双曲抛物面上任一点$(x_0,\ y_0,\ z_0)$ 的一条直线 L 为

$$x = x_0 + lt,\qquad y = y_0 + mt,\qquad z = z_0 + nt, \tag{2.4.61}$$

这里 $(l,\ m,\ n)$ 是非零向量,$t \in \mathbf{R}$.

直线 L 要整个在这双曲抛物面上,必有

$$\frac{(x_0+lt)^2}{a^2}-\frac{(y_0+mt)^2}{b^2}=2(z_0+nt) \tag{2.4.62}$$

对任意实数 t 成立. 由于

$$\frac{x_0^2}{a^2}-\frac{y_0^2}{b^2}=2z_0, \tag{2.4.63}$$

则

$$\left(\frac{l^2}{a^2}-\frac{m^2}{b^2}\right)t^2+2\left(\frac{x_0 l}{a^2}-\frac{y_0 m}{b^2}-n\right)t=0. \tag{2.4.64}$$

由于上述公式对任意实数 t 成立,必有

$$\begin{cases}\dfrac{l^2}{a^2}=\dfrac{m^2}{b^2},\\ \dfrac{x_0 l}{a^2}-\dfrac{y_0 m}{b^2}-n=0.\end{cases} \tag{2.4.65}$$

公式(2.4.65)是整条直线 L 在双曲抛物面上的充分必要条件. 从(2.4.65)第一式,有

$$\frac{l}{m}=\pm\frac{a}{b}. \tag{2.4.66}$$

那么,(l, m, n) 平行于两个不同的方向 $\left(a, b, \frac{x_0}{a}-\frac{y_0}{b}\right)$, $\left(a, -b, \frac{x_0}{a}+\frac{y_0}{b}\right)$, 即过双曲抛物面上任一点 (x_0, y_0, z_0),的确有两条不同的直线整个在这双曲抛物面上.

过双曲抛物面上一点 (x_0, y_0, z_0) 有两条直线

$$L_1: \frac{x-x_0}{a}=\frac{y-y_0}{b}=\frac{z-z_0}{\dfrac{x_0}{a}-\dfrac{y_0}{b}}, \tag{2.4.67}$$

$$L_2: \frac{x-x_0}{a}=\frac{y-y_0}{-b}=\frac{z-z_0}{\dfrac{x_0}{a}+\dfrac{y_0}{b}}. \tag{2.4.68}$$

记

$$\lambda=\frac{1}{2}\left(\frac{x_0}{a}-\frac{y_0}{b}\right), \qquad \lambda^*=\frac{1}{2}\left(\frac{x_0}{a}+\frac{y_0}{b}\right). \tag{2.4.69}$$

从(2.4.67)式的第一个等式及(2.4.69)式的第一个等式,有

$$\frac{x}{a}-\frac{y}{b}=2\lambda. \tag{2.4.70}$$

从(2.4.67)式可以看到

$$\frac{1}{2}\left(\frac{x-x_0}{a}+\frac{y-y_0}{b}\right)=\frac{z-z_0}{\dfrac{x_0}{a}-\dfrac{y_0}{b}}. \tag{2.4.71}$$

那么,从(2.4.63)式、(2.4.69)式的第一个等式和(2.4.71)式,有

$$\lambda\left(\frac{x}{a}+\frac{y}{b}\right)=z-z_0+\frac{1}{2}\left(\frac{x_0}{a}-\frac{y_0}{b}\right)\left(\frac{x_0}{a}+\frac{y_0}{b}\right)=z, \tag{2.4.72}$$

因而直线 L_1 又可以写成

$$\begin{cases}\dfrac{x}{a}-\dfrac{y}{b}=2\lambda,\\[2mm] \lambda\left(\dfrac{x}{a}+\dfrac{y}{b}\right)=z.\end{cases} \tag{2.4.73}$$

当 λ 变化时,得到单参数直线族 L_1,因而双曲抛物面是直纹面,如图 2.11 所示.

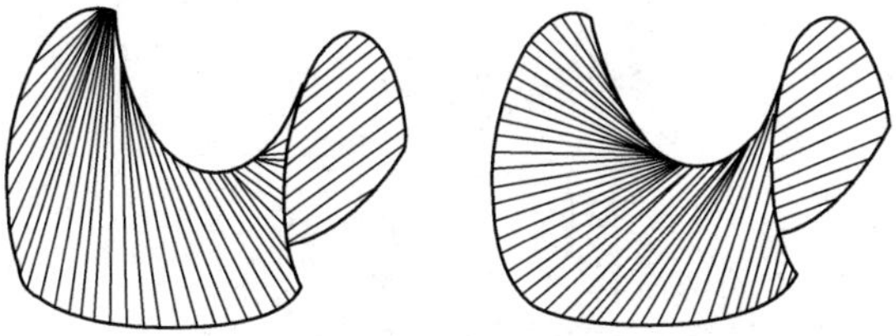

图 2.11

从(2.4.68)式的第一个等式及(2.4.69)式的第二个等式,有

$$\frac{x}{a}+\frac{y}{b}=2\lambda^*. \tag{2.4.74}$$

从(2.4.68)式,有

$$\frac{1}{2}\left(\frac{x-x_0}{a}+\frac{y-y_0}{-b}\right)=\frac{z-z_0}{\dfrac{x_0}{a}+\dfrac{y_0}{b}}. \tag{2.4.75}$$

从(2.4.63)式、(2.4.69)式的第二个等式和(2.4.75)式,有

$$\lambda^*\left(\frac{x}{a}-\frac{y}{b}\right)=z-z_0+\frac{1}{2}\left(\frac{x_0}{a}+\frac{y_0}{b}\right)\left(\frac{x_0}{a}-\frac{y_0}{b}\right)=z. \tag{2.4.76}$$

因而,直线 L_2 又可以写成

$$\begin{cases}\dfrac{x}{a}+\dfrac{y}{b}=2\lambda^*,\\ \lambda^*\left(\dfrac{x}{a}-\dfrac{y}{b}\right)=z.\end{cases}\tag{2.4.77}$$

当 λ^* 变化时,得到双曲抛物面上另一族单参数直母线族.

这两族直母线也可以从(2.4.60)式直接因式分解得出.

关于双曲抛物面的直母线,有下述性质.

定理 5　双曲抛物面上同族的所有直母线都平行于同一平面;不同族的两条直母线必相交;同族的两条直母线异面.

证明　从(2.4.73)式可以得到双曲抛物面的第一族直母线都平行于平面 $\dfrac{x}{a}-\dfrac{y}{b}=0$;从(2.4.77)式可以得到双曲抛物面的第二族直母线都平行于平面 $\dfrac{x}{a}+\dfrac{y}{b}=0$.

在双曲抛物面的不同族直母线中各取一条直母线,解方程组

$$\begin{cases}\dfrac{x}{a}-\dfrac{y}{b}=2\lambda,\\ \lambda\left(\dfrac{x}{a}+\dfrac{y}{b}\right)=z,\\ \dfrac{x}{a}+\dfrac{y}{b}=2\lambda^*,\\ \lambda^*\left(\dfrac{x}{a}-\dfrac{y}{b}\right)=z.\end{cases}\tag{2.4.78}$$

从(2.4.78)式的第一式和第三式,有

$$x=a(\lambda+\lambda^*),\qquad y=b(\lambda^*-\lambda).\tag{2.4.79}$$

将(2.4.78)式的第三式代入第二式,有

$$z=2\lambda\lambda^*.\tag{2.4.80}$$

经检验,由(2.4.79)式和(2.4.80)式组成的解满足方程组(2.4.78).这表明双曲抛物面不同族的直母线必相交于一点.

最后,证明双曲抛物面的同族的两条直母线异面.以第一族直母线为例(将 λ 换成 λ^*,y 换成 $-y$,得第二族直母线的证明).

在第一族直母线中任取两条不同的直母线 L_1 与 L_1^*,L_1 满足方程组(2.4.73),L_1^* 满足

$$\begin{cases}\dfrac{x}{a}-\dfrac{y}{b}=2\lambda^*,\\ \lambda^*\left(\dfrac{x}{a}+\dfrac{y}{b}\right)=z,\end{cases}\tag{2.4.81}$$

这里 $\lambda^*\neq\lambda$. 显然,两平面 $\dfrac{x}{a}-\dfrac{y}{b}=2\lambda$ 与 $\dfrac{x}{a}-\dfrac{y}{b}=2\lambda^*$ 平行,所以直线 L_1 与 L_1^* 不会相交. 又利用(2.4.67)式、(2.4.69)式、(2.4.73)式、(2.4.81)式可以知道,直线 L_1 的方向向量是 $(a, b, 2\lambda)$,直线 L_1^* 的方向向量是 $(a, b, 2\lambda^*)$,由于 λ 与 λ^* 不相等,则直线 L_1 不平行于 L_1^*. 直线 L_1 与 L_1^* 是异面直线.

三、二次锥面

二次锥面的方程为

$$\frac{x^2}{a^2}+\frac{y^2}{b^2}-\frac{z^2}{c^2}=0,\tag{2.4.82}$$

这里 a, b, c 是正常数.

上述二次锥面又可以写成

$$(x, y, z)=v(a\cos u, b\sin u, c),\tag{2.4.83}$$

这里 $u\in[0, 2\pi)$, $v\in(-\infty, \infty)$. 在这二次锥面上任取不同于原点的一点 $M_0(x_0, y_0, z_0)$,原点 O 与点 M_0 的连线上任一点 $M(tx_0, ty_0, tz_0)$ 都满足方程(2.4.82),这里 $t\in\mathbf{R}$. 从(2.4.1)式可以知道,二次锥面是直纹面.

一个平面去截这二次锥面,截得的交线,除了直线之外,恰是我们中学时代学习过的椭圆(包括圆)、双曲线和抛物线之一,下面来叙述这件事实.

为简便,考虑一个特殊的二次锥面

$$x^2+y^2-z^2\tan^2\alpha=0.\tag{2.4.84}$$

即在(2.4.82)式中 $a=b$, $\tan\alpha=\dfrac{a}{c}$,这里 $\alpha\in\left(0, \dfrac{\pi}{2}\right)$.

如果不经过 z 轴的一张平面 π 与 z 轴相交于一点 $(0, 0, a)$,这里 a 是非零常数. 已知平面 π 与 z 轴的交角为锐角 $\beta\left(0<\beta<\dfrac{\pi}{2}\right)$. 设平面 π 的单位法向量 $\boldsymbol{n}=(x_0, y_0, z_0)$, 这里选择 $z_0>0$. 记 $\boldsymbol{e}_3=(0, 0, 1)$, 利用 $\boldsymbol{n}\cdot\boldsymbol{e}_3=\cos\left(\dfrac{\pi}{2}-\beta\right)=\sin\beta$,以及 $\boldsymbol{n}\cdot\boldsymbol{e}_3=z_0$,有 $z_0=\sin\beta$,

$$x_0^2+y_0^2=1-z_0^2=\cos^2\beta.\tag{2.4.85}$$

平面 π 通过点$(0, 0, a)$,且以$(x_0, y_0, \sin\beta)$为单位法向量,则平面 π 的方程是

$$x_0x+y_0y+\sin\beta(z-a)=0. \tag{2.4.86}$$

想办法取一个新的直角坐标系$\{O^*, \boldsymbol{e}_1^*, \boldsymbol{e}_2^*, \boldsymbol{e}_3^*\}$,使得平面 π 的方程在新的直角坐标系下为 $z^*=0$.

令 $\boldsymbol{e}_3^*=(x_0, y_0, \sin\beta)$,点$(0, 0, a)$作为新的原点 O^*.

取 $\boldsymbol{e}_1^*=(x_0\tan\beta, y_0\tan\beta, -\cos\beta)$, $\boldsymbol{e}_1^*$ 是垂直于 $\boldsymbol{e}_3^*$ 的一个单位向量. $\boldsymbol{e}_2^*=\boldsymbol{e}_3^*\times\boldsymbol{e}_1^*=\left(-\dfrac{y_0}{\cos\beta}, \dfrac{x_0}{\cos\beta}, 0\right)$,因而有坐标变换公式

$$\begin{cases} x=x_0\tan\beta x^*-\dfrac{y_0}{\cos\beta}y^*+x_0z^*, \\ y=y_0\tan\beta x^*+\dfrac{x_0}{\cos\beta}y^*+y_0z^*, \\ z=-\cos\beta x^*+\sin\beta z^*+a. \end{cases} \tag{2.4.87}$$

在新坐标系下,平面 π 的方程为 $z^*=0$. 将上述公式代入方程(2.4.84),可以写出交线在新坐标系下的方程,注意这时 $z^*=0$,

$$\left(x_0\tan\beta x^*-\frac{y_0}{\cos\beta}y^*\right)^2+\left(y_0\tan\beta x^*+\frac{x_0}{\cos\beta}y^*\right)^2 -\tan^2\alpha(a-\cos\beta x^*)^2=0. \tag{2.4.88}$$

整理上式,且利用(2.4.85)式,有

$$(\sin^2\beta-\cos^2\beta\tan^2\alpha)x^{*2}+y^{*2}+2a\cos\beta\tan^2\alpha x^*-a^2\tan^2\alpha=0. \tag{2.4.89}$$

当 $\beta=\alpha$ 时,交线为抛物线;当 $\beta>\alpha$ 时,$\tan^2\beta>\tan^2\alpha$, $\sin^2\beta>\cos^2\beta\tan^2\alpha$,交线为椭圆;当 $\beta<\alpha$ 时,$\sin^2\beta<\cos^2\beta\tan^2\alpha$,交线为双曲线.

如果上述平面 π 与 z 轴垂直,显然这交线是圆.

另外,用过 z 轴的平面 $Ax+By=0$ 去截二次锥面(2.4.84),很容易看到交线为两条相交直线,这里 A,B 是不全为零的两个常数.

下面举有关直纹面的两个例题.

例 1　已知单叶双曲面 $y^2+z^2-\dfrac{1}{4}x^2=1$,求实数 A 的取值范围,使得平面 $Ax+y-2z=0$ 截这曲面 S 所得截线分别是椭圆、双曲线或两条直线.

解　令 $\boldsymbol{e}_3^*=\dfrac{1}{\sqrt{A^2+5}}(A, 1, -2)$, $\boldsymbol{e}_3^*$ 是题目中平面的单位法向量. 又取

$\boldsymbol{e}_1^* = \frac{1}{\sqrt{5}}(0, 2, 1)$，$\boldsymbol{e}_1^*$ 是与 $\boldsymbol{e}_3^*$ 互相垂直的一个单位向量. $\boldsymbol{e}_2^* = \boldsymbol{e}_3^* \times \boldsymbol{e}_1^* = \frac{1}{\sqrt{5(A^2+5)}}(5, -A, 2A)$.

设原点 O 仍为新直角坐标系的原点，依次以 $\boldsymbol{e}_1^*$，$\boldsymbol{e}_2^*$，$\boldsymbol{e}_3^*$ 为新直角坐标系的 x^*，y^*，z^* 轴的单位正向量，建立新的直角坐标系. 于是有坐标变换公式

$$\begin{cases} x = \dfrac{5}{\sqrt{5(A^2+5)}}y^* + \dfrac{A}{\sqrt{A^2+5}}z^*, \\ y = \dfrac{2}{\sqrt{5}}x^* - \dfrac{A}{\sqrt{5(A^2+5)}}y^* + \dfrac{1}{\sqrt{A^2+5}}z^*, \\ z = \dfrac{1}{\sqrt{5}}x^* + \dfrac{2A}{\sqrt{5(A^2+5)}}y^* - \dfrac{2}{\sqrt{A^2+5}}z^*. \end{cases} \tag{2.4.90}$$

于是平面 $Ax+y-2z=0$ 在新直角坐标系下为 $z^*=0$，交线方程是(即将上述坐标变换公式代入曲面方程，并且利用 $z^*=0$)

$$\left(\frac{2}{\sqrt{5}}x^* - \frac{A}{\sqrt{5(A^2+5)}}y^*\right)^2 + \left(\frac{1}{\sqrt{5}}x^* + \frac{2A}{\sqrt{5(A^2+5)}}y^*\right)^2 - \frac{5}{4(A^2+5)}y^{*2} = 1. \tag{2.4.91}$$

整理上式后得

$$x^{*2} + \frac{1}{A^2+5}\left(A^2 - \frac{5}{4}\right)y^{*2} = 1. \tag{2.4.92}$$

显然，当 $A = \pm\frac{\sqrt{5}}{2}$ 时，交线是一对平行直线；当 $A > \frac{\sqrt{5}}{2}$ 或 $A < -\frac{\sqrt{5}}{2}$ 时，交线是一个椭圆；当 $-\frac{\sqrt{5}}{2} < A < \frac{\sqrt{5}}{2}$ 时，交线是双曲线.

例 2　求实数 λ 的值，使得平面 $\lambda x + y = 0$ 与二次曲面 $2x^2+3y^2=8z^2$ 相交于两条夹角是 $\frac{\pi}{3}$ 的相交直线.

解　类似上例，令

$$\boldsymbol{e}_3^* = \frac{(\lambda, 1, 0)}{\sqrt{\lambda^2+1}},\ \boldsymbol{e}_1^* = \frac{(-1, \lambda, 0)}{\sqrt{\lambda^2+1}},\ \boldsymbol{e}_2^* = \boldsymbol{e}_3^* \times \boldsymbol{e}_1^* = (0, 0, 1).$$

原点 O 不变动，建立新的直角坐标系 $\{O, \boldsymbol{e}_1^*, \boldsymbol{e}_2^*, \boldsymbol{e}_3^*\}$，有坐标变换公式

$$\begin{cases} x = -\dfrac{1}{\sqrt{\lambda^2+1}}x^* + \dfrac{\lambda}{\sqrt{\lambda^2+1}}z^*, \\ y = \dfrac{\lambda}{\sqrt{\lambda^2+1}}x^* + \dfrac{1}{\sqrt{\lambda^2+1}}z^*, \\ z = y^*. \end{cases} \tag{2.4.93}$$

在新的直角坐标系下,交线是平面 $z^* = 0$ 上满足下述方程的一条曲线:

$$\frac{2}{\lambda^2+1}x^{*2} + \frac{3\lambda^2}{\lambda^2+1}x^{*2} = 8y^{*2}. \tag{2.4.94}$$

从上式,有

$$\frac{3\lambda^2+2}{\lambda^2+1}x^{*2} - 8y^{*2} = 0. \tag{2.4.95}$$

因式分解上式,有

$$\left(\sqrt{\frac{3\lambda^2+2}{\lambda^2+1}}x^* + 2\sqrt{2}y^*\right)\left(\sqrt{\frac{3\lambda^2+2}{\lambda^2+1}}x^* - 2\sqrt{2}y^*\right) = 0. \tag{2.4.96}$$

于是交线是两条相交于原点的直线:

$$2\sqrt{2}y^* + \sqrt{\frac{3\lambda^2+2}{\lambda^2+1}}x^* = 0,\ 2\sqrt{2}y^* - \sqrt{\frac{3\lambda^2+2}{\lambda^2+1}}x^* = 0. \tag{2.4.97}$$

这两条直线的斜率依次是

$$k_1 = -\frac{1}{2\sqrt{2}}\sqrt{\frac{3\lambda^2+2}{\lambda^2+1}},\ k_2 = \frac{1}{2\sqrt{2}}\sqrt{\frac{3\lambda^2+2}{\lambda^2+1}}. \tag{2.4.98}$$

记 $\tan\theta = \dfrac{1}{2\sqrt{2}}\sqrt{\dfrac{3\lambda^2+2}{\lambda^2+1}}$, 这里 $\theta \in \left(0, \dfrac{\pi}{4}\right)$. 由题目条件,有

(1) $(\pi - \theta) - \theta = \dfrac{2\pi}{3}$, $\theta = \dfrac{\pi}{6}$,从而有 (2.4.99)

$$\frac{1}{2\sqrt{2}}\sqrt{\frac{3\lambda^2+2}{\lambda^2+1}} = \tan\frac{\pi}{6} = \frac{\sqrt{3}}{3}. \tag{2.4.100}$$

上式两端平方,有

$$\frac{3\lambda^2+2}{8(\lambda^2+1)} = \frac{1}{3},\ \lambda^2 = 2,\ \lambda = \pm\sqrt{2}. \tag{2.4.101}$$

(2) $(\pi-\theta)-\theta=\frac{\pi}{3}$, $\theta=\frac{\pi}{3}>\frac{\pi}{4}$,这种情况无解.

注　利用 $\frac{1}{2\sqrt{2}}\sqrt{\frac{3\lambda^2+2}{\lambda^2+1}}<1$,因而可以限制 $\theta\in\left(0, \frac{\pi}{4}\right)$.

§2.5　非直纹面的二次曲面

在本节,我们要讨论椭球面、椭圆抛物面和双叶双曲面 3 种二次曲面的一些性质.

一、椭球面

椭球面的方程为

$$\frac{x^2}{a^2}+\frac{y^2}{b^2}+\frac{z^2}{c^2}=1, \tag{2.5.1}$$

这里 a, b, c 是 3 个正常数. 显然 $|x|\leqslant a$, $|y|\leqslant b$, $|z|\leqslant c$,这表明椭球面在由 $-a\leqslant x\leqslant a$, $-b\leqslant y\leqslant b$, $-c\leqslant z\leqslant c$ 所围成的一个长方体内. 当点 (x, y, z) 在这椭球面上时,点 $(x, y, -z)$, $(x, -y, z)$, $(x, -y, -z)$, $(-x, y, z)$, $(-x, y, -z)$, $(-x, -y, z)$, $(-x, -y, -z)$ 连同点 (x, y, z) 都在这椭球面上. 当 $xyz\neq 0$ 时,这 8 点两两不重合. 因此,椭球面关于平面 $x=0$,平面 $y=0$ 和平面 $z=0$ 都是对称的,关于原点也是对称的.

用平面 $x=k$ 去截这椭球面,这里 k 是 $(-a, a)$ 内的一个常数,截线(即交线)方程满足

$$\begin{cases}\dfrac{y^2}{b^2}+\dfrac{z^2}{c^2}=1-\dfrac{k^2}{a^2},\\ x=k.\end{cases} \tag{2.5.2}$$

这截线当然是一个椭圆.

类似地,用平面 $y=k$ 去截这椭球面,这里 k 是 $(-b, b)$ 内的一个常数,截线也是一个椭圆;用平面 $z=k$ 去截这椭球面,这里 k 是 $(-c, c)$ 内的一个常数,截线还是一个椭圆.

这里,提一个有趣的问题:如果 $a<b<c$,是否存在过原点的平面,该平面截椭球面得到的截线(有时称截口)是圆?

考虑过 y 轴的平面 $kx-z=0$,这里 k 是一个待定常数. 这平面和椭球面的交线 C 的方程为

$$\begin{cases}\dfrac{x^2}{a^2}+\dfrac{y^2}{b^2}+\dfrac{z^2}{c^2}=1,\\ z=kx.\end{cases} \tag{2.5.3}$$

将(2.5.3)式的第二式代入第一式,有

$$1=\frac{x^2}{a^2}+\frac{y^2}{b^2}+\frac{k^2x^2}{c^2}=\left(\frac{c^2+a^2k^2}{a^2c^2}\right)x^2+\frac{y^2}{b^2}. \tag{2.5.4}$$

如果交线C是圆,当点$(x, y, z)\in C$,从(2.5.3)式可以看出点$(-x, y, -z)\in C$,因而这圆的一条直径在y轴上,又y轴上点$(0, b, 0)$和点$(0, -b, 0)$在这交线C上,这两点为一条直径的两端点.所以这圆的圆心在原点,半径为b.这圆是以原点为球心、半径为b的球面与平面$z=kx$的交线,因而这圆C的方程可以写成

$$\begin{cases}x^2+y^2+z^2=b^2,\\ z=kx.\end{cases} \tag{2.5.5}$$

从(2.5.5)式的第一式,有

$$1=\frac{y^2}{b^2}+\frac{x^2+z^2}{b^2}=\frac{y^2}{b^2}+\left(\frac{1+k^2}{b^2}\right)x^2, \tag{2.5.6}$$

上式后一个等式利用了(2.5.5)式的第二式.

由于圆C上有无限多点(x, y, z)同时满足(2.5.3)式、(2.5.4)式、(2.5.5)式和(2.5.6)式,因而必有

$$\frac{c^2+a^2k^2}{a^2c^2}=\frac{1+k^2}{b^2}. \tag{2.5.7}$$

从上式,有

$$b^2(c^2+a^2k^2)=a^2c^2(1+k^2), \tag{2.5.8}$$

则

$$k=\pm\frac{c}{a}\sqrt{\frac{b^2-a^2}{c^2-b^2}}. \tag{2.5.9}$$

过y轴的所求平面有两张,为

$$z+\frac{c}{a}\sqrt{\frac{b^2-a^2}{c^2-b^2}}x=0 \quad \text{和} \quad z-\frac{c}{a}\sqrt{\frac{b^2-a^2}{c^2-b^2}}x=0. \tag{2.5.10}$$

是否还有其他的经过原点的平面满足要求呢?下面我们换一个角度去思考问题.

如果用过原点的一张平面 π 去截这椭球面，截线是圆. 过原点的平面 π 方程为 $Ax+By+Cz=0$，因而当点 (x, y, z) 在这截线上时，点 $(-x, -y, -z)$ 也在这截线上，从而原点是这圆的对称中心，原点必为圆心. 设这圆半径是 R，则这圆在以原点为球心、R 为半径的球面上. 于是，这圆上任一点 (x, y, z) 满足

$$\begin{cases}\dfrac{x^2}{R^2}+\dfrac{y^2}{R^2}+\dfrac{z^2}{R^2}=1,\\[2mm] \dfrac{x^2}{a^2}+\dfrac{y^2}{b^2}+\dfrac{z^2}{c^2}=1.\end{cases} \tag{2.5.11}$$

将方程组(2.5.11)中的两式相减，有

$$\left(\frac{1}{R^2}-\frac{1}{a^2}\right)x^2+\left(\frac{1}{R^2}-\frac{1}{b^2}\right)y^2+\left(\frac{1}{R^2}-\frac{1}{c^2}\right)z^2=0. \tag{2.5.12}$$

原点满足(2.5.12)式，截线圆上任一点 (x, y, z) 当然也满足(2.5.12)式. 从(2.5.12)式可以看出，原点与这圆上任一点 (x, y, z) 的连线上的所有点（可以写成 (tx, ty, tz) 形式，这里 t 是实数）必满足(2.5.12)式. 这表明，这截线圆所在平面 π 上的任一点必满足(2.5.12)式，因而(2.5.12)式的 3 个系数必至少有一个是零（如果都不为零，那么(2.5.12)式表示的一个二次锥面不会包含一张平面 π）. 由于 $a<b<c$，则

$$\frac{1}{R^2}-\frac{1}{a^2}<\frac{1}{R^2}-\frac{1}{b^2}<\frac{1}{R^2}-\frac{1}{c^2}. \tag{2.5.13}$$

只可能有

$$R=b. \tag{2.5.14}$$

将(2.5.14)式代入(2.5.12)式，有

$$\left(\frac{1}{a^2}-\frac{1}{b^2}\right)x^2-\left(\frac{1}{b^2}-\frac{1}{c^2}\right)z^2=0. \tag{2.5.15}$$

于是，有

$$\sqrt{\frac{1}{a^2}-\frac{1}{b^2}}\,x+\sqrt{\frac{1}{b^2}-\frac{1}{c^2}}\,z=0,$$

以及

$$\sqrt{\frac{1}{a^2}-\frac{1}{b^2}}\,x-\sqrt{\frac{1}{b^2}-\frac{1}{c^2}}\,z=0. \tag{2.5.16}$$

方程(2.5.16)和方程(2.5.10)是完全一样的两张平面. 这说明，用过原点的平面去截椭球面(2.5.1)，这里 $a<b<c$，恰有两张平面（都通过 y 轴）去截这椭

球面,截线是圆.

二、椭圆抛物面

椭圆抛物面的方程为

$$\frac{x^2}{a^2}+\frac{y^2}{b^2}=2z, \tag{2.5.17}$$

这里 a,b 是两正常数.

从方程(2.5.17)有 $z\geqslant 0$. 对于任意一个正常数 k,用平面 $z=k$ 去截这椭圆抛物面,截线方程满足

$$\begin{cases}\dfrac{x^2}{a^2}+\dfrac{y^2}{b^2}=2k,\\ z=k.\end{cases} \tag{2.5.18}$$

这恰是一个椭圆方程.

对于平面 $x=k$,这里 k 是任意一个实数,截线方程满足

$$\begin{cases}\dfrac{y^2}{b^2}=2z-\dfrac{k^2}{a^2},\\ x=k.\end{cases} \tag{2.5.19}$$

这恰是一条抛物线方程.

对于平面 $y=k$,这里 k 是任意一个实数,截线显然也是一条抛物线.

当 $a<b$ 时,是否存在过原点的平面 π 截这椭圆抛物面,截线是圆?

设平面 π 的方程是

$$Ax+By+z=0, \tag{2.5.20}$$

这里 A,B 是待定常数.

截线 C 方程满足

$$\begin{cases}\dfrac{x^2}{a^2}+\dfrac{y^2}{b^2}=2z,\\ Ax+By+z=0.\end{cases} \tag{2.5.21}$$

我们的处理问题的方法类似§2.4中对二次锥面的处理方法. 令

$$\boldsymbol{e}_3^*=\frac{1}{\sqrt{A^2+B^2+1}}(A,\ B,\ 1),$$

$$\boldsymbol{e}_1^*=\frac{1}{\sqrt{A^2+1}}(-1,\ 0,\ A),$$

$$\boldsymbol{e}_2^* = \boldsymbol{e}_3^* \times \boldsymbol{e}_1^* = \frac{1}{\sqrt{(A^2+1)(A^2+B^2+1)}}(AB,\ -(A^2+1),\ B). \quad (2.5.22)$$

取平面 π 上原点 O 作为新坐标系的原点,建立直角坐标系 $\{O,\ \boldsymbol{e}_1^*,\ \boldsymbol{e}_2^*,\ \boldsymbol{e}_3^*\}$,两个直角坐标系之间有坐标变换公式:

$$\begin{cases} x = -\dfrac{1}{\sqrt{A^2+1}}x^* + \dfrac{AB}{\sqrt{(A^2+1)(A^2+B^2+1)}}y^* + \dfrac{A}{\sqrt{A^2+B^2+1}}z^*, \\ y = -\dfrac{A^2+1}{\sqrt{(A^2+1)(A^2+B^2+1)}}y^* + \dfrac{B}{\sqrt{A^2+B^2+1}}z^*, \\ z = \dfrac{A}{\sqrt{A^2+1}}x^* + \dfrac{B}{\sqrt{(A^2+1)(A^2+B^2+1)}}y^* + \dfrac{1}{\sqrt{A^2+B^2+1}}z^*. \end{cases} \quad (2.5.23)$$

在新的直角坐标系下,平面 π 的方程是 $z^* = 0$. 平面 π 上的截线方程是

$$\frac{1}{a^2}\left[-\frac{1}{\sqrt{A^2+1}}x^* + \frac{AB}{\sqrt{(A^2+1)(A^2+B^2+1)}}y^*\right]^2 + \frac{A^2+1}{b^2(A^2+B^2+1)}y^{*2}$$
$$-2\left[\frac{A}{\sqrt{A^2+1}}x^* + \frac{B}{\sqrt{(A^2+1)(A^2+B^2+1)}}y^*\right] = 0. \quad (2.5.24)$$

从上式,有

$$\frac{1}{a^2(A^2+1)}x^{*2} - \frac{2AB}{a^2(A^2+1)\sqrt{A^2+B^2+1}}x^*y^*$$
$$+\left[\frac{A^2B^2}{a^2(A^2+1)(A^2+B^2+1)} + \frac{A^2+1}{b^2(A^2+B^2+1)}\right]y^{*2}$$
$$-\frac{2A}{\sqrt{A^2+1}}x^* - \frac{2B}{\sqrt{(A^2+1)(A^2+B^2+1)}}y^* = 0. \quad (2.5.25)$$

令

$$B = 0, \qquad a^2(A^2+1) = b^2, \quad (2.5.26)$$

即取

$$A = \pm\sqrt{\frac{b^2}{a^2} - 1}, \qquad B = 0. \quad (2.5.27)$$

在平面 π 上的截线方程是

$$x^{*2} + y^{*2} \pm 2b\sqrt{b^2 - a^2}\,x^* = 0. \quad (2.5.28)$$

这个方程当然是圆的方程.

因而平面 π 的方程是

$$\sqrt{b^2-a^2}x+az=0, \qquad \text{或} \qquad \sqrt{b^2-a^2}x-az=0, \tag{2.5.29}$$

这两张平面截椭圆抛物面,截线是圆.

三、双叶双曲面

双叶双曲面的方程是

$$\frac{x^2}{a^2}+\frac{y^2}{b^2}-\frac{z^2}{c^2}=-1, \tag{2.5.30}$$

这里 a, b, c 是 3 个正常数.

显然,这曲面关于平面 $x=0$,平面 $y=0$,平面 $z=0$ 对称,关于原点也是对称的.

当实数 k 满足 $|k|>c$ 时,用平面 $z=k$ 去截这双叶双曲面,截线是椭圆

$$\begin{cases}\dfrac{x^2}{a^2}+\dfrac{y^2}{b^2}=\dfrac{k^2}{c^2}-1,\\ z=k.\end{cases} \tag{2.5.31}$$

用平面 $x=k$,这里 k 是任一实数,去截这双叶双曲面,截线是双曲线

$$\begin{cases}\dfrac{z^2}{c^2}-\dfrac{y^2}{b^2}=1+\dfrac{k^2}{a^2},\\ x=k.\end{cases} \tag{2.5.32}$$

类似地,对于任一实数 k,用平面 $y=k$ 去截这双叶双曲面,截线也是双曲线.

下面讨论一个类似于椭球面和椭圆抛物面的问题:设常数 $a>b$,是否存在平行于 x 轴的一张平面 π,它与双叶双曲面的截线是圆?

设所求的平面 π 的方程是

$$Ay+z+B=0, \tag{2.5.33}$$

这里 A, B 是不全为零的待定常数.

类似前述,令

$$\begin{aligned}\boldsymbol{e}_3^*&=\frac{1}{\sqrt{A^2+1}}(0,\ A,\ 1),\\ \boldsymbol{e}_1^*&=\frac{1}{\sqrt{A^2+1}}(0,\ 1,\ -A),\\ \boldsymbol{e}_2^*&=\boldsymbol{e}_3^*\times\boldsymbol{e}_1^*=(-1,\ 0,\ 0).\end{aligned} \tag{2.5.34}$$

取平面 π 上一点 $(0,\ 0,\ -B)$ 为新的直角坐标系的原点 O^*,建立新的直角坐标系 $\{O^*,\ \boldsymbol{e}_1^*,\ \boldsymbol{e}_2^*,\ \boldsymbol{e}_3^*\}$. 于是,有坐标变换公式

$$\begin{cases} x = -y^*, \\ y = \dfrac{1}{\sqrt{A^2+1}}x^* + \dfrac{A}{\sqrt{A^2+1}}z^*, \\ z = -\dfrac{A}{\sqrt{A^2+1}}x^* + \dfrac{1}{\sqrt{A^2+1}}z^* - B. \end{cases} \tag{2.5.35}$$

在新的直角坐标系中,平面 π 的方程是 $z^* = 0$. 在平面 $z^* = 0$ 中,截线方程是

$$\frac{1}{a^2}y^{*2} + \frac{1}{b^2(A^2+1)}x^{*2} - \frac{1}{c^2}\left(\frac{A}{\sqrt{A^2+1}}x^* + B\right)^2 = -1. \tag{2.5.36}$$

整理上式得到

$$\frac{1}{A^2+1}\left(\frac{1}{b^2} - \frac{A^2}{c^2}\right)x^{*2} + \frac{1}{a^2}y^{*2} - \frac{2AB}{c^2\sqrt{A^2+1}}x^* = \frac{B^2}{c^2} - 1. \tag{2.5.37}$$

首先选择常数 A,使得

$$\frac{1}{A^2+1}\left(\frac{1}{b^2} - \frac{A^2}{c^2}\right) = \frac{1}{a^2}, \tag{2.5.38}$$

从上式,有

$$A = \pm\sqrt{\frac{\dfrac{1}{b^2} - \dfrac{1}{a^2}}{\dfrac{1}{a^2} + \dfrac{1}{c^2}}}. \tag{2.5.39}$$

将(2.5.38)式代入(2.5.37)式,有

$$x^{*2} + y^{*2} - \frac{2a^2AB}{c^2\sqrt{A^2+1}}x^* = a^2\left(\frac{B^2}{c^2} - 1\right). \tag{2.5.40}$$

从上式可以看到

$$\begin{aligned} \left(x^* - \frac{a^2AB}{c^2\sqrt{A^2+1}}\right)^2 + y^{*2} &= a^2\left(\frac{B^2}{c^2} - 1\right) + \frac{a^4A^2B^2}{c^4(A^2+1)} \\ &= a^2\left(\frac{B^2}{c^2} - 1\right) + \frac{a^4B^2}{c^4}\,\frac{\dfrac{1}{b^2} - \dfrac{1}{a^2}}{\dfrac{1}{b^2} + \dfrac{1}{c^2}}. \end{aligned} \tag{2.5.41}$$

只须取常数 B,使得(2.5.41) 式的右端大于零,即可得到满足要求的两组平行于 x 轴的平行平面.

下面举两个例题.

例 1　过直线 $L: x=y=z-1$ 的一个平面 P 交二次曲面 $x^2+2z^2=6y+\frac{25}{16}$ 于一个圆周,求这条直线 L 上所有点到这个圆周上所有点的距离的最小值.

解　过直线 L 的平面 P 的方程是

$$u(x-y)+v(x-z+1)=0, \tag{2.5.42}$$

这里 u, v 是不全为零的两个实数. 上述平面方程就是

$$(u+v)x-uy-vz+v=0. \tag{2.5.43}$$

令

$$\begin{aligned} \boldsymbol{e}_3^* &= \frac{1}{\sqrt{(u+v)^2+u^2+v^2}}(u+v, -u, -v), \\ \boldsymbol{e}_1^* &= \frac{1}{\sqrt{u^2+v^2}}(0, v, -u), \\ \boldsymbol{e}_2^* &= \boldsymbol{e}_3^* \times \boldsymbol{e}_1^* \\ &= \frac{1}{\sqrt{(u^2+v^2)[(u+v)^2+u^2+v^2]}}(u^2+v^2, u(u+v), v(u+v)). \end{aligned} \tag{2.5.44}$$

取直线 L 上点 $(0, 0, 1)$ 为新直角坐标系原点, $\boldsymbol{e}_1^*$, $\boldsymbol{e}_2^*$, $\boldsymbol{e}_3^*$ 为新的直角坐标系 x^*, y^*, z^* 轴的单位正向量,因而有坐标交换公式

$$\begin{cases} x = \dfrac{u^2+v^2}{\sqrt{(u^2+v^2)[(u+v)^2+u^2+v^2]}}y^* + \dfrac{u+v}{\sqrt{(u+v)^2+u^2+v^2}}z^*, \\ y = \dfrac{v}{\sqrt{u^2+v^2}}x^* + \dfrac{u(u+v)}{\sqrt{(u^2+v^2)[(u+v)^2+u^2+v^2]}}y^* \\ \qquad - \dfrac{u}{\sqrt{(u+v)^2+u^2+v^2}}z^*, \\ z = 1 - \dfrac{u}{\sqrt{u^2+v^2}}x^* + \dfrac{u(u+v)}{\sqrt{(u^2+v^2)[(u+v)^2+u^2+v^2]}}y^* \\ \qquad - \dfrac{v}{\sqrt{(u+v)^2+u^2+v^2}}z^*. \end{cases} \tag{2.5.45}$$

平面 P 与题目中二次曲面的交线在平面 $z^*=0$, 其 x^*, y^* 满足下述方程:

$$\frac{u^2+v^2}{(u+v)^2+u^2+v^2}y^{*2}+2\left[1-\frac{u}{\sqrt{u^2+v^2}}x^*\right.$$
$$\left.+\frac{v(u+v)}{\sqrt{(u^2+v^2)[(u+v)^2+u^2+v^2]}}y^*\right]^2$$
$$=6\left[\frac{v}{\sqrt{u^2+v^2}}x^*+\frac{u(u+v)}{\sqrt{(u^2+v^2)[(u+v)^2+u^2+v^2]}}y^*\right]+\frac{25}{16}. \tag{2.5.46}$$

在上述展开式中，x^*y^* 项的系数是 $-\frac{4uv(u+v)}{(u^2+v^2)\sqrt{(u+v)^2+(u^2+v^2)}}$，要这交线是圆，当且仅当

$$uv(u+v)=0. \tag{2.5.47}$$

当 $u=0$ 时，从(2.5.46)可以看出，这交线是一条抛物线. 当 $v=0$ 时，取 $u=1$，从(2.5.46)可以看到

$$\frac{1}{2}y^{*2}+2(1-x^*)^2=\frac{6}{\sqrt{2}}y^*+\frac{25}{16}, \tag{2.5.48}$$

这交线是一个椭圆. 因而要这交线是圆，只能是

$$u+v=0,\ 取\ u=1,\ v=-1. \tag{2.5.49}$$

将上式代入交线方程(2.5.46)，有

$$y^{*2}+2\left(1-\frac{1}{\sqrt{2}}x^*\right)^2=-\frac{6}{\sqrt{2}}x^*+\frac{25}{16}. \tag{2.5.50}$$

展开上式，整理后得

$$\left(x^*+\frac{\sqrt{2}}{2}\right)^2+y^{*2}=\frac{1}{16}. \tag{2.5.51}$$

这交线是新直角坐标系中平面 $z^*=0$ 上以点$\left(-\frac{\sqrt{2}}{2},\ 0,\ 0\right)$为圆心、$\frac{1}{4}$为半径的圆. 这圆心在原直角坐标系中是点$\left(0,\ \frac{1}{2},\ \frac{3}{2}\right)$(利用公式(2.5.45))，这点到直线 L 的距离是

$$d=\frac{\left|\left(0,\ \frac{1}{2},\ \frac{3}{2}-1\right)\times(1,\ 1,\ 1)\right|}{\sqrt{3}}=\frac{\sqrt{6}}{6}. \tag{2.5.52}$$

因而所求距离的最小值是 $\frac{\sqrt{6}}{6}-\frac{1}{4}$.

例 2　写出通过两个圆周

$$\begin{cases}x^2+y^2=1,\\ z=0\end{cases} \text{和} \begin{cases}x^2+y^2=3,\\ z=1\end{cases}$$

的 5 个不同类型的二次曲面方程.

解　显然椭圆抛物面

$$x^2+y^2=2z+1 \tag{2.5.53}$$

通过题目中两个圆周.

椭球面

$$x^2+y^2+2(z-1)^2=3 \tag{2.5.54}$$

和

$$x^2+y^2+\left(z-\frac{3}{2}\right)^2=\frac{13}{4} \tag{2.5.55}$$

都通过题目中的两个圆周.

单叶双曲面

$$x^2+y^2-\left(z+\frac{1}{2}\right)^2=\frac{3}{4} \tag{2.5.56}$$

满足题目要求.

双叶双曲面

$$x^2+y^2-\frac{1}{2}\left(z+\frac{3}{2}\right)^2=-\frac{1}{8} \tag{2.5.57}$$

和

$$x^2+y^2-\frac{2}{3-2\sqrt{2}}\left[z-(\sqrt{2}-1)\right]^2=-1 \tag{2.5.58}$$

经计算都满足题目条件.

最后,考虑二次锥面,用待定系数法,设满足题目要求的二次锥面是

$$x^2+y^2=(\alpha z+\beta)^2\ , \tag{2.5.59}$$

这里 α, β 是待定实数. 利用题目条件,有

$$\beta^2 = 1,\ (\alpha+\beta)^2 = 3, \tag{2.5.60}$$

因而有解

$$\begin{cases} \alpha = \sqrt{3}+1, \\ \beta = -1, \end{cases} \text{或} \begin{cases} \alpha = \sqrt{3}-1, \\ \beta = 1. \end{cases} \tag{2.5.61}$$

从而二次锥面

$$x^2 + y^2 = \left[(\sqrt{3}+1)z - 1\right]^2 \tag{2.5.62}$$

和

$$x^2 + y^2 = \left[(\sqrt{3}-1)z + 1\right]^2 \tag{2.5.63}$$

都是所需要的二次锥面. 另外,二次锥面

$$(2+\sqrt{3})(x^2+y^2) = 2\left(z + \frac{\sqrt{3}+1}{2}\right)^2 \tag{2.5.64}$$

也是所需要的.

注　利用待定系数法,读者可以自己写出一些新的满足题目要求的曲面方程.

§2.6　等距变换与仿射变换

如果一个集合 M 到一个集合 N 的一个映射将 M 内任意两个不同的元素映为 N 内不同的元素,则这个映射称为 1—1 的,一个集合到自身的 1—1 的映射称为变换.

一、平面上的等距变换

定义 1　平面 π 的一个变换,如果保持任意两点的距离在映射后不变,则这个变换称为平面 π 上的等距变换.

记 φ 为平面 π 上一个等距变换,d 表示平面上两点的距离函数,则

$$d(x,\ y) = d(\varphi(x),\ \varphi(y)), \tag{2.6.1}$$

这里 x, y 是平面 π 内的任意两点.

例 1　写出平面上点关于过原点的直线 L 的对称公式,并求证是一个等距变换.

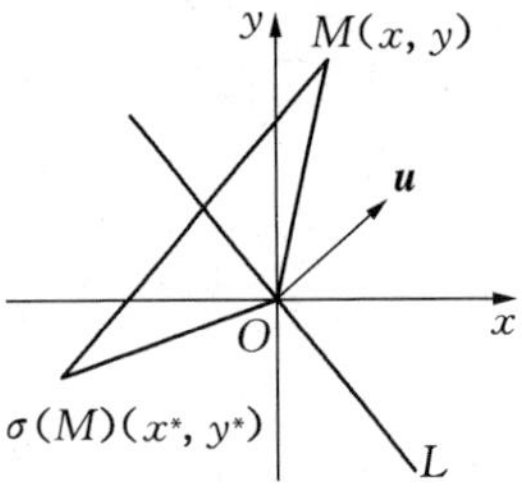

图 2.12

解　如图 2.12 所示,设 $\boldsymbol{u}$ 是垂直于直线 L 的单位向量,记

$$\boldsymbol{u}=(\cos\theta,\ \sin\theta). \tag{2.6.2}$$

在平面上任取一点 $M(x,\ y)$,记平面上关于直线 L 的对称为 σ,以及

$$\sigma(M)=(x^{*},\ y^{*}), \tag{2.6.3}$$

显然,有

$$\overrightarrow{O\sigma(M)}=\overrightarrow{OM}+\overrightarrow{M\sigma(M)}. \tag{2.6.4}$$

利用 $\boldsymbol{u}$ 是单位向量,有

$$\begin{aligned}\overrightarrow{M\sigma(M)}&=2\pi_{\boldsymbol{u}}\overrightarrow{OM}(-\boldsymbol{u})\\&=2(\overrightarrow{OM}\cdot\boldsymbol{u})(-\boldsymbol{u})\\&=-2(x\cos\theta+y\sin\theta)(\cos\theta,\ \sin\theta).\end{aligned} \tag{2.6.5}$$

从(2.6.3)式、(2.6.4)式和(2.6.5)式,有

$$\begin{aligned}x^{*}&=x-2(x\cos\theta+y\sin\theta)\cos\theta=-x\cos 2\theta-y\sin 2\theta,\\y^{*}&=y-2(x\cos\theta+y\sin\theta)\sin\theta=-x\sin 2\theta+y\cos 2\theta.\end{aligned} \tag{2.6.6}$$

这就是平面上点关于过原点的直线 L 的对称公式.

平面上另有一点 $M^{*}(\tilde{x},\ \tilde{y})$,经关于直线 L 的对称后为 $\sigma(M^{*})(\tilde{x}^{*},\ \tilde{y}^{*})$. 显然

$$\begin{aligned}(d(M,\ M^{*}))^{2}&=(\tilde{x}-x)^{2}+(\tilde{y}-y)^{2},\\(d(\sigma(M),\ \sigma(M^{*})))^{2}&=(\tilde{x}^{*}-x^{*})^{2}+(\tilde{y}^{*}-y^{*})^{2}.\end{aligned} \tag{2.6.7}$$

利用(2.6.6)式,有

$$\begin{aligned}\tilde{x}^{*}-x^{*}&=(-\tilde{x}\cos 2\theta-\tilde{y}\sin 2\theta)-(-x\cos 2\theta-y\sin 2\theta)\\&=(x-\tilde{x})\cos 2\theta+(y-\tilde{y})\sin 2\theta,\end{aligned} \tag{2.6.8}$$

$$\begin{aligned}\tilde{y}^{*}-y^{*}&=(-\tilde{x}\sin 2\theta+\tilde{y}\cos 2\theta)-(-x\sin 2\theta+y\cos 2\theta)\\&=(x-\tilde{x})\sin 2\theta-(y-\tilde{y})\cos 2\theta.\end{aligned} \tag{2.6.9}$$

将(2.6.8)式和(2.6.9)式代入(2.6.7)式,有

$$\begin{aligned}(d(\sigma(M),\ \sigma(M^{*})))^{2}&=(x-\tilde{x})^{2}+(y-\tilde{y})^{2}\\&=(d(M,\ M^{*}))^{2},\end{aligned} \tag{2.6.10}$$

因而 σ 是一个等距变换.

一个集合 M 到集合 N 内的映射 φ，如果对于 N 内任一元素 y，必有 M 内元素 x，使得 $\varphi(x)=y$，则映射 φ 称为到上的，或称为满的.

注　本节所述的变换定义较一般书上所述的定义要弱，本节变换的定义没有满映射这一条件.

容易看到平面上等距变换有下述性质.

性质 1　平面上等距变换将一条直线到上地映到一条直线上.

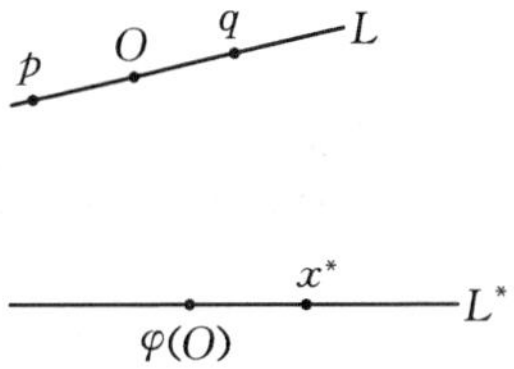

图 2.13

证明　用反证法. 如图 2.13 所示，如果一条直线 L 上的 3 点 O, p, q 经平面上等距变换 φ 映成不在一条直线上的 3 点 $\varphi(O)$, $\varphi(p)$, $\varphi(q)$，不妨设点 O 在线段 pq 的内部. 利用三角形两边之和大于第三边，有

$$d(\varphi(O),\ \varphi(p))+d(\varphi(O),\ \varphi(q))>d(\varphi(p),\ \varphi(q)). \qquad (2.6.11)$$

利用 φ 是一个等距变换，从上式，有

$$d(O,\ p)+d(O,\ q)>d(p,\ q), \qquad (2.6.12)$$

这与

$$d(O,\ p)+d(O,\ q)=d(p,\ q) \qquad (2.6.13)$$

是矛盾的，因而 $\varphi(L)$ 的全部点必在一条直线 L^* 上.

在直线 L 上取一点 O，点 $\varphi(O)\in L^*$. 在直线 L^* 上任取不同于 $\varphi(O)$ 的一点 x^*, $d(\varphi(O),\ x^*)=a>0$. 在直线 L 上点 O 的两侧有两点 p, q，使得 $d(O,\ p)=a$, $d(O, q)=a$，则 $d(\varphi(O),\ \varphi(p))=a$, $d(\varphi(O),\ \varphi(q))=a$. 由于直线 L^* 上的点 $\varphi(p)$ 和 $\varphi(q)$ 是不同的两点，则必有一点与点 x^* 重合. 因而 $\varphi(L)=L^*$.

性质 2　平面上等距变换将两条平行直线映为两条平行直线.

证明　用反证法. 如果有两条平行直线 L_1, L_2，在一个等距变换下映成平面上两条相交直线，记这交点为 y. 利用性质 1，在直线 L_1 和 L_2 上分别有一点 $x\in L_1$, $x^*\in L_2$，使得 $\varphi(x)=y$, $\varphi(x^*)=y$. 由于直线 L_1 与 L_2 不相交，则点 x 与点 x^* 是不同的两点，这与 φ 是 1—1 的映射矛盾.

由于平面上的等距变换有性质 2，平面上一个平行四边形，在等距变换下映成一个平行四边形，因而导出向量的映射

$$\varphi(\overrightarrow{AB})=\overrightarrow{\varphi(A)\varphi(B)}. \qquad (2.6.14)$$

性质 3　平面上一个等距变换保持向量内积不变.

证明　由于平面上的等距变换将一个三角形映成平面上与之全等的另一个

三角形,因而平面上一个等距变换保持线段的长度、两线段的夹角在映射后不变,则等距变换保持向量内积不变.

定义 2 如果平面上一个变换 φ 满足

$$\varphi(\lambda \boldsymbol{a}+\mu \boldsymbol{b})=\lambda \varphi(\boldsymbol{a})+\mu \varphi(\boldsymbol{b}),$$

这里 λ, μ 是两个任意实数,$\boldsymbol{a}$, $\boldsymbol{b}$ 是平面上任意两个向量,则 φ 称为平面上的一个线性变换.

性质 4 平面上等距变换是一个线性变换.

证明 在平面上取两个互相垂直的单位向量 $\boldsymbol{e}_1$, $\boldsymbol{e}_2$. 令

$$\boldsymbol{e}_1^*=\varphi(\boldsymbol{e}_1),\ \boldsymbol{e}_2^*=\varphi(\boldsymbol{e}_2). \tag{2.6.15}$$

由于 φ 是平面上的一个等距变换,则 $\boldsymbol{e}_1^*$, $\boldsymbol{e}_2^*$ 也是互相垂直的两个单位向量.

$$\boldsymbol{a}=a_1\boldsymbol{e}_1+a_2\boldsymbol{e}_2, \tag{2.6.16}$$

这里 a_1, $a_2\in\mathbf{R}$.

记

$$\varphi(\boldsymbol{a})=a_1^*\boldsymbol{e}_1^*+a_2^*\boldsymbol{e}_2^*, \tag{2.6.17}$$

这里 a_1^*, $a_2^*\in\mathbf{R}$.

由于 φ 是一个等距变换,保持向量内积不变,则有

$$\begin{aligned} a_1 &= \boldsymbol{a}\cdot\boldsymbol{e}_1(\text{利用}(2.6.16)\text{ 式及 }\boldsymbol{e}_1\text{ 垂直于 }\boldsymbol{e}_2)\\ &=\varphi(\boldsymbol{a})\cdot\varphi(\boldsymbol{e}_1)\\ &=(a_1^*\boldsymbol{e}_1^*+a_2^*\boldsymbol{e}_2^*)\cdot\boldsymbol{e}_1^*(\text{利用}(2.6.15)\text{ 式及}(2.6.17)\text{ 式})\\ &=a_1^*(\text{利用 }\boldsymbol{e}_1^*\text{垂直于 }\boldsymbol{e}_2^*). \end{aligned} \tag{2.6.18}$$

同理,有

$$a_2=a_2^*. \tag{2.6.19}$$

将(2.6.18)式和(2.6.19)式代入(2.6.17)式,有

$$\varphi(\boldsymbol{a})=a_1\boldsymbol{e}_1^*+a_2\boldsymbol{e}_2^*. \tag{2.6.20}$$

如果

$$\boldsymbol{b}=b_1\boldsymbol{e}_1+b_2\boldsymbol{e}_2, \tag{2.6.21}$$

这里 b_1, $b_2\in\mathbf{R}$, 则类似上述,有

$$\varphi(\boldsymbol{b})=b_1\boldsymbol{e}_1^*+b_2\boldsymbol{e}_2^*. \tag{2.6.22}$$

$\forall\lambda$, $\mu\in\mathbf{R}$,

$$\lambda \boldsymbol{a} + \mu \boldsymbol{b} = (\lambda a_1 + \mu b_1)\boldsymbol{e}_1 + (\lambda a_2 + \mu b_2)\boldsymbol{e}_2, \tag{2.6.23}$$

类似前述证明,有

$$\begin{aligned}\varphi(\lambda \boldsymbol{a} + \mu \boldsymbol{b}) &= (\lambda a_1 + \mu b_1)\boldsymbol{e}_1^* + (\lambda a_2 + \mu b_2)\boldsymbol{e}_2^* \\ &= \lambda\varphi(\boldsymbol{a}) + \mu\varphi(\boldsymbol{b}).\end{aligned} \tag{2.6.24}$$

这里我们应用了(2.6.20)式和(2.6.22)式.所以平面上的等距变换 φ 是一个线性变换.

对于平面上的一个等距变换 φ,取平面上一个直角坐标系$\{O, \boldsymbol{e}_1, \boldsymbol{e}_2\}$,由公式(2.6.15)引入 $\boldsymbol{e}_1^*$, $\boldsymbol{e}_2^*$,这里

$$\boldsymbol{e}_1^* = a_{11}\boldsymbol{e}_1 + a_{12}\boldsymbol{e}_2, \qquad \boldsymbol{e}_2^* = a_{21}\boldsymbol{e}_1 + a_{22}\boldsymbol{e}_2, \tag{2.6.25}$$

a_{11}, a_{12}, a_{21}, a_{22} 全是实数.

由于 $\boldsymbol{e}_1^*$, $\boldsymbol{e}_2^*$是互相垂直的两个单位向量,有

$$\boldsymbol{e}_1^* \cdot \boldsymbol{e}_1^* = 1, \ \boldsymbol{e}_1^* \cdot \boldsymbol{e}_2^* = 0, \ \boldsymbol{e}_2^* \cdot \boldsymbol{e}_2^* = 1,$$

利用(2.6.25)式,可以看到

$$a_{11}^2 + a_{12}^2 = 1, \quad a_{11} \cdot a_{21} + a_{12} \cdot a_{22} = 0, \quad a_{21}^2 + a_{22}^2 = 1. \tag{2.6.26}$$

从(2.6.26)式的第一式,有 $\theta \in [0, 2\pi)$, 使得

$$a_{11} = \cos\theta, \qquad a_{12} = \sin\theta. \tag{2.6.27}$$

将(2.6.27)式代入(2.6.26)式的第二、第三式,有

$$\begin{cases} a_{21}\cos\theta + a_{22}\sin\theta = 0, \\ a_{21}^2 + a_{22}^2 = 1. \end{cases} \tag{2.6.28}$$

当 $\sin\theta \neq 0$ 时,令

$$a_{21} = t\sin\theta, \tag{2.6.29}$$

这里 $t \in \mathbf{R}$, 将(2.6.29)式代入(2.6.28)式的第一式,有

$$a_{22} = -t\cos\theta. \tag{2.6.30}$$

将(2.6.29)式和(2.6.30)式代入(2.6.28)式的第二式,有

$$t^2 = 1, \qquad t = \pm 1. \tag{2.6.31}$$

因而有

$$\begin{cases} a_{21} = \sin\theta, \\ a_{22} = -\cos\theta; \end{cases} \quad \text{或} \quad \begin{cases} a_{21} = -\sin\theta, \\ a_{22} = \cos\theta. \end{cases} \tag{2.6.32}$$

当 $\sin\theta=0$ 时,从(2.6.28)式的第一式,有 $a_{21}=0$,再由(2.6.28)式的第二式,有 $a_{22}=\pm 1$,这一情况被包含在公式(2.6.32)中.

将(2.6.32)代入(2.6.25),有

$$\boldsymbol{e}_1^*=\cos\theta\boldsymbol{e}_1+\sin\theta\boldsymbol{e}_2,\qquad \boldsymbol{e}_2^*=\sin\theta\boldsymbol{e}_1-\cos\theta\boldsymbol{e}_2;\tag{2.6.33}$$

或

$$\boldsymbol{e}_1^*=\cos\theta\boldsymbol{e}_1+\sin\theta\boldsymbol{e}_2,\qquad \boldsymbol{e}_2^*=-\sin\theta\boldsymbol{e}_1+\cos\theta\boldsymbol{e}_2.\tag{2.6.34}$$

设

$$\varphi(O)=O^*,\qquad \overrightarrow{OO^*}=b_1\boldsymbol{e}_1+b_2\boldsymbol{e}_2.\tag{2.6.35}$$

我们感兴趣的是对于平面上任一点 $M(x, y)$,它在平面上的等距变换下的像 $\varphi(M)$ 在直角坐标系 $\{O, \boldsymbol{e}_1, \boldsymbol{e}_2\}$ 中的坐标 (x^*, y^*) 与 (x, y) 的关系式. 利用

$$\begin{aligned}\overrightarrow{O\varphi(M)}&=\overrightarrow{OO^*}+\overrightarrow{O^*\varphi(M)}\\&=\overrightarrow{OO^*}+\overrightarrow{\varphi(O)\varphi(M)}\\&=\overrightarrow{OO^*}+\varphi(\overrightarrow{OM})\\&=\overrightarrow{OO^*}+\varphi(x\boldsymbol{e}_1+y\boldsymbol{e}_2)\\&=\overrightarrow{OO^*}+x\varphi(\boldsymbol{e}_1)+y\varphi(\boldsymbol{e}_2)\text{(利用 }\varphi\text{ 是一个线性变换)}\\&=\overrightarrow{OO^*}+x\boldsymbol{e}_1^*+y\boldsymbol{e}_2^*,\end{aligned}\tag{2.6.36}$$

以及(2.6.33)式、(2.6.34)式、(2.6.35)式、(2.6.36)式,有

$$\begin{cases}x^*=b_1+x\cos\theta+y\sin\theta,\\y^*=b_2+x\sin\theta-y\cos\theta;\end{cases}\tag{2.6.37}$$

或

$$\begin{cases}x^*=b_1+x\cos\theta-y\sin\theta,\\y^*=b_2+x\sin\theta+y\cos\theta.\end{cases}\tag{2.6.38}$$

公式(2.6.37)和(2.6.38)恰是我们需要的公式.

二、平面上的仿射变换

定义 3　平面 π 到平面 π 的到上的一个变换,如果将任一条直线到上地映到一条直线上,则这个变换称为平面上的一个仿射变换.

例 2　平面上的一个等距变换是一个仿射变换.

从公式(2.6.37)和(2.6.38)可以看出,对于平面上的一个等距变换 φ,给定

平面上任意一点(x^*, y^*),必有平面上一点(x, y),使得$\varphi(x, y) = (x^*, y^*)$,因而$\varphi$是一个到上的映射.再利用平面上的等距变换的性质1,可以看出φ是一个仿射变换.

例3　已知k是一个非零实常数,平面π到平面π的到上的变换φ由下式定义(取平面直角坐标系Oxy):

$$\varphi(x, y) = (x, ky), \qquad \forall (x, y) \in 平面\ \pi. \tag{2.6.39}$$

对于平面内任一条直线L:$Ax + By + C = 0$,记$x^* = x$, $y^* = ky$,将直线L的方程两端乘以k,有$Akx^* + By^* + kC = 0$.这仍然是一条直线方程,记为直线L^*.对于直线L^*上的任意一点(x^*, y^*),显然有直线L上的一点$\left(x^*, \frac{y^*}{k}\right)$,使得$\varphi\left(x^*, \frac{y^*}{k}\right) = (x^*, y^*)$.因而这个变换$\varphi$是一个仿射变换.

很容易证明下面的例4和例5.

例4　已知k是一个非零实常数,平面π到平面π上的一个变换φ,满足$\varphi(x, y) = (kx, ky)$,这里(x, y)是平面上的任意一点,则φ是一个仿射变换.

例5　已知k是一个非零实常数,平面π到平面π上的一个变换φ,满足$\varphi(x, y) = (x + ky, y)$,这里$(x, y)$是平面上的任意一点,则$\varphi$是一个仿射变换.

由于仿射变换是1—1的,且将平面上任一条直线映到一条直线上,因而将平面上两条平行直线映成平行直线,将一个平行四边形的4个顶点映成一个平行四边形的4个顶点,因而仿射变换导出平面上一个向量的变换,它也由公式(2.6.14)确定.用反证法还容易证明:两条相交直线一定映成两条相交直线.

下面我们来证明下述定理1.

定理1　平面上的仿射变换是平面上的线性变换.

证明　对于平面上的任意两个向量$\boldsymbol{a}, \boldsymbol{b}$,记$\varphi$是平面上的一个仿射变换.先证明

$$\varphi(\boldsymbol{a} + \boldsymbol{b}) = \varphi(\boldsymbol{a}) + \varphi(\boldsymbol{b}). \tag{2.6.40}$$

如图2.14和图2.15所示,设平面上有3点p, q, r,这里

$$\begin{aligned} \overrightarrow{pq} = \boldsymbol{b}, &\qquad \overrightarrow{qr} = \boldsymbol{a}, \\ \varphi(\boldsymbol{a} + \boldsymbol{b}) &= \varphi(\overrightarrow{pr}) = \overrightarrow{\varphi(p)\varphi(r)} \\ &= \overrightarrow{\varphi(p)\varphi(q)} + \overrightarrow{\varphi(q)\varphi(r)} \\ &= \varphi(\boldsymbol{b}) + \varphi(\boldsymbol{a}), \end{aligned} \tag{2.6.41}$$

特别当 p, q, r 这 3 点在一条直线上时,上式仍然成立.

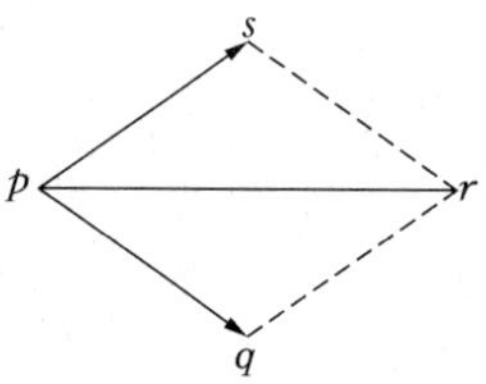

图 2.14

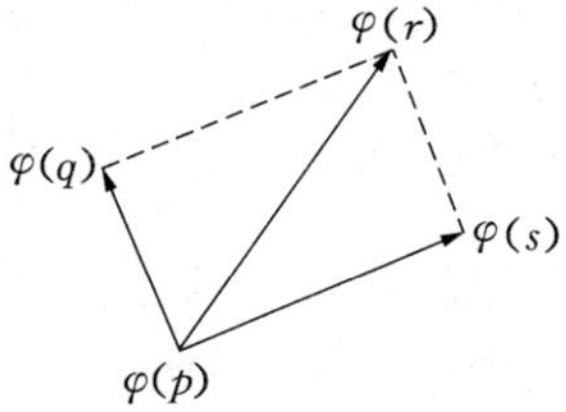

图 2.15

接着证明 $\forall \lambda \in \mathbf{R}$,以及平面上任一个向量 $\boldsymbol{a}$,有

$$\varphi(\lambda \boldsymbol{a}) = \lambda \varphi(\boldsymbol{a}). \tag{2.6.42}$$

当 $\boldsymbol{a}$ 是零向量时,上式显然成立. 当 $\boldsymbol{a}$ 是非零向量时,$\lambda \boldsymbol{a}$ 平行于 $\boldsymbol{a}$,由于仿射变换将平行直线映成平行直线,则 $\varphi(\lambda \boldsymbol{a})$ 平行于 $\varphi(\boldsymbol{a})$,从而有

$$\varphi(\lambda \boldsymbol{a}) = \mu \varphi(\boldsymbol{a}). \tag{2.6.43}$$

现在证明 μ 与向量 $\boldsymbol{a}$ 无关.

再任取一个与 $\boldsymbol{a}$ 不平行的向量 $\boldsymbol{b}$,向量 $\boldsymbol{a}$, $\boldsymbol{b}$ 的公共起点为 O,如图 2.16 所示,由于 $AC /\!/ BD$,推出 $\varphi(A)\varphi(C) /\!/ \varphi(B)\varphi(D)$,那么当 $\overrightarrow{\varphi(O)\varphi(B)} = \mu \overrightarrow{\varphi(O)\varphi(A)}$ 时,必有 $\overrightarrow{\varphi(O)\varphi(D)} = \mu \overrightarrow{\varphi(O)\varphi(C)}$. 利用两条相交直线映成两条相交直线,可以知道 $\varphi(\boldsymbol{a})$ 与 $\varphi(\boldsymbol{b})$ 不平行.

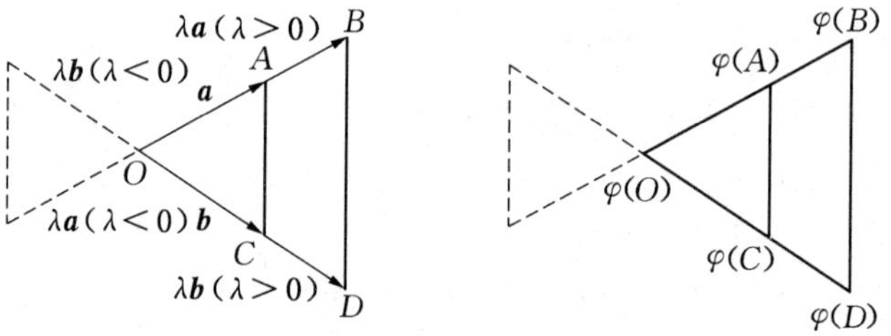

图 2.16

即当 $\overrightarrow{OB} = \lambda \boldsymbol{a}$, $\overrightarrow{OD} = \lambda \boldsymbol{b}$ 时,

$$\varphi(\lambda \boldsymbol{a}) = \varphi(\overrightarrow{OB}) = \overrightarrow{\varphi(O)\varphi(B)} = \mu \varphi(\overrightarrow{OA}) = \mu \varphi(\boldsymbol{a}),$$

而且

$$\varphi(\lambda \boldsymbol{b}) = \varphi(\overrightarrow{OD}) = \overrightarrow{\varphi(O)\varphi(D)} = \mu \varphi(\overrightarrow{OC}) = \mu \varphi(\boldsymbol{b}). \tag{2.6.44}$$

完全类似上述方法,由于 $\boldsymbol{b}$ 与 $k\boldsymbol{a}$(这里 k 是一个非零实数)不平行,从而可以得到 $\varphi(\lambda(k\boldsymbol{a})) = \mu \varphi(k\boldsymbol{a})$,这里 k 是任一实数. 于是 μ 只与 λ 有关. 记 μ 为 $f(\lambda)$,从 (2.6.43) 式,有

$$\varphi(\lambda \boldsymbol{a}) = f(\lambda)\varphi(\boldsymbol{a}). \tag{2.6.45}$$

取 $\boldsymbol{a}$ 不是零向量,以及 $\lambda \neq 0$,利用 $\varphi(\lambda \boldsymbol{a})$ 不是零向量(从 φ 是 1—1 的可以知道),$f(\lambda) \neq 0$. 并利用(2.6.45) 式,$\forall \lambda, \mu \in \mathbf{R}$,有

$$\varphi((\lambda + \mu)\boldsymbol{a}) = f(\lambda + \mu)\varphi(\boldsymbol{a}). \tag{2.6.46}$$

利用(2.6.40)式和(2.6.45)式,有

$$\begin{aligned}\varphi((\lambda + \mu)\boldsymbol{a}) &= \varphi(\lambda \boldsymbol{a} + \mu \boldsymbol{a}) = \varphi(\lambda \boldsymbol{a}) + \varphi(\mu \boldsymbol{a}) \\ &= f(\lambda)\varphi(\boldsymbol{a}) + f(\mu)\varphi(\boldsymbol{a}).\end{aligned} \tag{2.6.47}$$

上式对任一非零向量 $\boldsymbol{a}$ 成立. 从(2.6.46) 式和(2.6.47) 式,有

$$f(\lambda + \mu) = f(\lambda) + f(\mu), \qquad \forall \lambda, \mu \in \mathbf{R}. \tag{2.6.48}$$

又

$$\varphi(\lambda\mu \boldsymbol{a}) = \varphi(\lambda(\mu \boldsymbol{a})) = f(\lambda)\varphi(\mu \boldsymbol{a}) = f(\lambda)f(\mu)\varphi(\boldsymbol{a}), \tag{2.6.49}$$

$$\varphi(\lambda\mu \boldsymbol{a}) = f(\lambda\mu)\varphi(\boldsymbol{a}) \tag{2.6.50}$$

对于任一非零向量 $\boldsymbol{a}$ 成立,则有

$$f(\lambda\mu) = f(\lambda)f(\mu), \qquad \forall \lambda, \mu \in \mathbf{R}. \tag{2.6.51}$$

从上面的叙述,我们可以看到

$$\begin{cases} f(\lambda + \mu) = f(\lambda) + f(\mu), & \forall \lambda, \mu \in \mathbf{R}; \\ f(\lambda\mu) = f(\lambda)f(\mu), & \forall \lambda, \mu \in \mathbf{R}; \\ f(\lambda) \neq 0, & \text{对于任一非零实数 } \lambda \text{ 成立}. \end{cases} \tag{2.6.52}$$

下面证明对满足(2.6.52)式的 $\mathbf{R}$ 上的函数 f,必有

$$f(\lambda) = \lambda, \qquad \forall \lambda \in \mathbf{R}. \tag{2.6.53}$$

在(2.6.52)式的第一式中,取 $\lambda = \mu = 0$,有

$$f(0) = 2f(0), \tag{2.6.54}$$

从而有

$$f(0) = 0. \tag{2.6.55}$$

在(2.6.52)式的第一式中,令 $\mu = -\lambda$,有

$$f(0) = f(\lambda) + f(-\lambda). \tag{2.6.56}$$

从(2.6.55)式和(2.6.56)式,有

$$f(-\lambda) = -f(\lambda), \qquad \forall \lambda \in \mathbf{R}. \tag{2.6.57}$$

在(2.6.52)式的第二式中,令 $\mu=1,\lambda\neq 0$,有

$$f(\lambda)=f(\lambda)f(1). \tag{2.6.58}$$

由(2.6.52)式的第三式和(2.6.58)式,有

$$f(1)=1. \tag{2.6.59}$$

现在证明,对于任一正整数 n,有

$$f(n\lambda)=nf(\lambda),\qquad \forall\lambda\in\mathbf{R}. \tag{2.6.60}$$

上式对 $n=1$ 显然成立.设上式对 $n=k$ 成立,这里 k 是某个正整数.当 $n=k+1$ 时,有

$$\begin{aligned}f((k+1)\lambda)&=f(k\lambda+\lambda)=f(k\lambda)+f(\lambda)(\text{利用}(2.6.52)\text{ 式的第一式})\\&=kf(\lambda)+f(\lambda)(\text{利用归纳法假设})\\&=(k+1)f(\lambda),\end{aligned} \tag{2.6.61}$$

因而(2.6.60)式对任一正整数 n 成立.

当 n 是负整数时,记 $n=-m$,这里 m 是一个正整数,

$$\begin{aligned}f(n\lambda)&=f(-m\lambda)=-f(m\lambda)(\text{利用}(2.6.57)\text{ 式})\\&=-mf(\lambda)(\text{利用}(2.6.60)\text{ 式})\\&=nf(\lambda).\end{aligned} \tag{2.6.62}$$

结合(2.6.55)式、(2.6.60)式和(2.6.62)式,对于任一整数 n,有

$$f(n\lambda)=nf(\lambda),\qquad \forall\lambda\in\mathbf{R}. \tag{2.6.63}$$

对于任意两个整数 m,n,这里 n 不等于零,有

$$\begin{aligned}f\left(\frac{m}{n}\right)&=f\left(m\frac{1}{n}\right)=mf\left(\frac{1}{n}\right)=\frac{m}{n}nf\left(\frac{1}{n}\right)\\&=\frac{m}{n}f\left(n\frac{1}{n}\right)\left(\text{这里利用}(2.6.63)\text{ 式及 }\lambda=\frac{1}{n}\right)\\&=\frac{m}{n}f(1)=\frac{m}{n}(\text{利用}(2.6.59)\text{ 式}).\end{aligned} \tag{2.6.64}$$

对于实数 $\lambda\geqslant\mu$,有

$$\lambda-\mu=\sqrt{\lambda-\mu}\,\sqrt{\lambda-\mu}, \tag{2.6.65}$$

$$\begin{aligned}f(\lambda-\mu)&=f(\sqrt{\lambda-\mu}\,\sqrt{\lambda-\mu})\\&=f(\sqrt{\lambda-\mu})f(\sqrt{\lambda-\mu})(\text{利用}(2.6.52)\text{ 第二式})\end{aligned}$$

$$= (f(\sqrt{\lambda-\mu}))^2 \geqslant 0(\text{利用 } f(\sqrt{\lambda-\mu}) \text{ 是实数}). \quad (2.6.66)$$

而

$$\begin{aligned} f(\lambda-\mu) &= f(\lambda+(-\mu)) = f(\lambda)+f(-\mu)(\text{利用(2.6.52)式的第一式}) \\ &= f(\lambda)-f(\mu)(\text{利用(2.6.57)式}). \end{aligned} \quad (2.6.67)$$

从(2.6.66)式和(2.6.67)式,当 $\lambda \geqslant \mu$ 时,有

$$f(\lambda) \geqslant f(\mu). \quad (2.6.68)$$

$\forall \lambda \in \mathbf{R}$,有有理数的序列 $\{a_n \mid n \in \mathbf{N}\}$ 和 $\{b_n \mid n \in \mathbf{N}\}$,使得

$$a_n \leqslant \lambda \leqslant b_n, \quad \lim_{n\to\infty} a_n = \lambda, \quad \lim_{n\to\infty} b_n = \lambda. \quad (2.6.69)$$

利用(2.6.68)式和(2.6.69)式,有

$$f(a_n) \leqslant f(\lambda) \leqslant f(b_n), \quad \forall n \in \mathbf{N}. \quad (2.6.70)$$

由于 a_n, b_n 都是有理数,则利用(2.6.64)式和(2.6.70)式,有

$$a_n \leqslant f(\lambda) \leqslant b_n, \quad \forall n \in \mathbf{N}. \quad (2.6.71)$$

在上式中令 $n\to\infty$,再利用(2.6.69)式,有(2.6.53)式.

有了(2.6.40)式和(2.6.43)式, $\forall \lambda, \mu \in \mathbf{R}$,以及平面上任意两个向量 $\boldsymbol{a}$, $\boldsymbol{b}$, φ 是平面上一仿射变换,

$$\begin{aligned} \varphi(\lambda\boldsymbol{a}+\mu\boldsymbol{b}) &= \varphi(\lambda\boldsymbol{a})+\varphi(\mu\boldsymbol{b})(\text{利用(2.6.40)式}) \\ &= \lambda\varphi(\boldsymbol{a})+\mu\varphi(\boldsymbol{b})(\text{利用(2.6.42)式}). \end{aligned} \quad (2.6.72)$$

因而平面上的仿射变换是平面上的线性变换.

三、直线上 3 点的分比

定义 4　在一条直线 L 上任取 3 个不同的点 p, q, r,一条直线 L 上 3 点的分比 $(p, q, r) = \dfrac{\overline{pr}}{\overline{pq}}$,右端是有向线段的比值.如果 q, r 两点在点 p 的同侧,这个比值为正;如果 q, r 两点分别在点 p 的两侧,这个比值为负.

性质 5　平面上的仿射变换保持共线的不同 3 点 p, q, r 的分比不变.

证明　因为 p, q, r 这 3 点共线,所以有非零实数 λ,满足

$$\overrightarrow{pr} = \lambda\,\overrightarrow{pq}, \quad (2.6.73)$$

于是

$$(p, q, r) = \lambda. \quad (2.6.74)$$

对于平面上的仿射变换 φ,利用定理 1,有

$$\overrightarrow{\varphi(p)\varphi(r)} = \varphi(\overrightarrow{pr}) = \lambda\varphi(\overrightarrow{pq}) = \lambda\,\overrightarrow{\varphi(p)\varphi(q)}, \qquad (2.6.75)$$

因而有

$$(\varphi(p),\ \varphi(q),\ \varphi(r)) = \frac{\overline{\varphi(p)\varphi(r)}}{\overline{\varphi(p)\varphi(q)}} = \lambda = (p,\ q,\ r). \qquad (2.6.76)$$

四、平面仿射坐标系

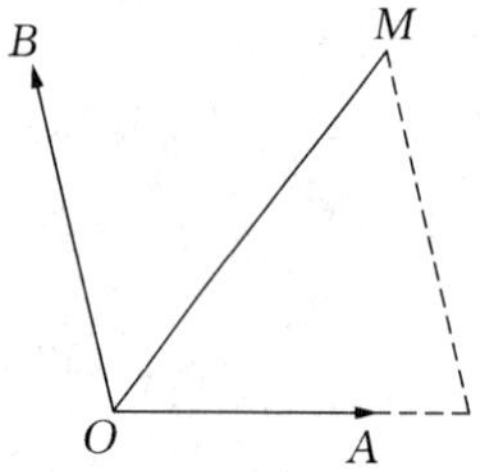

图 2.17

如图 2.17 所示,在平面上有两个不共线的向量 $\boldsymbol{e}_1$, $\boldsymbol{e}_2$,设$\overrightarrow{OA}=\boldsymbol{e}_1$, $\overrightarrow{OB}=\boldsymbol{e}_2$. 对于这平面上任一点$M$,存在两个实数 x, y,使得

$$\overrightarrow{OM} = x\boldsymbol{e}_1 + y\boldsymbol{e}_2. \qquad (2.6.77)$$

$(x,\ y)$ 称为点 M 在仿射坐标系$\{O,\ \boldsymbol{e}_1,\ \boldsymbol{e}_2\}$ 中的坐标. 平面仿射坐标系与平面直角坐标系的不同之处是这里的 $\boldsymbol{e}_1$, $\boldsymbol{e}_2$ 不一定是两个互相垂直的单位向量.

平面仿射坐标系与平面直角坐标系有许多相似性质,也有许多不同性质. 下面观察一个例子.

例 6　在平面仿射坐标系$\{O,\ \boldsymbol{e}_1,\ \boldsymbol{e}_2\}$ 内,有两点 $A(x_1,\ y_1)$ 和 $B(x_2,\ y_2)$. 求直线 AB 的方程,并求线段 AB 的长度 d.

解　在直线 AB 上任取一点 $M(x,\ y)$,由于

$$\overrightarrow{AM} = \lambda\,\overrightarrow{AB}, \qquad (2.6.78)$$

则

$$\overrightarrow{OM} - \overrightarrow{OA} = \lambda(\overrightarrow{OB} - \overrightarrow{OA}). \qquad (2.6.79)$$

因而有

$$(x\boldsymbol{e}_1 + y\boldsymbol{e}_2) - (x_1\boldsymbol{e}_1 + y_1\boldsymbol{e}_2) = \lambda[(x_2\boldsymbol{e}_1 + y_2\boldsymbol{e}_2) - (x_1\boldsymbol{e}_1 + y_1\boldsymbol{e}_2)]. \qquad (2.6.80)$$

从(2.6.80)式可以看到

$$[(x - x_1) - \lambda(x_2 - x_1)]\boldsymbol{e}_1 + [(y - y_1) - \lambda(y_2 - y_1)]\boldsymbol{e}_2 = 0. \qquad (2.6.81)$$

由于 $\boldsymbol{e}_1$, $\boldsymbol{e}_2$ 是不共线的两个向量,则有

$$x - x_1 = \lambda(x_2 - x_1), \qquad y - y_1 = \lambda(y_2 - y_1). \qquad (2.6.82)$$

因而有

$$\frac{x-x_1}{x_2-x_1}=\frac{y-y_1}{y_2-y_1}. \tag{2.6.83}$$

这与平面直角坐标系中的直线方程完全一样.

由(2.6.78)式、(2.6.79)式和(2.6.80)式这3个公式的右端,可以看到

$$\begin{aligned} d^2 &= \overrightarrow{AB}\cdot\overrightarrow{AB}=[(x_2-x_1)\boldsymbol{e}_1+(y_2-y_1)\boldsymbol{e}_2]\cdot[(x_2-x_1)\boldsymbol{e}_1+(y_2-y_1)\boldsymbol{e}_2] \\ &= (x_2-x_1)^2\boldsymbol{e}_1\cdot\boldsymbol{e}_1+2(x_2-x_1)(y_2-y_1)\boldsymbol{e}_1\cdot\boldsymbol{e}_2 \\ &\quad +(y_2-y_1)^2\boldsymbol{e}_2\cdot\boldsymbol{e}_2. \end{aligned} \tag{2.6.84}$$

记

$$g_{11}=\boldsymbol{e}_1\cdot\boldsymbol{e}_1,\qquad g_{12}=\boldsymbol{e}_1\cdot\boldsymbol{e}_2,\qquad g_{22}=\boldsymbol{e}_2\cdot\boldsymbol{e}_2, \tag{2.6.85}$$

则

$$d=\sqrt{(x_2-x_1)^2g_{11}+2(x_2-x_1)(y_2-y_1)g_{12}+(y_2-y_1)^2g_{22}}. \tag{2.6.86}$$

公式(2.6.86)显然不同于平面直角坐标系中两点的距离公式. 但当 $\boldsymbol{e}_1$, $\boldsymbol{e}_2$ 是两个互相垂直的单位向量时,有 $g_{11}=1$, $g_{12}=0$, $g_{22}=1$,(2.6.86)式恰简化为众所周知的平面直角坐标系中两点的距离公式. 因而公式(2.6.86)是平面直角坐标系中两点的距离公式的一个推广.

五、平面上仿射变换的坐标表示

在平面仿射坐标系$\{O, \boldsymbol{e}_1, \boldsymbol{e}_2\}$中,任取一点$M(x, y)$, φ是这平面到自身上的一个仿射变换. 要写出点 $\varphi(M)$ 在平面仿射坐标系$\{O, \boldsymbol{e}_1, \boldsymbol{e}_2\}$中的坐标.

记

$$\begin{aligned} \varphi(\boldsymbol{e}_1) &= a_{11}\boldsymbol{e}_1+a_{12}\boldsymbol{e}_2, \\ \varphi(\boldsymbol{e}_2) &= a_{21}\boldsymbol{e}_1+a_{22}\boldsymbol{e}_2, \end{aligned} \tag{2.6.87}$$

这里 a_{11}, a_{12}, a_{21}, a_{22} 都是实数.

由于 $\varphi(\boldsymbol{e}_1)$ 与 $\varphi(\boldsymbol{e}_2)$ 不是平行向量,有

$$a_{11}a_{22}-a_{12}a_{21}\neq 0. \tag{2.6.88}$$

我们知道

$$\begin{aligned} \overrightarrow{O\varphi(M)} &= \overrightarrow{O\varphi(O)}+\overrightarrow{\varphi(O)\varphi(M)} \\ &= \overrightarrow{O\varphi(O)}+\varphi(\overrightarrow{OM}) \end{aligned}$$

$$
\begin{aligned}
&= \overrightarrow{O\varphi(O)} + \varphi(x\boldsymbol{e}_1 + y\boldsymbol{e}_2) \\
&= \overrightarrow{O\varphi(O)} + x\varphi(\boldsymbol{e}_1) + y\varphi(\boldsymbol{e}_2). \qquad (2.6.89)
\end{aligned}
$$

记

$$
\overrightarrow{O\varphi(O)} = b_1\boldsymbol{e}_1 + b_2\boldsymbol{e}_2, \qquad (2.6.90)
$$

并记点 $\varphi(M)$ 在平面仿射坐标系 $\{O,\ \boldsymbol{e}_1,\ \boldsymbol{e}_2\}$ 中的坐标为 $(x^*,\ y^*)$,利用(2.6.87)式、(2.6.89) 式和(2.6.90) 式,有

$$
x^*\boldsymbol{e}_1 + y^*\boldsymbol{e}_2 = (b_1 + a_{11}x + a_{21}y)\boldsymbol{e}_1 + (b_2 + a_{12}x + a_{22}y)\boldsymbol{e}_2, \qquad (2.6.91)
$$

由于 $\boldsymbol{e}_1$ 不平行于 $\boldsymbol{e}_2$,有

$$
\begin{cases}
x^* = b_1 + a_{11}x + a_{21}y, \\
y^* = b_2 + a_{12}x + a_{22}y,
\end{cases} \qquad (2.6.92)
$$

这就是平面上仿射变换的坐标变换公式.

六、空间的等距变换

定义 5　空间到自身的一个变换,如果保持任意两点间的距离在映射后不变,则称这变换为空间的一个等距变换. 如果空间一个等距变换 φ 至少有一个不动点,即至少存在一点 O,使得点 $\varphi(O)$ 就是点 O,则这个等距变换称为一个正交变换.

同平面等距变换的证明几乎完全一样,可以看出空间等距变换有如下性质.

性质 6　空间等距变换将一条直线到上地映到一条直线上.

性质 7　空间等距变换将两条平行直线映成两条平行直线.

利用平面等距变换的证明可以看到两条平行直线不可能映成两条相交直线,利用平行直线之间的距离处处平行且相等,可以看到平行直线的等距变换下的像必定共面.

利用上述性质 7,同平面情况一样,空间等距变换导出向量的变换(见公式(2.6.14)).

性质 8　空间等距变换保持向量内积不变.

性质 9　空间等距变换是一个线性变换.

在空间直角坐标系 $\{O,\ \boldsymbol{e}_1,\ \boldsymbol{e}_2,\ \boldsymbol{e}_3\}$ 中,设 φ 是一个等距变换,$\varphi(\boldsymbol{e}_1)$, $\varphi(\boldsymbol{e}_2)$ 和 $\varphi(\boldsymbol{e}_3)$ 是 3 个互相垂直的单位向量. 设

$$
\begin{aligned}
\varphi(\boldsymbol{e}_1) &= a_{11}\boldsymbol{e}_1 + a_{12}\boldsymbol{e}_2 + a_{13}\boldsymbol{e}_3, \\
\varphi(\boldsymbol{e}_2) &= a_{21}\boldsymbol{e}_1 + a_{22}\boldsymbol{e}_2 + a_{23}\boldsymbol{e}_3, \qquad (2.6.93) \\
\varphi(\boldsymbol{e}_3) &= a_{31}\boldsymbol{e}_1 + a_{32}\boldsymbol{e}_2 + a_{33}\boldsymbol{e}_3.
\end{aligned}
$$

从§2.2可以知道,矩阵 $\begin{pmatrix} a_{11} & a_{12} & a_{13} \\ a_{21} & a_{22} & a_{23} \\ a_{31} & a_{32} & a_{33} \end{pmatrix}$ 是一个正交矩阵.

记

$$\overrightarrow{O\varphi(O)} = b_1 \boldsymbol{e}_1 + b_2 \boldsymbol{e}_2 + b_3 \boldsymbol{e}_3. \tag{2.6.94}$$

对于空间内任一点 $M(x, y, z)$,点 $\varphi(M)$ 在直角坐标系 $\{O, \boldsymbol{e}_1, \boldsymbol{e}_2, \boldsymbol{e}_3\}$ 中的坐标是 (x^*, y^*, z^*). 明显地,可以看出

$$\begin{aligned} \overrightarrow{O\varphi(M)} &= \overrightarrow{O\varphi(O)} + \overrightarrow{\varphi(O)\varphi(M)} \\ &= \overrightarrow{O\varphi(O)} + \varphi(\overrightarrow{OM}) \\ &= \overrightarrow{O\varphi(O)} + \varphi(x\boldsymbol{e}_1 + y\boldsymbol{e}_2 + z\boldsymbol{e}_3) \\ &= \overrightarrow{O\varphi(O)} + \varphi(x\boldsymbol{e}_1 + y\boldsymbol{e}_2) + \varphi(z\boldsymbol{e}_3) \\ &= \overrightarrow{O\varphi(O)} + x\varphi(\boldsymbol{e}_1) + y\varphi(\boldsymbol{e}_2) + z\varphi(\boldsymbol{e}_3). \end{aligned} \tag{2.6.95}$$

利用(2.6.93)式、(2.6.94)式、(2.6.95)式,有

$$\begin{cases} x^* = b_1 + a_{11}x + a_{21}y + a_{31}z, \\ y^* = b_2 + a_{12}x + a_{22}y + a_{32}z, \\ z^* = b_3 + a_{13}x + a_{23}y + a_{33}z. \end{cases} \tag{2.6.96}$$

这就是需要的变换公式.

从公式(2.6.96)可以得出,对给定的任意一点 (x^*, y^*, z^*),一定有一点 (x, y, z) 满足(2.6.96)式,即等距变换是一个到上的映射.

七、空间正交变换的本质

设 φ 为空间的一个正交变换,O 为一个不动点,即 $\varphi(O) = O$. 取点 O 为原点,利用(2.6.96)式,有相应的坐标变换公式:

$$\begin{cases} x^* = a_{11}x + a_{21}y + a_{31}z, \\ y^* = a_{12}x + a_{22}y + a_{32}z, \\ z^* = a_{13}x + a_{23}y + a_{33}z. \end{cases} \tag{2.6.97}$$

解相应的特征方程

$$\begin{vmatrix} a_{11} - \lambda & a_{21} & a_{31} \\ a_{12} & a_{22} - \lambda & a_{32} \\ a_{13} & a_{23} & a_{33} - \lambda \end{vmatrix} = 0. \tag{2.6.98}$$

由于上述方程是关于 λ 的实系数一元三次方程,至少有一个实根 λ_0,于是必有不全为零的一组实数解 (x, y, z) 满足

$$\begin{cases} a_{11}x + a_{21}y + a_{31}z = \lambda_0 x, \\ a_{12}x + a_{22}y + a_{32}z = \lambda_0 y, \\ a_{13}x + a_{23}y + a_{33}z = \lambda_0 z. \end{cases} \tag{2.6.99}$$

在直角坐标系 $\{O, \boldsymbol{e}_1, \boldsymbol{e}_2, \boldsymbol{e}_3\}$ 中,公式(2.6.99)表明:设点 M 的坐标是 (x, y, z),则点 $\varphi(M)$ 坐标是 $(\lambda_0 x, \lambda_0 y, \lambda_0 z)$. 由于 φ 是一个等距变换,则

$$d(O, M) = d(\varphi(O), \varphi(M)) = d(O, \varphi(M)), \tag{2.6.100}$$

这里 d 表示两点间的距离函数. 因而有

$$x^2 + y^2 + z^2 = \lambda_0^2(x^2 + y^2 + z^2). \tag{2.6.101}$$

由于 $x^2 + y^2 + z^2 > 0$,则

$$\lambda_0^2 = 1, \qquad \lambda_0 = \pm 1. \tag{2.6.102}$$

记点 O 和点 M 连接的直线为 L,利用(2.6.99)式,$\forall \rho \in \mathbf{R}$,有

$$\begin{cases} a_{11}(\rho x) + a_{21}(\rho y) + a_{31}(\rho z) = \lambda_0(\rho x), \\ a_{12}(\rho x) + a_{22}(\rho y) + a_{32}(\rho z) = \lambda_0(\rho y), \\ a_{13}(\rho x) + a_{23}(\rho y) + a_{33}(\rho z) = \lambda_0(\rho z). \end{cases} \tag{2.6.103}$$

这表明,当 $\lambda_0 = 1$ 时,直线 L 上任一点 $M^*(\rho x, \rho y, \rho z)$ 在等距变换 φ 下映为自身点 M^*;当 $\lambda_0 = -1$ 时,点 M^* 映成 $-M^*(-\rho x, -\rho y, -\rho z)$,点 $-M^*$ 仍然在直线 L 上. 因而,无论是 $\lambda_0 = 1$ 还是 $\lambda_0 = -1$,都有

$$\varphi(L) = L. \tag{2.6.104}$$

这条直线 L 称为空间正交变换的不动直线.

将这条不动直线 L 取为新的 z 轴. 建立新的直角坐标系 $Oxyz$. 为简便,设在这新的直角坐标系下,正交变换公式仍为(2.6.97),实际上实数 $a_{ij}(1 \leqslant i, j \leqslant 3)$ 有了变化. 由于现在这正交变换 φ 将点 $(0, 0, z)(\forall z \in \mathbf{R})$ 映为 $(0, 0, z)$(对应 $\lambda_0 = 1$)或 $(0, 0, -z)$(对应 $\lambda_0 = -1$),再利用(2.6.97)式,有

$$a_{31} = 0, \qquad a_{32} = 0, \qquad a_{33} = \lambda_0 = \pm 1. \tag{2.6.105}$$

由于

$$a_{13}^2 + a_{23}^2 + a_{33}^2 = 1, \tag{2.6.106}$$

有

$$a_{13} = 0, \qquad a_{23} = 0. \tag{2.6.107}$$

利用(2.6.105)式和(2.6.107)式,(2.6.97)式可以简化为

$$\begin{cases} x^{*}=a_{11}x+a_{21}y, \\ y^{*}=a_{12}x+a_{22}y, \\ z^{*}=\lambda_{0}z, \qquad \lambda_{0}=\pm 1. \end{cases} \tag{2.6.108}$$

由于

$$\begin{aligned} &a_{11}^{2}+a_{21}^{2}+a_{31}^{2}=1, \\ &a_{12}^{2}+a_{22}^{2}+a_{32}^{2}=1, \\ &a_{11}a_{12}+a_{21}a_{22}+a_{31}a_{32}=0. \end{aligned} \tag{2.6.109}$$

再利用(2.6.105)式,有

$$\begin{cases} a_{11}^{2}+a_{21}^{2}=1, \\ a_{12}^{2}+a_{22}^{2}=1, \\ a_{11}a_{12}+a_{21}a_{22}=0. \end{cases} \tag{2.6.110}$$

利用平面上等距变换公式(2.6.26)～(2.6.32)的讨论,有下述两种可能:

$$a_{11}=\cos\theta,\ a_{21}=\sin\theta,\ a_{12}=-\sin\theta,\ a_{22}=\cos\theta, \tag{2.6.111}$$

$$a_{11}=\cos\theta,\ a_{21}=\sin\theta,\ a_{12}=\sin\theta,\ a_{22}=-\cos\theta. \tag{2.6.112}$$

因而公式(2.6.97)简化为

$$\begin{cases} x^{*}=\cos\theta x+\sin\theta y, \\ y^{*}=-\sin\theta x+\cos\theta y, \\ z^{*}=\lambda_{0}z, \text{这里 } \lambda_{0}=\pm 1; \end{cases} \quad \text{或} \quad \begin{cases} x^{*}=\cos\theta x+\sin\theta y, \\ y^{*}=\sin\theta x-\cos\theta y, \\ z^{*}=\lambda_{0}z, \text{这里 } \lambda_{0}=\pm 1. \end{cases} \tag{2.6.113}$$

简言之,正交变换本质上是绕一条不动直线的一个旋转,可能还要加上对称.

八、空间仿射变换

定义 6 空间到自身到上的一个变换,如果将任一张平面到上地映到一张平面上,则称这个变换为空间的一个仿射变换.

完全类似平面仿射变换的情况,空间仿射变换有如下性质.

性质 10 空间仿射变换将一条直线到上地映到一条直线上.

因为一条直线是两张相交平面的交线,而空间仿射变换将一张平面到上地映到一张平面上,将两张相交平面到上地映到两张相交平面上,所以有性质 10.

性质 11 空间仿射变换将两条平行直线映成两条平行直线.

因为两条平行直线在一张平面上,空间仿射变换将这张平面到上地映到一

张平面上,这两条平行直线的像必在一张平面上.再利用性质 10 及空间仿射变换是 1—1 的映射,有性质 11.

从性质 11,同平面仿射变换时的情况一样,空间仿射变换导出一个向量的变换,且有

性质 12 空间仿射变换是一个线性变换.

性质 13 空间仿射变换保持共线 3 点的分比不变.

取空间直角坐标系 $\{O, \boldsymbol{e}_1, \boldsymbol{e}_2, \boldsymbol{e}_3\}$,设 φ 是空间的仿射变换,记

$$\begin{aligned}
\overrightarrow{O\varphi(O)} &= b_1\boldsymbol{e}_1 + b_2\boldsymbol{e}_2 + b_3\boldsymbol{e}_3,\\
\varphi(\boldsymbol{e}_1) &= a_{11}\boldsymbol{e}_1 + a_{12}\boldsymbol{e}_2 + a_{13}\boldsymbol{e}_3,\\
\varphi(\boldsymbol{e}_2) &= a_{21}\boldsymbol{e}_1 + a_{22}\boldsymbol{e}_2 + a_{23}\boldsymbol{e}_3,\\
\varphi(\boldsymbol{e}_3) &= a_{31}\boldsymbol{e}_1 + a_{32}\boldsymbol{e}_2 + a_{33}\boldsymbol{e}_3.
\end{aligned} \tag{2.6.114}$$

由于 $\varphi(\boldsymbol{e}_1)$, $\varphi(\boldsymbol{e}_2)$, $\varphi(\boldsymbol{e}_3)$ 不在同一平面上(否则空间在仿射变换 φ 下的像在一张平面上,这与 φ 是到上的映射矛盾),则有

$$\begin{vmatrix} a_{11} & a_{12} & a_{13}\\ a_{21} & a_{22} & a_{23}\\ a_{31} & a_{32} & a_{33}\end{vmatrix} \neq 0. \tag{2.6.115}$$

在直角坐标系 $\{O, \boldsymbol{e}_1, \boldsymbol{e}_2, \boldsymbol{e}_3\}$ 内,空间一点 $M(x, y, z)$,经空间仿射变换后映为点 $\varphi(M)$. 点 $\varphi(M)$ 在直角坐标系 $\{O, \boldsymbol{e}_1, \boldsymbol{e}_2, \boldsymbol{e}_3\}$ 内的坐标是 (x^*, y^*, z^*). 利用

$$\begin{aligned}
\overrightarrow{O\varphi(M)} &= \overrightarrow{O\varphi(O)} + \overrightarrow{\varphi(O)\varphi(M)}\\
&= \overrightarrow{O\varphi(O)} + \varphi(\overrightarrow{OM})\\
&= \overrightarrow{O\varphi(O)} + \varphi(x\boldsymbol{e}_1 + y\boldsymbol{e}_2 + z\boldsymbol{e}_3)\\
&= \overrightarrow{O\varphi(O)} + \varphi(x\boldsymbol{e}_1 + y\boldsymbol{e}_2) + \varphi(z\boldsymbol{e}_3)\\
&= \overrightarrow{O\varphi(O)} + x\varphi(\boldsymbol{e}_1) + y\varphi(\boldsymbol{e}_2) + z\varphi(\boldsymbol{e}_3),
\end{aligned} \tag{2.6.116}$$

兼顾(2.6.114)式,可以导出

$$\begin{cases}
x^* = b_1 + a_{11}x + a_{21}y + a_{31}z,\\
y^* = b_2 + a_{12}x + a_{22}y + a_{32}z,\\
z^* = b_3 + a_{13}x + a_{23}y + a_{33}z.
\end{cases} \tag{2.6.117}$$

这就是在直角坐标系下空间仿射变换的坐标变换公式.

记矩阵

$$\boldsymbol{A}=\begin{pmatrix}a_{11} & a_{21} & a_{31}\\ a_{12} & a_{22} & a_{32}\\ a_{13} & a_{23} & a_{33}\end{pmatrix}, \tag{2.6.118}$$

公式(2.6.117)可以写成矩阵形式

$$\begin{pmatrix}x^*\\ y^*\\ z^*\end{pmatrix}=\boldsymbol{A}\begin{pmatrix}x\\ y\\ z\end{pmatrix}+\begin{pmatrix}b_1\\ b_2\\ b_3\end{pmatrix}, \qquad \varphi\begin{pmatrix}x\\ y\\ z\end{pmatrix}=\begin{pmatrix}x^*\\ y^*\\ z^*\end{pmatrix}. \tag{2.6.119}$$

从(2.6.115)式可以知道 $\boldsymbol{A}$ 的行列式 $|\boldsymbol{A}|\neq 0$.

引入一个映射 T,在空间直角坐标系 $\{O,\ \boldsymbol{e}_1,\ \boldsymbol{e}_2,\ \boldsymbol{e}_3\}$ 内,将空间任意一点 $M(x,\ y,\ z)$ 映成点 $T(M)(\bar{x},\ \bar{y},\ \bar{z})$,写成列向量形式,这里

$$\begin{pmatrix}\bar{x}\\ \bar{y}\\ \bar{z}\end{pmatrix}=T\begin{pmatrix}x\\ y\\ z\end{pmatrix}=\boldsymbol{A}\begin{pmatrix}x\\ y\\ z\end{pmatrix}. \tag{2.6.120}$$

设 S 是一个平移,也写成列向量形式,满足

$$S\begin{pmatrix}x\\ y\\ z\end{pmatrix}=\begin{pmatrix}x\\ y\\ z\end{pmatrix}+\begin{pmatrix}b_1\\ b_2\\ b_3\end{pmatrix}. \tag{2.6.121}$$

从上面叙述可以看出

$$S\left(T\begin{pmatrix}x\\ y\\ z\end{pmatrix}\right)=S\left(\boldsymbol{A}\begin{pmatrix}x\\ y\\ z\end{pmatrix}\right)=\boldsymbol{A}\begin{pmatrix}x\\ y\\ z\end{pmatrix}+\begin{pmatrix}b_1\\ b_2\\ b_3\end{pmatrix}=\varphi\begin{pmatrix}x\\ y\\ z\end{pmatrix}, \tag{2.6.122}$$

因而

$$\varphi=ST. \tag{2.6.123}$$

从(2.6.120)式,有

$$T\begin{pmatrix}0\\ 0\\ 0\end{pmatrix}=\begin{pmatrix}0\\ 0\\ 0\end{pmatrix}, \tag{2.6.124}$$

映射 T 将原点映为原点.

令

$$\boldsymbol{B}=\boldsymbol{A}^{\mathrm{T}}\boldsymbol{A}, \tag{2.6.125}$$

则

$$\boldsymbol{B}^{\mathrm{T}} = (\boldsymbol{A}^{\mathrm{T}}\boldsymbol{A})^{\mathrm{T}} = \boldsymbol{A}^{\mathrm{T}}\boldsymbol{A} = \boldsymbol{B}, \tag{2.6.126}$$

这表明 $\boldsymbol{B}$ 为一个实对称矩阵. $|\boldsymbol{B}| = |\boldsymbol{A}|^2 > 0$,记

$$\boldsymbol{B} = \begin{pmatrix} b_{11} & b_{12} & b_{13} \\ b_{12} & b_{22} & b_{23} \\ b_{13} & b_{23} & b_{33} \end{pmatrix}. \tag{2.6.127}$$

从§2.3 可以知道,对应矩阵 $\boldsymbol{B}$ 的特征方程有 3 个实的特征根 $\lambda_1, \lambda_2, \lambda_3$. 对应每个特征值 $\lambda_j (j = 1, 2, 3)$ 有对应的互相垂直的单位主方向 $\boldsymbol{e}_j^* = (x_j, y_j, z_j)$ $(j = 1, 2, 3)$,满足

$$\begin{cases} b_{11}x_j + b_{12}y_j + b_{13}z_j = \lambda_j x_j, \\ b_{12}x_j + b_{22}y_j + b_{23}z_j = \lambda_j y_j, \\ b_{13}x_j + b_{23}y_j + b_{33}z_j = \lambda_j z_j, \end{cases} \tag{2.6.128}$$

这里 $j = 1, 2, 3$.

用矩阵形式表示上式,有

$$\boldsymbol{B}\begin{pmatrix} x_j \\ y_j \\ z_j \end{pmatrix} = \lambda_j \begin{pmatrix} x_j \\ y_j \\ z_j \end{pmatrix}. \tag{2.6.129}$$

记

$$T(\boldsymbol{e}_j^*) = \tilde{\boldsymbol{e}}_j, \qquad j = 1, 2, 3; \tag{2.6.130}$$

$$\tilde{\boldsymbol{e}}_j = (\tilde{x}_j, \tilde{y}_j, \tilde{z}_j), \qquad j = 1, 2, 3. \tag{2.6.131}$$

利用(2.6.120)式及上两式,有

$$\begin{pmatrix} \tilde{x}_j \\ \tilde{y}_j \\ \tilde{z}_j \end{pmatrix} = \boldsymbol{A}\begin{pmatrix} x_j \\ y_j \\ z_j \end{pmatrix}. \tag{2.6.132}$$

利用(2.6.120)式、(2.6.125)~(2.6.131)式,有

$$\begin{aligned} \tilde{\boldsymbol{e}}_i \cdot \tilde{\boldsymbol{e}}_j &= (\tilde{x}_i, \tilde{y}_i, \tilde{z}_i)\begin{pmatrix} \tilde{x}_j \\ \tilde{y}_j \\ \tilde{z}_j \end{pmatrix} = (x_i, y_i, z_i)\boldsymbol{A}^{\mathrm{T}}\boldsymbol{A}\begin{pmatrix} x_j \\ y_j \\ z_j \end{pmatrix} \\ &= (x_i, y_i, z_i)\boldsymbol{B}\begin{pmatrix} x_j \\ y_j \\ z_j \end{pmatrix} = (x_i, y_i, z_i)\lambda_j\begin{pmatrix} x_j \\ y_j \\ z_j \end{pmatrix} \end{aligned}$$

$$=\lambda_j \boldsymbol{e}_i^* \cdot \boldsymbol{e}_j^* = \lambda_j \delta_{ij}. \tag{2.6.133}$$

所以 $\tilde{\boldsymbol{e}}_1$, $\tilde{\boldsymbol{e}}_2$, $\tilde{\boldsymbol{e}}_3$ 是两两互相垂直的,而且

$$\tilde{\boldsymbol{e}}_j \cdot \tilde{\boldsymbol{e}}_j = \lambda_j, \qquad j=1, 2, 3. \tag{2.6.134}$$

从上式,有 $\lambda_j > 0$,令

$$g_j = \frac{\tilde{\boldsymbol{e}}_j}{\sqrt{\lambda_j}}, \qquad j=1, 2, 3, \tag{2.6.135}$$

则 $\boldsymbol{g}_1$, $\boldsymbol{g}_2$, $\boldsymbol{g}_3$ 是 3 个互相垂直的单位向量.

记 C 是将原点 O 映成原点 O 的一个线性变换,且满足 $C(\boldsymbol{e}_j^*)=\boldsymbol{g}_j$, $j=1, 2, 3$. 因而

$$\begin{aligned} C(x\boldsymbol{e}_1^*+y\boldsymbol{e}_2^*+z\boldsymbol{e}_3^*) &= xC(\boldsymbol{e}_1^*)+yC(\boldsymbol{e}_2^*)+zC(\boldsymbol{e}_3^*) \\ &= x\boldsymbol{g}_1+y\boldsymbol{g}_2+z\boldsymbol{g}_3. \end{aligned} \tag{2.6.136}$$

在直角坐标系 $\{O, \boldsymbol{e}_1^*, \boldsymbol{e}_2^*, \boldsymbol{e}_3^*\}$ 中,点 (x, y, z) 映成直角坐标系 $\{O, \boldsymbol{g}_1, \boldsymbol{g}_2, \boldsymbol{g}_3\}$ 中的点 (x, y, z),因而 C 是一个等距变换. 由于保持原点不动,因此 C 是一个正交变换.

令 D 也是一个保持原点 O 不动的线性变换,且满足 $D(\boldsymbol{g}_j)=\tilde{\boldsymbol{e}}_j$, $j=1, 2, 3$, 则 $D(O)=O$,且

$$\begin{aligned} D(x\boldsymbol{g}_1+y\boldsymbol{g}_2+z\boldsymbol{g}_3) &= xD(\boldsymbol{g}_1)+yD(\boldsymbol{g}_2)+zD(\boldsymbol{g}_3) \\ &= x\tilde{\boldsymbol{e}}_1+y\tilde{\boldsymbol{e}}_2+z\tilde{\boldsymbol{e}}_3. \end{aligned} \tag{2.6.137}$$

D 称为保持原点不动的分别沿 3 个互相垂直方向的伸缩变换之积. 利用上面叙述,可以看到

$$DC(O)=D(O)=O=T(O)\text{(注意到(2.6.124)式)},$$

$$\begin{aligned} DC(x\boldsymbol{e}_1^*+y\boldsymbol{e}_2^*+z\boldsymbol{e}_3^*) &= D(x\boldsymbol{g}_1+y\boldsymbol{g}_2+z\boldsymbol{g}_3)\text{(利用(2.6.136)式)} \\ &= x\tilde{\boldsymbol{e}}_1+y\tilde{\boldsymbol{e}}_2+z\tilde{\boldsymbol{e}}_3\text{(利用(2.6.137)式)} \\ &= xT(\boldsymbol{e}_1^*)+yT(\boldsymbol{e}_2^*)+zT(\boldsymbol{e}_3^*)\text{(利用(2.6.130)式)} \\ &= T(x\boldsymbol{e}_1^*+y\boldsymbol{e}_2^*+z\boldsymbol{e}_3^*). \end{aligned} \tag{2.6.138}$$

因而线性变换 DC 与 T 是两个完全一样的映射,

$$DC=T, \tag{2.6.139}$$

从(2.6.123)式和(2.6.139)式,有

$$\varphi=SDC. \tag{2.6.140}$$

因而我们已证明了下述定理.

定理 2　空间一个仿射变换 φ 可以写成 $\varphi = SDC$,这里 C 是保持直角坐标系原点不变的等距变换(即一个正交变换),D 是保持原点不动的分别沿 3 个互相垂直方向的伸缩变换之积,S 是一个平移.

下面举 3 个有关空间仿射变换的例题.

例 7　求将 xy 平面映成 yz 平面,将 yz 平面映成 xz 平面,将 xz 平面映成 xy 平面的空间仿射变换的公式.

解　设这空间仿射变换是公式(2.6.117)形式.

将 xy 平面映成 yz 平面,即将点 $(x, y, 0)$ 映成点 $(0, y^*, z^*)$,利用公式(2.6.117)的第一式,有

$$b_1 + a_{11}x + a_{21}y = 0, \tag{2.6.141}$$

这里 x, y 是两个任意实数.

利用上式,有

$$b_1 = 0,\ a_{11} = 0,\ a_{21} = 0. \tag{2.6.142}$$

类似将 yz 平面映成 xz 平面,即将点 $(0, y, z)$ 映成点 $(\bar{x}, 0, \bar{z})$,利用公式(2.6.117)的第二式,有

$$b_2 + a_{22}y + a_{32}z = 0. \tag{2.6.143}$$

上式对任意实数 y, z 成立,于是有

$$b_2 = 0,\ a_{22} = 0,\ a_{32} = 0. \tag{2.6.144}$$

题目条件将 xz 平面映成 xy 平面,即将点 $(x, 0, z)$ 映成点 $(\tilde{x}, \tilde{y}, 0)$,利用公式(2.6.117)的第三式,有

$$b_3 + a_{13}x + a_{33}z = 0. \tag{2.6.145}$$

上式对任意实数 x, z 成立,立即有

$$b_3 = 0,\ a_{13} = 0,\ a_{33} = 0. \tag{2.6.146}$$

将公式(2.6.142)、(2.6.144)和(2.6.146)代入公式(2.6.117),有

$$\begin{cases} x^* = a_{31}z, \\ y^* = a_{12}x, \\ z^* = a_{23}y. \end{cases} \tag{2.6.147}$$

由于要满足公式(2.6.115),有 $a_{31}a_{12}a_{23} \neq 0$,即 3 个实数 a_{31}, a_{12}, a_{23} 都是非零实数.

例 8　求将平面 $3x+y=0$ 上的任一点保持不动，将 z 轴上的点映到这 z 轴上的点的空间仿射变换的公式.

解　仍取公式(2.6.117)形式. 由题目条件，这空间仿射变换将点$(x, -3x, z)$映成点$(x, -3x, z)$；将点$(0, 0, z)$映成点$(0, 0, z^*)$. 因而可以得到

$$\begin{cases} x = b_1 + a_{11}x + a_{21}(-3x) + a_{31}z, \\ -3x = b_2 + a_{12}x + a_{22}(-3x) + a_{32}z, \\ z = b_3 + a_{13}x + a_{23}(-3x) + a_{33}z \end{cases} \tag{2.6.148}$$

和

$$\begin{cases} 0 = b_1 + a_{31}z, \\ 0 = b_2 + a_{32}z, \end{cases} \tag{2.6.149}$$

这里 x, z 是任意实数.

从公式(2.6.149)，有

$$b_1 = 0,\ a_{31} = 0,\ b_2 = 0,\ a_{32} = 0. \tag{2.6.150}$$

从公式(2.6.148)，可以得到(兼顾公式(2.6.150))

$$\begin{aligned} &a_{11} - 3a_{21} = 1,\ a_{12} - 3a_{22} = -3, \\ &b_3 = 0,\ a_{13} - 3a_{23} = 0,\ a_{33} = 1. \end{aligned} \tag{2.6.151}$$

利用公式(2.6.150)和(2.6.151)，所求的空间仿射变换是

$$\begin{aligned} x^* &= (1 + 3a_{21})x + a_{21}y, \\ y^* &= 3(a_{22} - 1)x + a_{22}y, \\ z^* &= 3a_{23}x + a_{23}y + z. \end{aligned} \tag{2.6.152}$$

由于要满足公式(2.6.115)，则

$$\begin{vmatrix} 1 + 3a_{21} & a_{21} & 0 \\ 3(a_{22} - 1) & a_{22} & 0 \\ 3a_{23} & a_{23} & 1 \end{vmatrix} \neq 0. \tag{2.6.153}$$

展开上式，有

$$(1 + 3a_{21})a_{22} - 3a_{21}(a_{22} - 1) \neq 0, \tag{2.6.154}$$

化简上式，得实数 a_{21}，a_{22}要满足

$$a_{22} + 3a_{21} \neq 0. \tag{2.6.155}$$

例 9　如果一个空间仿射变换将以原点为球心的一个球面上的点映到另一个以原点为球心的球面上,写出这个空间仿射变换.

解　设这空间仿射变换是公式(2.6.117)形式.在空间直角坐标系下,以原点为球心的球面上任一点取参数形式($R\cos u\cos v$, $R\cos u\sin v$, $R\sin u$),这里 R 是一个正常数,为球半径,$u \in \left[-\frac{\pi}{2}, \frac{\pi}{2}\right]$, $v \in [0, 2\pi)$. 这个空间仿射变换将点($R\cos u\cos v$, $R\cos u\sin v$, $R\sin u$)映成另一个以原点为球心、正常数 R^* 为半径的球面上的点($R^*\cos u^*\cos v^*$, $R^*\cos u^*\sin v^*$, $R^*\sin u^*$),这里 $u^* \in \left[-\frac{\pi}{2}, \frac{\pi}{2}\right]$, $v^* \in [0, 2\pi)$.

利用公式(2.6.117),有

$$\begin{cases} R^*\cos u^*\cos v^* = b_1 + a_{11}R\cos u\cos v + a_{21}R\cos u\sin v + a_{31}R\sin u, \\ R^*\cos u^*\sin v^* = b_2 + a_{12}R\cos u\cos v + a_{22}R\cos u\sin v + a_{32}R\sin u, \\ R^*\sin u^* = b_3 + a_{13}R\cos u\cos v + a_{23}R\cos u\sin v + a_{33}R\sin u. \end{cases} \tag{2.6.156}$$

将上述 3 个公式平方后再全部相加,可以得到

$$\begin{aligned} &(b_1^2 + b_2^2 + b_3^2) + (a_{11}^2 + a_{12}^2 + a_{13}^2)R^2\cos^2 u\cos^2 v \\ &+ (a_{21}^2 + a_{22}^2 + a_{23}^2)R^2\cos^2 u\sin^2 v + (a_{31}^2 + a_{32}^2 + a_{33}^2)R^2\sin^2 u \\ &+ 2R(b_1a_{11} + b_1a_{12} + b_3a_{13})\cos u\cos v + 2R(b_1a_{21} + b_2a_{22} + b_3a_{23})\cos u\sin v \\ &+ 2R(b_1a_{31} + b_2a_{32} + b_3a_{33})\sin u + R^2(a_{11}a_{21} + a_{12}a_{22} + a_{13}a_{23})\cos^2 u\sin 2v \\ &+ R^2(a_{11}a_{31} + a_{12}a_{32} + a_{13}a_{33})\sin 2u\cos v \\ &+ R^2(a_{21}a_{31} + a_{22}a_{32} + a_{23}a_{33})\sin 2u\sin v = R^{*2}. \end{aligned} \tag{2.6.157}$$

在上式中先令 $u = 0$, $v = 0$, 再令 $u = 0$, $v = \pi$, 有

$$\begin{aligned} &(b_1^2 + b_2^2 + b_3^2) + (a_{11}^2 + a_{12}^2 + a_{13}^2)R^2 + 2R(b_1a_{11} + b_2a_{12} + b_3a_{13}) = R^{*2}, \\ &(b_1^2 + b_2^2 + b_3^2) + (a_{11}^2 + a_{12}^2 + a_{13}^2)R^2 - 2R(b_1a_{11} + b_2a_{12} + b_3a_{13}) = R^{*2}. \end{aligned} \tag{2.6.158}$$

利用上述两个公式,有

$$a_{11}b_1 + a_{12}b_2 + a_{13}b_3 = 0. \tag{2.6.159}$$

在公式(2.6.157)中先令 $u = 0$, $v = \frac{\pi}{2}$, 再令 $u = 0$, $v = \frac{3}{2}\pi$, 有

$$\begin{aligned} &(b_1^2 + b_2^2 + b_3^2) + (a_{21}^2 + a_{22}^2 + a_{23}^2)R^2 + 2R(b_1a_{21} + b_2a_{22} + b_3a_{23}) = R^{*2}, \\ &(b_1^2 + b_2^2 + b_3^2) + (a_{21}^2 + a_{22}^2 + a_{23}^2)R^2 - 2R(b_1a_{21} + b_2a_{22} + b_3a_{23}) = R^{*2}. \end{aligned} \tag{2.6.160}$$

从上述两个公式,有

$$a_{21}b_1+a_{22}b_2+a_{23}b_3=0. \tag{2.6.161}$$

在公式(2.6.157)中先令 $u=\frac{\pi}{2}$, $v=0$, 再令 $u=-\frac{\pi}{2}$, $v=\pi$, 有

$$\begin{aligned}&(b_1^2+b_2^2+b_3^2)+(a_{31}^2+a_{32}^2+a_{33}^2)R^2+2R(b_1a_{31}+b_2a_{32}+b_3a_{33})=R^{*2},\\&(b_1^2+b_2^2+b_3^2)+(a_{31}^2+a_{32}^2+a_{33}^2)R^2-2R(b_1a_{31}+b_2a_{32}+b_3a_{33})=R^{*2}.\end{aligned} \tag{2.6.162}$$

从上述两个公式,有

$$a_{31}b_1+a_{32}b_2+a_{33}b_3=0. \tag{2.6.163}$$

由公式(2.6.159),(2.6.161)和(2.6.163)组成的关于未知数 b_1, b_2, b_3 的三元一次方程组的系数行列式不为零(利用公式(2.6.115)),那么,有

$$b_1=0,\ b_2=0,\ b_3=0. \tag{2.6.164}$$

代(2.6.164)入(2.6.158),(2.6.160)和(2.6.162),有

$$\begin{cases}a_{11}^2+a_{12}^2+a_{13}^2=\dfrac{R^{*2}}{R^2},\\ a_{21}^2+a_{22}^2+a_{23}^2=\dfrac{R^{*2}}{R^2},\\ a_{31}^2+a_{32}^2+a_{33}^2=\dfrac{R^{*2}}{R^2}.\end{cases} \tag{2.6.165}$$

代(2.6.164)和(2.6.165)入(2.6.157),有

$$\begin{aligned}&R^{*2}\cos^2u\cos^2v+R^{*2}\cos^2u\sin^2v+R^{*2}\sin^2u\\&\quad+R^2(a_{11}a_{21}+a_{12}a_{22}+a_{13}a_{23})\cos^2u\sin2v\\&\quad+R^2(a_{11}a_{31}+a_{12}a_{32}+a_{13}a_{33})\sin2u\cos v\\&\quad+R^2(a_{21}a_{31}+a_{22}a_{32}+a_{23}a_{33})\sin2u\sin v=R^{*2}.\end{aligned} \tag{2.6.166}$$

化简上式,有

$$\begin{aligned}&(a_{11}a_{21}+a_{12}a_{22}+a_{13}a_{23})\cos^2u\sin2v+(a_{11}a_{31}+a_{12}a_{32}+a_{13}a_{33})\sin2u\cos v\\&\quad+(a_{21}a_{31}+a_{22}a_{32}+a_{23}a_{33})\sin2u\sin v=0.\end{aligned} \tag{2.6.167}$$

在上式中,先令 $u=0$, $v=\frac{\pi}{4}$,再令 $u=\frac{\pi}{4}$, $v=0$,最后令 $u=\frac{\pi}{4}$, $v=\frac{\pi}{2}$,依次得到

$$\begin{aligned} a_{11}a_{21}+a_{12}a_{22}+a_{13}a_{23}&=0,\\ a_{11}a_{31}+a_{12}a_{32}+a_{13}a_{33}&=0,\\ a_{21}a_{31}+a_{22}a_{32}+a_{23}a_{33}&=0. \end{aligned} \tag{2.6.168}$$

令

$$a_{ij}^{*}=\frac{R}{R^{*}}a_{ij}, \tag{2.6.169}$$

这里 i, $j=1, 2, 3$,那么,这空间的仿射变换公式是

$$\begin{cases} x^{*}=\dfrac{R^{*}}{R}(a_{11}^{*}x+a_{21}^{*}y+a_{31}^{*}z),\\ y^{*}=\dfrac{R^{*}}{R}(a_{12}^{*}x+a_{22}^{*}y+a_{32}^{*}z),\\ z^{*}=\dfrac{R^{*}}{R}(a_{13}^{*}x+a_{23}^{*}y+a_{33}^{*}z). \end{cases} \tag{2.6.170}$$

从公式(2.6.165),(2.6.168)和(2.6.169)可以看到矩阵$\begin{pmatrix} a_{11}^{*} & a_{12}^{*} & a_{13}^{*}\\ a_{21}^{*} & a_{22}^{*} & a_{23}^{*}\\ a_{31}^{*} & a_{32}^{*} & a_{33}^{*} \end{pmatrix}$是一个正交矩阵.

习　　题

1. 写出对称轴是$\frac{x-1}{2}=\frac{y+1}{3}=\frac{z}{4}$,且通过点(1, 2, 0)的正圆柱面方程(请用 x, y, z 的一个关系式表示).

2. 写出准线是$\begin{cases} x^2+y^2=25,\\ z=0,\end{cases}$母线方向是(5, 3, 2)的柱面方程.

3. 求准线是$\begin{cases} x^2-y^2=1,\\ z=1,\end{cases}$母线方向是(1, 2, 3)的柱面方程(用 x, y, z 的一个方程表示).

4. 求准线是$\begin{cases} \frac{x^2}{4}+\frac{y^2}{9}=1,\\ z=3,\end{cases}$顶点是(0, 1, 1)的锥面方程.

5. 写出顶点是(2, 1, 0),轴是$\frac{x-2}{3}=\frac{y-1}{4}=z$,母线和轴夹角是$\frac{\pi}{3}$的圆锥面方程(请用 x, y, z 的一个关系式表示).

6. 曲线 $\boldsymbol{r}(\theta)=(1+\cos\theta,\ 2+\sin\theta,\ 3+\cos\theta)$ 的图形是什么?这里 $\theta\in[0, 2\pi]$,说明

理由.

7. 曲线 $\boldsymbol{r}(t) = (a_2t^2 + a_1t + a_0,\ b_2t^2 + b_1t + b_0,\ c_2t^2 + c_1t + c_0)$ 的图形是什么?这里 $a_j,\ b_j,\ c_j\ (j = 0,\ 1,\ 2)$ 全是给定实数,$-\infty < t < \infty$,说明理由.

8. a 是一个正常数,$\boldsymbol{r}(\theta) = (a\cos^2\theta,\ a\sin^2\theta,\ a\sqrt{2}\sin\theta\cos\theta)(0 < \theta \leqslant \pi)$ 的图形是什么?说明理由.

9. 求平面内曲线 $2x^2 - y^2 = 1$ 绕原点顺时针旋转 $\frac{\pi}{4}$ 后,所得新曲线的方程.

10. 求点 $(1,\ 0,\ 1)$ 绕 x 轴逆时针旋转 $\frac{\pi}{3}$ 后的坐标.

11. 平面 $y = mx + z + 2$ 与曲面 $y^2 + z^2 = 2x^2$ 相交,当实数 m 分别取何值时,交线是抛物线、椭圆或双曲线?

12. 已知 3 点 $A(1,\ 0,\ 1)$, $B(2,\ 3,\ 1)$, $C(0,\ 2,\ 4)$,求 $\triangle ABC$ 的外接圆方程.

13. 过 y 轴的一张平面 π_1 与过直线 L: $x = y = z$ 的一张平面 π_2 的交角为 $\theta\left(0 < \theta < \frac{\pi}{2}\right)$,当平面 π_1(始终过 y 轴)转动时,平面 π_2(始终过直线 L)也跟着转动,但交角 θ 保持不变,求对应平面 π_1 和平面 π_2 的交线族所织成的曲面方程(请用 $x,\ y,\ z$ 的一个方程表示).

14. 求二次曲面 $x^2 + 7y^2 + z^2 + 10xy + 2xz + 10yz + 8x + 4y + 8z - 6 = 0$ 的标准方程,并指出这是何种曲面.

15. 求单叶双曲面 $\frac{x^2}{4} + \frac{y^2}{9} - \frac{z^2}{16} = 1$ 上过点 $(2,\ -3,\ -4)$ 的直母线方程.

16. 求单叶双曲面 $\frac{x^2}{4} - \frac{y^2}{9} + \frac{z^2}{25} = 1$ 上过点 $(-2,\ 0,\ 0)$ 的两条直母线方程.

17. 求单叶双曲面 $\frac{x^2}{4} + \frac{y^2}{9} - z^2 = 1$ 上过点 $(0,\ 3,\ 0)$ 的两条直母线的夹角(如果是非特殊角,请用反三角函数表示,下题同).

18. 求双曲抛物面 $\frac{x^2}{16} - \frac{z^2}{9} = y$ 上过点 $(4,\ 1,\ 0)$ 的两条直母线的夹角.

19. 求双曲抛物面 $\frac{x^2}{16} - \frac{y^2}{4} = z$ 上平行于平面 $3x + 2y - 4z - 1 = 0$ 的所有直母线方程.

20. 求证:(1) 单叶双曲面同族的两条直母线异面;

(2) 单叶双曲面同族的任意 3 条直母线不平行于同一平面.

21. 求单叶双曲面 $x^2 + y^2 - z^2 = 1$ 上互相垂直的直母线的交点满足的方程.

22. 求双曲抛物面 $x^2 - y^2 = 2z$ 上互相垂直的直母线的交点满足的方程.

23. 已知用一个经过原点的平面去截一个二次曲面,截线是圆,求证:平行于这平面的任一平面,只要与这二次曲面有交线(交线不能是一点),则这交线也一定是圆.

24. 求过原点的所有平面,使得它们与单叶双曲面 $\frac{x^2}{a^2} + \frac{y^2}{b^2} - \frac{z^2}{c^2} = 1$ 的截线是圆,这里正常数 $a,\ b,\ c$ 满足 $a < b < c$.

25. 求所有过原点的平面,使得这些平面与椭圆柱面 $\frac{x^2}{a^2}+\frac{y^2}{b^2}=1$ 的截线都是圆,这里正常数 $a>b$.

26. 求不等于1的正实数 a, b 满足的关系式,使得存在平面与两曲面 $\frac{x^2}{b^2}+y^2+\frac{z^2}{16}=1$ 和 $\frac{x^2}{a^2}+y^2-\frac{z^2}{9}=1$ 的截线都是圆.

27. 求过点 $(1, 0, 1)$ 的平行于 y 轴的所有平面方程,且所求平面与曲面 $y^2+8xz=1$ 的交线都是圆.

28. 求直线 $x-1=\frac{y}{-2}=\frac{z}{2}$ 绕 z 轴旋转后所得到的旋转面方程.

29. 求直线 $x-1=\frac{y}{3}=\frac{z}{4}$ 绕直线 $x=y=z$ 旋转所得到的曲面的方程.

30. 求抛物线 $\begin{cases} y^2=2px, \\ z=0 \end{cases}$ 绕它的准线旋转所产生的曲面方程,这里 p 是一个正常数(用 x, y, z 的一个等式表示).

31. 由椭球面 $\frac{x^2}{a^2}+\frac{y^2}{b^2}+\frac{z^2}{c^2}=1$ 的中心 O(即原点 O) 任引3条相互垂直的射线,与这椭球面分别交于3点 P_1, P_2, P_3. 设线段 OP_j 长 $r_j(j=1, 2, 3)$,求证:$\frac{1}{r_1^2}+\frac{1}{r_2^2}+\frac{1}{r_3^2}=\frac{1}{a^2}+\frac{1}{b^2}+\frac{1}{c^2}$.

32. 直线 $\begin{cases} x=2y, \\ z=k \end{cases}$ 绕 y 轴旋转得到一个曲面(k 是一个实常数).

(1) 求该曲面的方程;

(2) 求该曲面上与已知直线垂直相交的直母线方程.

33. 设 xy 平面上有圆心在 x 轴正半轴上且通过坐标原点 O 的一圆周. 动直线与此圆周交于点 A,与 z 轴交于点 B,且始终满足 $OA=OB$,求此动直线所产生的曲面方程(用 x, y, z 的一个等式表示).

34. 求证:变换 $\begin{cases} x^*=x\cos\theta-y\sin\theta+a, \\ y^*=x\sin\theta+y\cos\theta+b \end{cases}$ 是绕一固定点的旋转,这里 θ 是 $(0, \pi)$ 内一固定角.

35. 已知平面仿射坐标系 $\{O, \boldsymbol{e}_1, \boldsymbol{e}_2\}$,向量 $\boldsymbol{e}_1$ 的长度是2,向量 $\boldsymbol{e}_2$ 的长度是3, $\boldsymbol{e}_1$ 与 $\boldsymbol{e}_2$ 的夹角是 $\frac{2\pi}{3}$,求点 $A(1, 2)$ 与点 $B(2, 5)$ 的距离.

36. 求空间的一个仿射变换,使得平面 $x+y+z=1$ 上每个点都是不动点,而且将点 $(1, -1, 2)$ 映成点 $(2, 1, 0)$.

37. 求空间的仿射变换,将 xy 平面上的点映到 xy 平面上,将 yz 平面上的点映到平面 $x=1$ 上.

38. 求平面的仿射变换,将3条直线 $x=0$, $x-y=0$ 和 $y=1$ 依次映成直线 $3x-2y-3=0$, $x-1=0$ 和 $4x-y-9=0$.

39. 空间中任给两组不共面的4点 A_1, A_2, A_3, A_4 和 B_1, B_2, B_3, B_4,求证:存在唯一的

空间仿射变换,将 A_j 映成 $B_j(j=1,2,3,4)$.

40. 已给正交变换 $\begin{cases} x^* = \dfrac{11}{15}x + \dfrac{2}{15}y + \dfrac{2}{3}z, \\ y^* = \dfrac{2}{15}x + \dfrac{14}{15}y - \dfrac{1}{3}z, \\ z^* = -\dfrac{2}{3}x + \dfrac{1}{3}y + \dfrac{2}{3}z, \end{cases}$ 这个变换可以由绕一条不动直线旋转一个角度来实现,求这条不动直线的方向向量,以及求这旋转的角度.

第三章 非 欧 几 何

§3.1 球面三角形

我们知道,以原点为球心、以 R 为半径的球面 $S^2(R)$ 的方程是

$$x^2 + y^2 + z^2 = R^2. \tag{3.1.1}$$

过原点 O 的一张平面 π 与 $S^2(R)$ 的交线是一个圆,称为球面 $S^2(R)$ 上的一个大圆. 在球面 $S^2(R)$ 上,所有 $z > 0$ 的点(x, y, z) 组成这球面上的上半球面. 在这上半球面上,任取 3 点 A, B, C,但这 3 点不能在同一个大圆上. 用 3 条大圆劣弧分别连接点对 A, B; A, C; B, C;于是,有了一个以大圆劣弧作为 3 条边(这里习惯借用中学平面几何的语言)的球面上的 $\triangle ABC$.

在点 A,作两条切线 AC_1, AB_1 分别与大圆劣弧$\overset{\frown}{AC}$,大圆劣弧$\overset{\frown}{AB}$ 相切. 规定 $\angle B_1AC_1$(在$(0, \pi)$内)作为球面 $\triangle ABC$ 的 $\angle A$. 类似地,过点 B 作两条切线 BA_2, BC_2 分别与大圆劣弧$\overset{\frown}{BA}$, $\overset{\frown}{BC}$ 相切,规定 $\angle A_2BC_2$ 作为球面 $\triangle ABC$ 的 $\angle B$. 过点 C 作两条切线 CA_3, CB_3 分别与大圆劣弧$\overset{\frown}{CA}$, $\overset{\frown}{CB}$ 相切,规定 $\angle A_3CB_3$ 作为球面 $\triangle ABC$ 的 $\angle C$. 规定大圆劣弧$\overset{\frown}{AB}$, $\overset{\frown}{AC}$ 和$\overset{\frown}{BC}$ 的长分别作为球面 $\triangle ABC$ 的三边 AB, AC 和 BC 的长(这里又借用中学平面几何的语言).

为了表示区别,将中学平面几何中的平面称为欧氏平面,三角形称为欧氏三角形. 对于欧氏三角形,我们知道,有两个基本的定理:正弦定理和余弦定理. 对于球面三角形,也有类似的定理.

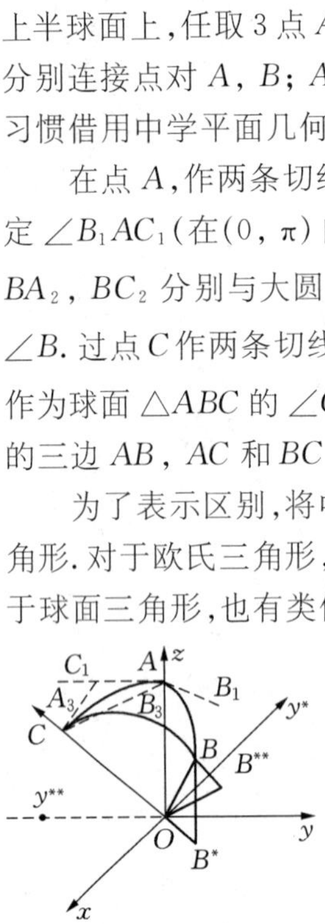

图 3.1

如图 3.1 所示,取 O, A, C 这 3 点所在的平面为平面 $x = 0$, OA 为 z 轴正向建立直角坐标系 $Oxyz$. 不妨设点 C 在 yz 平面的第二象限. 过点 B 作平面 xy 的垂线,垂足为 B^*. 记大圆劣弧$\overset{\frown}{AB}$ 的长为 c,大圆劣弧$\overset{\frown}{AC}$的长为 b,大圆劣弧$\overset{\frown}{BC}$ 的长为 a. 由于 $AO \parallel BB^*$, 则

$$\angle B^*BO = \angle AOB = \frac{c}{R}. \tag{3.1.2}$$

在直角 $\triangle OB^*B$ 中,

$$OB^* = OB\sin\angle B^*BO = R\sin\frac{c}{R}. \tag{3.1.3}$$

在平面 $x=0$ 内,大圆劣弧$\overset{\frown}{AC}$在点 A 的切线 AC_1 垂直于 OA,即垂直于 z 轴,于是 AC_1 平行于 y 轴.

在平面 OAB 内,大圆劣弧$\overset{\frown}{AB}$在点A 的切线AB_1 也垂直于z轴,于是AB_1 平行于 OB^*. 因而在 y 轴上有一点 y^{**}, 满足

$$\angle A = \angle C_1AB_1 = \angle y^{**}OB^* \tag{3.1.4}$$

(见图 3.1),点 B 的坐标是 $\left(OB^*\cos\left(\angle A-\frac{\pi}{2}\right),\ OB^*\sin\left(\angle A-\frac{\pi}{2}\right),\ BB^*\right)$. 而

$$BB^* = OB\cos\angle B^*BO = R\cos\frac{c}{R}. \tag{3.1.5}$$

由(3.1.3)式和(3.1.5)式可以知道点 B 的坐标为 $\left(R\sin\frac{c}{R}\sin\angle A,\ -R\sin\frac{c}{R}\cos\angle A,\ R\cos\frac{c}{R}\right)$.

用 $\boldsymbol{e}_1$ 表示 x 轴的单位正向量. 保持原点 O 与 x 轴不动,以 $\overrightarrow{OC}\times\boldsymbol{e}_1$ 为 y^* 轴的正方向,$\overrightarrow{OC}$ 作为 z^* 轴的正方向,建立新的直角坐标系 Oxy^*z^*. 在新的直角坐标系 Oxy^*z^* 中,设点 B 的坐标是$\left(R\sin\frac{c}{R}\sin\angle A,\ y_B^*,\ z_B^*\right)$.

过点B作平面$z^*=0$的垂线,垂足为B^{**}. 由于BB^{**}和OC 都垂直于平面$z^*=0$,则$OC\ /\!/\ BB^{**}$. 由于过点 C,大圆劣弧$\overset{\frown}{CB}$ 的切线 CB_3 平行于 OB^{**}(因为 CB_3 与 OB^{**}共面且都垂直于OC),大圆劣弧$\overset{\frown}{CA}$ 的切线CA_3 平行于 y^* 轴(因为CA_3 与y^* 轴都在平面 $x=0$ 内,且都垂直于 OC),因而 $\angle C$ 等于OB^{**}与 y^* 轴的夹角.

$$\angle BOB^{**} = |\angle BOC - \angle B^{**}OC| = \left|\frac{a}{R}-\frac{\pi}{2}\right|, \tag{3.1.6}$$

$$OB^{**} = OB\cos\angle BOB^{**} = R\sin\frac{a}{R}, \tag{3.1.7}$$

$$z_B^* = OB\sin\left(\frac{\pi}{2}-\frac{a}{R}\right) = R\cos\frac{a}{R}, \tag{3.1.8}$$

$$y_B^* = OB^{**}\cos\angle C = R\sin\frac{a}{R}\cos\angle C. \tag{3.1.9}$$

z 轴与 z^* 轴夹角为$\frac{b}{R}$. 利用平面上的坐标旋转公式,有

$$\begin{cases} y = y^*\cos\frac{b}{R} - z^*\sin\frac{b}{R}, \\ z = y^*\sin\frac{b}{R} + z^*\cos\frac{b}{R}, \end{cases} \quad 即 \quad \begin{cases} y^* = y\cos\frac{b}{R} + z\sin\frac{b}{R}, \\ z^* = - y\sin\frac{b}{R} + z\cos\frac{b}{R}. \end{cases} \tag{3.1.10}$$

在直角坐标系 Oxy^*z^* 中,点 B 的坐标的第一个分量应为 $OB^{**}\cos\left(\frac{\pi}{2} - \angle C\right)$.

利用前面得到的在两个直角坐标系 $Oxyz$ 和 Oxy^*z^* 中点 B 的坐标的第一个分量,有

$$\begin{aligned} R\sin\frac{c}{R}\sin\angle A &= OB^{**}\cos\left(\frac{\pi}{2} - \angle C\right) \\ &= R\sin\frac{a}{R}\sin\angle C \qquad (利用(3.1.7)式). \end{aligned} \tag{3.1.11}$$

从(3.1.11)式,有

$$\frac{\sin\frac{a}{R}}{\sin\angle A} = \frac{\sin\frac{c}{R}}{\sin\angle C}. \tag{3.1.12}$$

完全类似地,可以得到

$$\frac{\sin\frac{a}{R}}{\sin\angle A} = \frac{\sin\frac{b}{R}}{\sin\angle B} = \frac{\sin\frac{c}{R}}{\sin\angle C}. \tag{3.1.13}$$

公式(3.1.13)称为球面$\triangle ABC$ 的正弦定理. 另外利用(3.1.8)式、(3.1.9)式和(3.1.10)式的第二组公式,有

$$R\sin\frac{a}{R}\cos\angle C = - R\sin\frac{c}{R}\cos\angle A\cos\frac{b}{R} + R\cos\frac{c}{R}\sin\frac{b}{R}, \tag{3.1.14}$$

$$R\cos\frac{a}{R} = R\sin\frac{c}{R}\cos\angle A\sin\frac{b}{R} + R\cos\frac{c}{R}\cos\frac{b}{R}. \tag{3.1.15}$$

从(3.1.15)式,有

$$\cos\frac{a}{R} = \cos\frac{b}{R}\cos\frac{c}{R} + \sin\frac{b}{R}\sin\frac{c}{R}\cos\angle A. \tag{3.1.16}$$

完全类似地,可以写出

$$\cos\frac{b}{R} = \cos\frac{a}{R}\cos\frac{c}{R} + \sin\frac{a}{R}\sin\frac{c}{R}\cos\angle B, \tag{3.1.17}$$

$$\cos\frac{c}{R}=\cos\frac{a}{R}\cos\frac{b}{R}+\sin\frac{a}{R}\sin\frac{b}{R}\cos\angle C. \tag{3.1.18}$$

(3.1.16)式、(3.1.17)式和(3.1.18)式称为球面$\triangle ABC$的余弦定理.

从(3.1.14)式,有

$$\sin\frac{a}{R}\cos\angle C=\cos\frac{c}{R}\sin\frac{b}{R}-\sin\frac{c}{R}\cos\frac{b}{R}\cos\angle A. \tag{3.1.19}$$

类似地,可以得到

$\sin\frac{a}{R}\cos\angle B=\cos\frac{b}{R}\sin\frac{c}{R}-\sin\frac{b}{R}\cos\frac{c}{R}\cos\angle A$　(在(3.1.19)式中交换 b 和 c, $\angle B$ 和 $\angle C$), (3.1.20)

$\sin\frac{b}{R}\cos\angle C=\cos\frac{c}{R}\sin\frac{a}{R}-\sin\frac{c}{R}\cos\frac{a}{R}\cos\angle B$　(在(3.1.19)式中交换 a 和 b, $\angle A$ 和 $\angle B$), (3.1.21)

$\sin\frac{c}{R}\cos\angle A=\cos\frac{a}{R}\sin\frac{b}{R}-\sin\frac{a}{R}\cos\frac{b}{R}\cos\angle C$　(在(3.1.19)式中交换 a 和 c, $\angle A$ 和 $\angle C$), (3.1.22)

$\sin\frac{b}{R}\cos\angle A=\cos\frac{a}{R}\sin\frac{c}{R}-\sin\frac{a}{R}\cos\frac{c}{R}\cos\angle B$　(在(3.1.22)式中交换 b 和 c, $\angle B$ 和 $\angle C$), (3.1.23)

$\sin\frac{c}{R}\cos\angle B=\cos\frac{b}{R}\sin\frac{a}{R}-\sin\frac{b}{R}\cos\frac{a}{R}\cos\angle C$　(在(3.1.22)式中交换 a 和 b, $\angle A$ 和 $\angle B$). (3.1.24)

公式(3.1.19)～(3.1.24)这 6 个公式称为球面$\triangle ABC$的五元素公式.

设 AA^*, BB^*, CC^* 是 3 条直径,有两个半圆弧$\overset{\frown}{ABA^*}$, $\overset{\frown}{ACA^*}$,这两个半圆弧$\overset{\frown}{ABA^*}$与$\overset{\frown}{ACA^*}$所夹的月牙形(包含球面$\triangle ABC$)面积是

$$\frac{\angle A}{2\pi}\cdot 4\pi R^2=2R^2\angle A, \tag{3.1.25}$$

这里 $4\pi R^2$ 是球面 $S^2(R)$的面积.

用 $S_{\triangle ABC}$ 表示球面$\triangle ABC$的面积,有

$$S_{\triangle ABC}+S_{\triangle A^*BC}=2R^2\angle A, \tag{3.1.26}$$

类似地,有

$$S_{\triangle ABC}+S_{\triangle AB^*C}=2R^2\angle B, \tag{3.1.27}$$

$$S_{\triangle ABC}+S_{\triangle ABC^*}=2R^2\angle C, \tag{3.1.28}$$

而

$$S_{\triangle ABC}+S_{\triangle A^*BC}+S_{\triangle AB^*C}+S_{\triangle A^*B^*C}=2\pi R^2, \tag{3.1.29}$$

这里等式的左端恰是半个球面的面积.

如图 3.2 所示,由于球面$\triangle A^*B^*C$与球面$\triangle ABC^*$是关于球心O成对称的两个三角形,因而有

$$S_{\triangle A^*B^*C}=S_{\triangle ABC^*}, \tag{3.1.30}$$

那么,有

$$S_{\triangle ABC}+S_{\triangle A^*BC}+S_{\triangle AB^*C}+S_{\triangle ABC^*}=2\pi R^2. \tag{3.1.31}$$

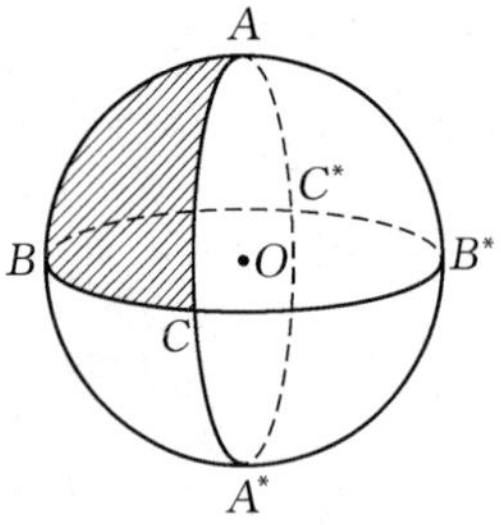

图 3.2

从(3.1.26)式、(3.1.27)式、(3.1.28)式和(3.1.31)式,有

$$2R^2(\angle A+\angle B+\angle C)=2S_{\triangle ABC}+2\pi R^2. \tag{3.1.32}$$

从上式,有

$$S_{\triangle ABC}=R^2(\angle A+\angle B+\angle C-\pi). \tag{3.1.33}$$

(3.1.33)式是球面$\triangle ABC$的面积公式.从这个公式可以看出,对于球面$\triangle ABC$而言,有

$$\angle A+\angle B+\angle C>\pi. \tag{3.1.34}$$

球面三角形的三个内角之和大于π.这个性质显然与欧氏三角形三内角之和等于π的性质不同.

§3.2 射影平面几何

一、射影平面和齐次坐标

本书到目前为止讨论的空间内任意一点可以用空间直角坐标系$\{O, \boldsymbol{e}_1, \boldsymbol{e}_2, \boldsymbol{e}_3\}$中的坐标$(x, y, z)$表示,这样的空间称为3维欧氏空间,记为$\mathbf{R}^3$(或$\mathbf{E}^3$).原点$O$坐标为$(0, 0, 0)$.$\mathbf{R}^3$删去原点的集合记为$\mathbf{R}^3-\{(0, 0, 0)\}$.在$\mathbf{R}^3-\{(0, 0, 0)\}$内任取一点$(x, y, z)$,原点$O$与点$(x, y, z)$决定一条直线$L$.

$$L\cap(\mathbf{R}^3-\{(0, 0, 0)\})=\{(\lambda x, \lambda y, \lambda z)\mid\lambda\text{ 是任意非零实数}\}, \tag{3.2.1}$$

全体非零实数组成的集合记为$\mathbf{R}-\{0\}$.

下面引入一个抽象点集 $P^2(\mathbf{R})$.

在 $P^2(\mathbf{R})$内一个抽象点$[(x, y, z)]$,这里(x, y, z)是 $\mathbf{R}^3 - \{(0, 0, 0)\}$ 内一点.

$\forall \lambda \in \mathbf{R} - \{0\}$,在 $P^2(\mathbf{R})$ 内抽象点$[(x, y, z)]$与$[(\lambda x, \lambda y, \lambda z)]$代表同一点,即在 $P^2(\mathbf{R})$ 内,

$$[(x, y, z)] = [(\lambda x, \lambda y, \lambda z)]. \tag{3.2.2}$$

换句话讲,我们将 $\mathbf{R}^3$ 内 $L \cap (\mathbf{R}^3 - \{(0, 0, 0)\})$ 的全部点"压缩"成 $P^2(\mathbf{R})$ 内的一个抽象点.

定义映射 π: $\mathbf{R}^3 - \{(0, 0, 0)\} \rightarrow P^2(\mathbf{R})$,

$$\pi(x, y, z) = [(x, y, z)]. \tag{3.2.3}$$

π 是到上的映射. $P^2(\mathbf{R})$称为一个射影平面. 点$[(x, y, z)]$称为射影平面 $P^2(\mathbf{R})$内一点. (x, y, z)称为射影平面 $P^2(\mathbf{R})$内点$[(x, y, z)]$的齐次坐标. 显然,对于同一点$[(x, y, z)]$,有无限多个齐次坐标$(\lambda x, \lambda y, \lambda z)$,这里 $\lambda \in \mathbf{R} - \{0\}$.

$S^2(1)$是球心在原点的单位球面. π: $S^2(1) \rightarrow P^2(\mathbf{R})$, 由 π 的定义可以知道,

$$\pi(-x, -y, -z) = [(-x, -y, -z)] = [(x, y, z)] = \pi(x, y, z). \tag{3.2.4}$$

单位球面 $S^2(1)$上一对点(x, y, z)和$(-x, -y, -z)$称为一对对径点. $S^2(1)$上一对对径点在映射 π 下的像为 $P^2(\mathbf{R})$内同一点. 我们经常讲单位球面 $S^2(1)$叠合对径点得射影平面 $P^2(\mathbf{R})$. 在 $\mathbf{R}^3$ 内,过原点的一张平面 P,有

$$\zeta_1 x_1 + \zeta_2 x_2 + \zeta_3 x_3 = 0, \tag{3.2.5}$$

这里$(\zeta_1, \zeta_2, \zeta_3)$是平面 P 的法向量,$\zeta_1, \zeta_2, \zeta_3$ 是 3 个不全为零的实数. (x_1, x_2, x_3)是平面 P 上点的坐标. 在 $P^2(\mathbf{R})$内,点集 $\pi(P - \{(0, 0, 0)\})$ 称为一条射影直线. 显然

$$\pi(P - \{(0, 0, 0)\}) = \pi(P \cap S^2(1)). \tag{3.2.6}$$

在 $\mathbf{R}^3$, $P \cap S^2(1)$ 是一个大圆,叠合这大圆上对径点得一条射影直线.

$\forall \lambda \in \mathbf{R} - \{0\}$, 从(3.2.5)式可以看到

$$\lambda\zeta_1 x_1 + \lambda\zeta_2 x_2 + \lambda\zeta_3 x_3 = 0, \tag{3.2.7}$$

(3.2.7)式在 $\mathbf{R}^3$ 内仍然表示同一张平面 P. 规定

$$[(\zeta_1, \zeta_2, \zeta_3)] = [(\zeta_1^*, \zeta_2^*, \zeta_3^*)], \tag{3.2.8}$$

当且仅当存在非零实数 λ,使得

$$\zeta_1^* = \lambda\zeta_1, \ \zeta_2^* = \lambda\zeta_2, \ \zeta_3^* = \lambda\zeta_3, \tag{3.2.9}$$

这里$(\zeta_1, \zeta_2, \zeta_3)$和$(\zeta_1^*, \zeta_2^*, \zeta_3^*)$都是 $\mathbf{R}^3$ 内的非零向量. 为方便,通常写成射影直线$[(\zeta_1, \zeta_2, \zeta_3)]$. $(\zeta_1, \zeta_2, \zeta_3)$称为射影直线的齐次坐标, $\forall \lambda \in \mathbf{R} - \{0\}$, $(\lambda\zeta_1, \lambda\zeta_2, \lambda\zeta_3)$是同一射影直线的齐次坐标.

在射影平面 $P^2(\mathbf{R})$内,取两个不同的点$[(a_1, a_2, a_3)]$, $[(b_1, b_2, b_3)]$,这里(a_1, a_2, a_3), (b_1, b_2, b_3)都是 $S^2(1)$上的点,过原点 O 及点(a_1, a_2, a_3)和(b_1, b_2, b_3),在 $\mathbf{R}^3$ 内可以作唯一一个平面 P,点(a_1, a_2, a_3)和(b_1, b_2, b_3)在大圆 $P \cap S^2(1)$ 上,$\pi(P \cap S^2(1))$ 就是 $P^2(\mathbf{R})$内过这两点$[(a_1, a_2, a_3)]$和$[(b_1, b_2, b_3)]$的一条射影直线. 由于 $S^2(1)$内任意两个不同大圆都相交于一对对径点,从而可以知道任两条不同射影直线必相交于一点.

二、射影直线上点的射影坐标

设平面 P 的方程为(3.2.5)式,由于点(a_1, a_2, a_3)及(b_1, b_2, b_3)在这平面 P 上,有

$$\zeta_1 a_1 + \zeta_2 a_2 + \zeta_3 a_3 = 0, \tag{3.2.10}$$

$$\zeta_1 b_1 + \zeta_2 b_2 + \zeta_3 b_3 = 0, \tag{3.2.11}$$

因而可取

$$\begin{aligned}(\zeta_1, \zeta_2, \zeta_3) &= (a_1, a_2, a_3) \times (b_1, b_2, b_3) \\ &= (a_2 b_3 - a_3 b_2, \ a_3 b_1 - a_1 b_3, \ a_1 b_2 - a_2 b_1).\end{aligned} \tag{3.2.12}$$

通常称射影直线$[(\zeta_1, \zeta_2, \zeta_3)]$是点$[(a_1, a_2, a_3)]$与点$[(b_1, b_2, b_3)]$的连线.

在 $P^2(\mathbf{R})$内,如果另外有一点$[(c_1, c_2, c_3)]$也在这条射影直线上,那么必有

$$\zeta_1 c_1 + \zeta_2 c_2 + \zeta_3 c_3 = 0. \tag{3.2.13}$$

由于$(\zeta_1, \zeta_2, \zeta_3)$是不全为零的向量,从(3.2.10)式、(3.2.11)式和(3.2.13)式可以看出 3 个非零向量(a_1, a_2, a_3), (b_1, b_2, b_3)和(c_1, c_2, c_3)必共面,从而存在两个不全为零的实数 λ, μ,使得

$$(c_1, c_2, c_3) = \lambda(a_1, a_2, a_3) + \mu(b_1, b_2, b_3). \tag{3.2.14}$$

明显地

$$\begin{aligned}(a_1, a_2, a_3) &= 1(a_1, a_2, a_3) + 0(b_1, b_2, b_3), \\ (b_1, b_2, b_3) &= 0(a_1, a_2, a_3) + 1(b_1, b_2, b_3).\end{aligned} \tag{3.2.15}$$

实数对(λ, μ)称为射影直线上点$[(c_1, c_2, c_3)]$关于参考点$[(a_1, a_2, a_3)]$和$[(b_1, b_2, b_3)]$的射影坐标. 由于 $\forall \sigma \in \mathbf{R}-\{0\}$，从(3.2.14)式，有

$$\sigma(c_1, c_2, c_3) = \sigma\lambda(a_1, a_2, a_3) + \sigma\mu(b_1, b_2, b_3), \tag{3.2.16}$$

在 $P^2(\mathbf{R})$内，点$[\sigma(c_1, c_2, c_3)] = [(c_1, c_2, c_3)]$，则实数对$(\sigma\lambda, \sigma\mu)$也是射影直线上点$[(c_1, c_2, c_3)]$关于参考点$[(a_1, a_2, a_3)]$和$[(b_1, b_2, b_3)]$的射影坐标.

对于任意不全为零的实数对(λ, μ)，引入$[(\lambda, \mu)]$，

$$[(\lambda, \mu)] = [(\lambda^*, \mu^*)] \tag{3.2.17}$$

当且仅当存在非零实数 σ，使得

$$\lambda^* = \sigma\lambda, \qquad \mu^* = \sigma\mu. \tag{3.2.18}$$

有了上述约定，可以称射影直线上点$[(c_1, c_2, c_3)]$关于参考点$[(a_1, a_2, a_3)]$和$[(b_1, b_2, b_3)]$的射影坐标是$[(\lambda, \mu)]$.

由于点$[(a_1, a_2, a_3)]$可以取为齐次坐标(ta_1, ta_2, ta_3)，这里 $t \in \mathbf{R}-\{0\}$. 点$[(b_1, b_2, b_3)]$ 可以取为齐次坐标(t^*b_1, t^*b_2, t^*b_3)，这里 $t^* \in \mathbf{R}-\{0\}$. 从(3.2.14)式可以看出

$$(c_1, c_2, c_3) = \frac{\lambda}{t}(ta_1, ta_2, ta_3) + \frac{\mu}{t^*}(t^*b_1, t^*b_2, t^*b_3). \tag{3.2.19}$$

从上面叙述，$\left[\left(\frac{\lambda}{t}, \frac{\mu}{t^*}\right)\right]$也可以作为射影直线上的点$[(c_1, c_2, c_3)]$关于参考点$[(a_1, a_2, a_3)]$和$[(b_1, b_2, b_3)]$的射影坐标. 当 t 与 t^* 不相等时，从(3.2.17)式和(3.2.18)式，有

$$[(\lambda, \mu)] \neq \left[\left(\frac{\lambda}{t}, \frac{\mu}{t^*}\right)\right]. \tag{3.2.20}$$

同一点有许多不同的射影坐标显然是无法进行计算的. 为了克服这个缺陷，我们在这条射影直线上再取不同于点$[(a_1, a_2, a_3)]$和点$[(b_1, b_2, b_3)]$的第三点$[(u_1, u_2, u_3)]$. 由于$[(a_1, a_2, a_3)]$，$[(b_1, b_2, b_3)]$和$[(u_1, u_2, u_3)]$这 3 点在同一条射影直线上，必有全不为零的实数对(λ, μ)，使得

$$\begin{aligned}(u_1, u_2, u_3) &= \lambda(a_1, a_2, a_3) + \mu(b_1, b_2, b_3)\\ &= 1(\lambda a_1, \lambda a_2, \lambda a_3) + 1(\mu b_1, \mu b_2, \mu b_3).\end{aligned} \tag{3.2.21}$$

我们约定点$[(u_1, u_2, u_3)]$具有射影坐标$[(1, 1)]$. 这样一来，在一条射影直线上，有 3 个参考点$[(a_1, a_2, a_3)]$，$[(b_1, b_2, b_3)]$和$[(u_1, u_2, u_3)]$，它们分别具有射影坐标$[(1, 0)]$，$[(0, 1)]$和$[(1, 1)]$.

由于点$[(a_1, a_2, a_3)]$可能取齐次坐标(ta_1, ta_2, ta_3),点$[(b_1, b_2, b_3)]$可能取齐次坐标(t^*b_1, t^*b_2, t^*b_3),又由于点$[(u_1, u_2, u_3)]$具有射影坐标$[(1,1)]$,则点$[(u_1, u_2, u_3)]$对应地有齐次坐标$(\sigma u_1, \sigma u_2, \sigma u_3)$,满足

$$(\sigma u_1, \sigma u_2, \sigma u_3) = 1(ta_1, ta_2, ta_3) + 1(t^*b_1, t^*b_2, t^*b_3), \quad (3.2.22)$$

这里t, t^*, σ是3个不为零的实数.

将(3.2.21)式的两端乘以σ,再利用(3.2.22)式,有

$$t(a_1, a_2, a_3) + t^*(b_1, b_2, b_3) = \sigma\lambda(a_1, a_2, a_3) + \sigma\mu(b_1, b_2, b_3). \quad (3.2.23)$$

由于(a_1, a_2, a_3)与(b_1, b_2, b_3)是不共线的两个向量,因而有

$$t = \sigma\lambda, \qquad t^* = \sigma\mu. \quad (3.2.24)$$

那么点$[(a_1, a_2, a_3)]$只能取齐次坐标$(\sigma\lambda a_1, \sigma\lambda a_2, \sigma\lambda a_3)$,同时点$[(b_1, b_2, b_3)]$只能取齐次坐标$(\sigma\mu b_1, \sigma\mu b_2, \sigma\mu b_3)$. 因而对于这射影直线上任意一点$[(x_1, x_2, x_3)]$,有

$$(x_1, x_2, x_3) = \alpha(\lambda a_1, \lambda a_2, \lambda a_3) + \beta(\mu b_1, \mu b_2, \mu b_3)\ (\text{利用(3.2.21)式}), \quad (3.2.25)$$

或者

$$(x_1, x_2, x_3) = \frac{\alpha}{\sigma}(\sigma\lambda a_1, \sigma\lambda a_2, \sigma\lambda a_3) + \frac{\beta}{\sigma}(\sigma\mu b_1, \sigma\mu b_2, \sigma\mu b_3)\ (\text{利用(3.2.24)式}). \quad (3.2.26)$$

从而这射影直线上任意一点$[(x_1, x_2, x_3)]$具有唯一的射影坐标$[(\alpha, \beta)]$. 这里$(\lambda a_1, \lambda a_2, \lambda a_3)$,$(\mu b_1, \mu b_2, \mu b_3)$统称为点$[(a_1, a_2, a_3)]$,$[(b_1, b_2, b_3)]$的可允许齐次坐标,它们允许相差一个公共非零常数倍.下面叙述中出现的齐次坐标都是可允许齐次坐标.

因而在一条射影直线上,取3个不同的参考点$[(a_1, a_2, a_3)]$, $[(b_1, b_2, b_3)]$和$[(u_1, u_2, u_3)]$,分别具有射影坐标$[(1, 0)]$, $[(0, 1)]$和$[(1, 1)]$,那么,这条射影直线上任意一点$[(x_1, x_2, x_3)]$具有唯一的射影坐标$[(\alpha, \beta)]$. 讲得简洁一些,即在一条射影直线上,恰有唯一一个射影坐标系,使这条射影直线上3个给定点恰具有射影坐标$[(1, 0)]$, $[(0, 1)]$和$[(1, 1)]$.

在同一条射影直线上,可以取另外不同的3个参考点$[(a_1^*, a_2^*, a_3^*)]$, $[(b_1^*, b_2^*, b_3^*)]$和$[(u_1^*, u_2^*, u_3^*)]$,它们依次具有射影坐标$[(1, 0)]$, $[(0, 1)]$和

[(1, 1)].这样,在同一条射影直线上,有了两个射影坐标系.在这条射影直线上同一点在这两个射影坐标系中的射影坐标有什么关系呢?下面来回答这个问题.

在这条射影直线上任取一点$[(x_1, x_2, x_3)]$,它在前一个射影坐标系中具有射影坐标$[(\lambda, \mu)]$,在后一个射影坐标系中具有射影坐标$[(\lambda^*, \mu^*)]$.为简便,不妨写

$$\begin{aligned}(x_1, x_2, x_3) &= \lambda(a_1, a_2, a_3) + \mu(b_1, b_2, b_3),\\(x_1, x_2, x_3) &= \lambda^*(a_1^*, a_2^*, a_3^*) + \mu^*(b_1^*, b_2^*, b_3^*).\end{aligned} \tag{3.2.27}$$

由于在 $\mathbf{R}^3$ 内,4 个非零向量 (a_1, a_2, a_3), (b_1, b_2, b_3), (a_1^*, a_2^*, a_3^*), (b_1^*, b_2^*, b_3^*) 是共面的,那么,存在两组不全为零的实数对(a_{11}, a_{12}), (a_{21}, a_{22}),使得

$$\begin{aligned}(a_1, a_2, a_3) &= a_{11}(a_1^*, a_2^*, a_3^*) + a_{12}(b_1^*, b_2^*, b_3^*),\\(b_1, b_2, b_3) &= a_{21}(a_1^*, a_2^*, a_3^*) + a_{22}(b_1^*, b_2^*, b_3^*).\end{aligned} \tag{3.2.28}$$

由于(a_1, a_2, a_3)和(b_1, b_2, b_3)不平行,有

$$a_{11}a_{22} - a_{12}a_{21} \neq 0. \tag{3.2.29}$$

从(3.2.27)式和(3.2.28)式,有

$$\begin{aligned}\lambda^*(a_1^*, a_2^*, a_3^*) + \mu^*(b_1^*, b_2^*, b_3^*) = {}& \lambda[a_{11}(a_1^*, a_2^*, a_3^*) + a_{12}(b_1^*, b_2^*, b_3^*)]\\ &+ \mu[a_{21}(a_1^*, a_2^*, a_3^*) + a_{22}(b_1^*, b_2^*, b_3^*)].\end{aligned} \tag{3.2.30}$$

由于 (a_1^*, a_2^*, a_3^*) 和(b_1^*, b_2^*, b_3^*) 是 $\mathbf{R}^3$ 内不平行的两个向量,则有

$$\begin{cases}\lambda^* = a_{11}\lambda + a_{21}\mu,\\ \mu^* = a_{12}\lambda + a_{22}\mu.\end{cases} \tag{3.2.31}$$

这就是同一条射影直线上对于不同射影坐标系的点的坐标变换公式.

三、射影平面上点的射影坐标

类似地,在射影平面 $P^2(\mathbf{R})$上,取不同 4 点$[(a_1, a_2, a_3)]$, $[(b_1, b_2, b_3)]$, $[(c_1, c_2, c_3)]$和$[(d_1, d_2, d_3)]$,其中任意 3 点不在同一条射影直线上,使得这 4 点依次取射影坐标[(1, 0, 0)], [(0, 1, 0)], [(0, 0, 1)]和[(1, 1, 1)].这里,射影坐标 $[(x_1, x_2, x_3)] = [(x_1^*, x_2^*, x_3^*)]$,当且仅当存在非零实数$\lambda$,使得 $x_1^* = \lambda x_1$, $x_2^* = \lambda x_2$, $x_3^* = \lambda x_3$.

那么存在点$[(a_1, a_2, a_3)]$, $[(b_1, b_2, b_3)]$, $[(c_1, c_2, c_3)]$和$[(d_1, d_2, d_3)]$的齐次坐标为(t_1a_1, t_1a_2, t_1a_3), (t_2b_1, t_2b_2, t_2b_3), (t_3c_1, t_3c_2, t_3c_3)和

(d_1, d_2, d_3),满足

$$(d_1, d_2, d_3) = 1(t_1a_1, t_1a_2, t_1a_3) + 1(t_2b_1, t_2b_2, t_2b_3) + 1(t_3c_1, t_3c_2, t_3c_3), \tag{3.2.32}$$

这里 t_1, t_2, t_3 是 3 个都不为零的实数.

如果另外取点 $[(a_1, a_2, a_3)]$ 的齐次坐标为 $(t_1^*a_1, t_1^*a_2, t_1^*a_3)$,点 $[(b_1, b_2, b_3)]$ 的齐次坐标为 $(t_2^*b_1, t_2^*b_2, t_2^*b_3)$,点 $[(c_1, c_2, c_3)]$ 的齐次坐标为 $(t_3^*c_1, t_3^*c_2, t_3^*c_3)$,这里 t_1^*, t_2^*, t_3^* 是 3 个都不为零的实数,由于点 $[(d_1, d_2, d_3)]$ 具有射影坐标 $[(1, 1, 1)]$,则对应有点 $[(d_1, d_2, d_3)]$ 的齐次坐标 $(t_4^*d_1, t_4^*d_2, t_4^*d_3)$ 满足

$$\begin{aligned}(t_4^*d_1, t_4^*d_2, t_4^*d_3) &= 1(t_1^*a_1, t_1^*a_2, t_1^*a_3) + 1(t_2^*b_1, t_2^*b_2, t_2^*b_3) \\ &\quad + 1(t_3^*c_1, t_3^*c_2, t_3^*c_3),\end{aligned} \tag{3.2.33}$$

这里 t_4^* 是不为零的实数.

将(3.2.32)式的两端乘以 t_4^*,并且利用(3.2.33)式,有

$$\begin{aligned}(t_1^* - t_4^*t_1)(a_1, a_2, a_3) &+ (t_2^* - t_4^*t_2)(b_1, b_2, b_3) \\ &+ (t_3^* - t_4^*t_3)(c_1, c_2, c_3) = \mathbf{0}.\end{aligned} \tag{3.2.34}$$

在 $\mathbf{R}^3$ 内,3 个非零向量 (a_1, a_2, a_3), (b_1, b_2, b_3) 和 (c_1, c_2, c_3) 不共面,因为 3 点 $[(a_1, a_2, a_3)]$, $[(b_1, b_2, b_3)]$ 和 $[(c_1, c_2, c_3)]$ 不在同一条射影直线上,所以,有

$$t_1^* = t_4^*t_1, \qquad t_2^* = t_4^*t_2, \qquad t_3^* = t_4^*t_3. \tag{3.2.35}$$

对于射影平面 $P^2(\mathbf{R})$ 上任意一点 $[(x_1, x_2, x_3)]$,$\mathbf{R}^3$ 内 3 个非零向量 (t_1a_1, t_1a_2, t_1a_3), (t_2b_1, t_2b_2, t_2b_3), (t_3c_1, t_3c_2, t_3c_3) 不共面,则必存在不全为零的 3 个实数 λ, μ, ν,使得

$$(x_1, x_2, x_3) = \lambda(t_1a_1, t_1a_2, t_1a_3) + \mu(t_2b_1, t_2b_2, t_2b_3) + \nu(t_3c_1, t_3c_2, t_3c_3), \tag{3.2.36}$$

$[(\lambda, \mu, \nu)]$ 就是点 $[(x_1, x_2, x_3)]$ 的射影坐标,利用(3.2.33)式和(3.2.35)式知道,射影平面 $P^2(\mathbf{R})$ 上每点的射影坐标是唯一确定的.因而在射影平面 $P^2(\mathbf{R})$ 上,取不同 4 点 $[(a_1, a_2, a_3)]$, $[(b_1, b_2, b_3)]$, $[(c_1, c_2, c_3)]$ 和 $[(d_1, d_2, d_3)]$,其中任意 3 点不在同一条射影直线上,它们分别具有射影坐标 $[(1, 0, 0)]$, $[(0, 1, 0)]$, $[(0, 0, 1)]$ 和 $[(1, 1, 1)]$,那么,这射影平面 $P^2(\mathbf{R})$ 上任意一点 $[(x_1, x_2, x_3)]$ 具有唯一的射影坐标 $[(\lambda, \mu, \nu)]$.我们通常讲,在射影平面 $P^2(\mathbf{R})$ 上,恰有唯一一个射影坐标系,使得不同的 4 点,其中任意 3 点不在同一

条射影直线上，恰具有射影坐标$[(1, 0, 0)]$，$[(0, 1, 0)]$，$[(0, 0, 1)]$和$[(1, 1, 1)]$. 射影坐标是$[(1, 0, 0)]$，$[(0, 1, 0)]$，$[(0, 0, 1)]$和$[(1, 1, 1)]$的 4 个点称为射影平面 $P^2(\mathbf{R})$的射影坐标系的参考点. 在射影平面的点的齐次坐标中，类似射影直线情况，可引入可允许齐次坐标概念，下面出现的齐次坐标都是可允许齐次坐标.

在射影平面内，如果另外选择 4 点$[(a_1^*, a_2^*, a_3^*)]$，$[(b_1^*, b_2^*, b_3^*)]$，$[(c_1^*, c_2^*, c_3^*)]$和$[(d_1^*, d_2^*, d_3^*)]$（这里圆括号内是齐次坐标）作为参考点（这里任 3 点不在同一条射影直线上），它们分别具有射影坐标$[(1, 0, 0)]$，$[(0, 1, 0)]$，$[(0, 0, 1)]$和$[(1, 1, 1)]$，即建立另一个射影坐标系. 那么，对于射影平面内同一点$[(x_1, x_2, x_3)]$（圆括号内是齐次坐标），在两个不同的射影坐标系内的射影坐标有什么关系呢？

下面来讨论这个问题.

设点$[(x_1, x_2, x_3)]$在以$[(a_1, a_2, a_3)]$，$[(b_1, b_2, b_3)]$，$[(c_1, c_2, c_3)]$和$[(d_1, d_2, d_3)]$为参考点的射影坐标系中的射影坐标是$[(\lambda, \mu, \nu)]$，有公式(3.2.36).

在以$[(a_1^*, a_2^*, a_3^*)]$，$[(b_1^*, b_2^*, b_3^*)]$，$[(c_1^*, c_2^*, c_3^*)]$和$[(d_1^*, d_2^*, d_3^*)]$为参考点的射影坐标系中，点$[(x_1, x_2, x_3)]$的射影坐标是$[(\lambda^*, \mu^*, \nu^*)]$. 为简便，设这 4 个参考点分别取齐次坐标$(a_1^*, a_2^*, a_3^*)$，$(b_1^*, b_2^*, b_3^*)$，$(c_1^*, c_2^*, c_3^*)$和$(d_1^*, d_2^*, d_3^*)$，满足

$$(x_1, x_2, x_3) = \lambda^*(a_1^*, a_2^*, a_3^*) + \mu^*(b_1^*, b_2^*, b_3^*) + \nu^*(c_1^*, c_2^*, c_3^*). \tag{3.2.37}$$

由于(t_1a_1, t_1a_2, t_1a_3)，(t_2b_1, t_2b_2, t_2b_3)，(t_3c_1, t_3c_2, t_3c_3)是 $\mathbf{R}^3$ 内不共面的 3 个非零向量，有

$$\begin{aligned}(a_1^*, a_2^*, a_3^*) &= a_{11}(t_1a_1, t_1a_2, t_1a_3) + a_{12}(t_2b_1, t_2b_2, t_2b_3)\\&\quad + a_{13}(t_3c_1, t_3c_2, t_3c_3),\\(b_1^*, b_2^*, b_3^*) &= a_{21}(t_1a_1, t_1a_2, t_1a_3) + a_{22}(t_2b_1, t_2b_2, t_2b_3)\\&\quad + a_{23}(t_3c_1, t_3c_2, t_3c_3),\\(c_1^*, c_2^*, c_3^*) &= a_{31}(t_1a_1, t_1a_2, t_1a_3) + a_{32}(t_2b_1, t_2b_2, t_2b_3)\\&\quad + a_{33}(t_3c_1, t_3c_2, t_3c_3),\end{aligned} \tag{3.2.38}$$

这里 $a_{ij}(1 \leqslant i, j \leqslant 3)$是实数. 由于$(a_1^*, a_2^*, a_3^*)$，$(b_1^*, b_2^*, b_3^*)$，$(c_1^*, c_2^*, c_3^*)$不共面，从(3.2.38)式，有

$$\begin{vmatrix} a_{11} & a_{12} & a_{13} \\ a_{21} & a_{22} & a_{23} \\ a_{31} & a_{32} & a_{33} \end{vmatrix} \neq 0. \tag{3.2.39}$$

利用(3.2.36)式、(3.2.37)式和(3.2.38)式,有

$$
\begin{aligned}
&\lambda(t_1a_1,\ t_1a_2,\ t_1a_3)+\mu(t_2b_1,\ t_2b_2,\ t_2b_3)+\nu(t_3c_1,\ t_3c_2,\ t_3c_3)\\
=\ &\lambda^*\{a_{11}(t_1a_1,\ t_1a_2,\ t_1a_3)+a_{12}(t_2b_1,\ t_2b_2,\ t_2b_3)+a_{13}(t_3c_1,\ t_3c_2,\ t_3c_3)\}\\
&+\mu^*\{a_{21}(t_1a_1,\ t_1a_2,\ t_1a_3)+a_{22}(t_2b_1,\ t_2b_2,\ t_2b_3)+a_{23}(t_3c_1,\ t_3c_2,\ t_3c_3)\}\\
&+\nu^*\{a_{31}(t_1a_1,\ t_1a_2,\ t_1a_3)+a_{32}(t_2b_1,\ t_2b_2,\ t_2b_3)+a_{33}(t_3c_1,\ t_3c_2,\ t_3c_3)\},
\end{aligned}
\tag{3.2.40}
$$

从而有

$$
\begin{cases}
\lambda=a_{11}\lambda^*+a_{21}\mu^*+a_{31}\nu^*,\\
\mu=a_{12}\lambda^*+a_{22}\mu^*+a_{32}\nu^*,\\
\nu=a_{13}\lambda^*+a_{23}\mu^*+a_{33}\nu^*.
\end{cases}
\tag{3.2.41}
$$

这里 $a_{ij}(1\leqslant i,\ j\leqslant 3)$ 是实数,且满足(3.2.39)式.公式(3.2.41)就是在同一个射影平面 $P^2(\mathbf{R})$内,不同射影坐标系中同一个点的两个射影坐标之间的坐标变换公式.

为了表示区别,下面经常讲射影坐标$[(\lambda,\ \mu,\ \nu)]$,齐次坐标$[(a_1,\ a_2,\ a_3)]$等.

四、Desargues 定理

在 $\mathbf{R}^3$ 内的单位球面 $S^2(1)$上,点 $N(0,\ 0,\ 1)$称为北极.

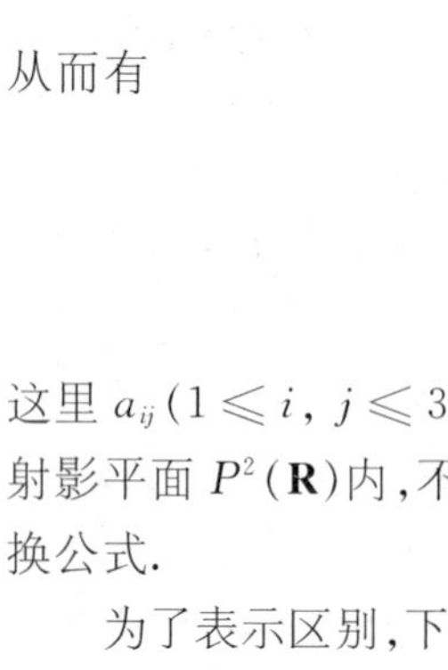

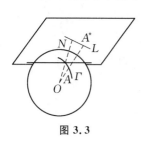

图 3.3

如图 3.3 所示,过原点 O 的一个平面 P,这里平面 P 不平行于平面 $z=1$.平面 P 交 $S^2(1)$ 于一个大圆 Γ,平面 P 交平面 $z=1$ 于一条直线 L.对于大圆 Γ,叠合对径点得射影平面 $P^2(\mathbf{R})$ 上一条射影直线.在点 N 附近,以原点 O 为投影中心,画许多射线,使得直线 L 上一段线段上的点与大圆Γ 上一段圆弧上的点成1—1对应,例如 $O,\ A,\ A^*$这 3 点在同一条射线上,点 A 对应点A^*,点 A^* 在直线 L 上,对应点 A 在一条射影直线上.

对于中学平面几何中只涉及点在直线上、直线通过点的一类命题,就可以通过上述 1—1 对应化为射影平面 $P^2(\mathbf{R})$上一个命题.平面几何中的点对应射影平面 $P^2(\mathbf{R})$上的点,欧氏平面中的一条直线对应 $P^2(\mathbf{R})$上的一条射影直线.因而下述许多定理既是射影平面内的定理,也可以作为欧氏平面中的定理.

Desargues 定理　在平面上,如果两个三角形的对应顶点的连线相交于一点,那么对应边的交点是共线的.

这定理虽然是欧氏平面中的一个定理,由于条件与结论只涉及直线通过点,点在直线上,因而可以投影到射影平面上去证明.

证明　在射影平面 $P^2(\mathbf{R})$上,假设有两个 $\triangle xyz$, $\triangle x^*y^*z^*$, 下面的证明采用点的齐次坐标的方法.

记 $x=[(x_1, x_2, x_3)]$, $y=[(y_1, y_2, y_3)]$, $z=[(z_1, z_2, z_3)]$, $x^*=[(x_1^*, x_2^*, x_3^*)]$, $y^*=[(y_1^*, y_2^*, y_3^*)]$, $z^*=[(z_1^*, z_2^*, z_3^*)]$(这里圆括号内全是齐次坐标).

这两个三角形对应顶点的连线(利用(3.2.12)式)为

$$\alpha=[(x_1, x_2, x_3)\times(x_1^*, x_2^*, x_3^*)],$$
$$\beta=[(y_1, y_2, y_3)\times(y_1^*, y_2^*, y_3^*)],$$
$$\gamma=[(z_1, z_2, z_3)\times(z_1^*, z_2^*, z_3^*)],$$

由定理条件知道:α, β, γ 这 3 条射影直线相交于一点 $w=[(w_1, w_2, w_3)]$(这里圆括号内是齐次坐标).

如图 3.4 所示,设点 x 与点 y 的连线和点 x^* 与点 y^* 的连线交于点 $c=[(c_1, c_2, c_3)]$,点 x 与点 z 的连线和点 x^* 与点 z^* 的连线交于点 $b=[(b_1, b_2, b_3)]$,点 y 与点 z 的连线和点 y^* 与点 z^* 的连线交于点 $a=[(a_1, a_2, a_3)]$.

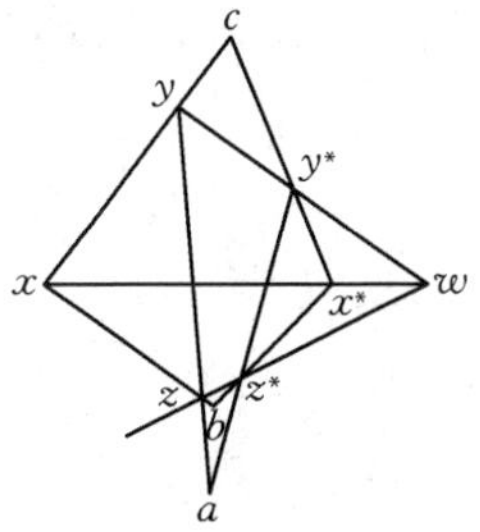

图 3.4

下面分两种情况证明:

(1) 点 w 重合于这两个三角形的某一个顶点,不妨设点 w 重合于点 x,这时候点 x 与点 y 的连线就是点 w 与点 y 的连线. y, y^* 与 w 在同一条射影直线上,点 y^* 在点 x 与点 y 的连线上. 当然,点 y^* 在点 x^* 与点 y^* 的连线上,因而点 y^* 恰是这两条连线的交点 c. 点 z^* 在点 z 与点 w 的连线上,由于点 w 重合于点 x,则点 z^* 在点 z 与点 x 的连线上. 当然,点 z^* 在点 x^* 与点 z^* 的连线上,因而点 z^* 恰是这两条连线的交点,点 z^* 重合于点 b.

由于点 a 在点 y^* 与点 z^* 的连线上,则点 a 在点 c 与点 b 的连线上,3 点 a, b, c 共线.

(2) 点 w 不重合于这两个三角形的任何一个顶点. 由于点 x 与点 x^* 不重合,点 y 与 y^* 不重合,点 z 与点 z^* 不重合(这是定理条件蕴含的,如果有一对点重合,则对应顶点连线无法确定),因而有非零实数 λ, λ^*, μ, μ^*, ν, ν^*, 满足

$$\begin{aligned}(w_1, w_2, w_3)&=(\lambda x_1, \lambda x_2, \lambda x_3)-(\lambda^* x_1^*, \lambda^* x_2^*, \lambda^* x_3^*),\\(w_1, w_2, w_3)&=(\mu y_1, \mu y_2, \mu y_3)-(\mu^* y_1^*, \mu^* y_2^*, \mu^* y_3^*),\\(w_1, w_2, w_3)&=(\nu z_1, \nu z_2, \nu z_3)-(\nu^* z_1^*, \nu^* z_2^*, \nu^* z_3^*).\end{aligned}\qquad(3.2.42)$$

从(3.2.42)式的第一式和第二式,有

$$
\begin{aligned}
&(\lambda x_1, \lambda x_2, \lambda x_3) - (\mu y_1, \mu y_2, \mu y_3) \\
=& (\lambda^* x_1^*, \lambda^* x_2^*, \lambda^* x_3^*) - (\mu^* y_1^*, \mu^* y_2^*, \mu^* y_3^*).
\end{aligned} \tag{3.2.43}
$$

上述公式的左端表示在点 x 与 y 的连线上一点的齐次坐标,上述公式的右端表示在点 x^* 与 y^* 的连线上一点的齐次坐标. 左右两端相等,表示这恰是点 x 与 y 的连线和点 x^* 与 y^* 的连线的交点 c 的齐次坐标.

从(3.2.42)式的第一式和第三式、第二式和第三式,分别有

$$
\begin{aligned}
&(\lambda x_1, \lambda x_2, \lambda x_3) - (\nu z_1, \nu z_2, \nu z_3) \\
=& (\lambda^* x_1^*, \lambda^* x_2^*, \lambda^* x_3^*) - (\nu^* z_1^*, \nu^* z_2^*, \nu^* z_3^*), \\
&(\mu y_1, \mu y_2, \mu y_3) - (\nu z_1, \nu z_2, \nu z_3) \\
=& (\mu^* y_1^*, \mu^* y_2^*, \mu^* y_3^*) - (\nu^* z_1^*, \nu^* z_2^*, \nu^* z_3^*).
\end{aligned} \tag{3.2.44}
$$

(3.2.44)式第一个等式的左、右两端表示点 b 的齐次坐标,第二个等式的左、右两端表示点 a 的齐次坐标.

由于

$$
\begin{aligned}
&1[(\lambda x_1, \lambda x_2, \lambda x_3) - (\mu y_1, \mu y_2, \mu y_3)] - 1[(\lambda x_1, \lambda x_2, \lambda x_3) \\
&- (\nu z_1, \nu z_2, \nu z_3)] + 1[(\mu y_1, \mu y_2, \mu y_3) - (\nu z_1, \nu z_2, \nu z_3)] = 0,
\end{aligned} \tag{3.2.45}
$$

这表示 3 点 a, b, c 的齐次坐标向量在 $\mathbf{R}^3$ 内共面,因而 3 点 a, b, c 共线.

五、Pappus 定理

Pappus 定理 在平面上,设 3 点 x, y, z 在一条直线上,3 点 x^*, y^*, z^* 在另一条直线上,点 y 与 z^* 的连线和点 y^* 与 z 的连线相交于点 a,点 z 与 x^* 的连线和点 z^* 与 x 的连线相交于点 b,点 x 与 y^* 的连线和点 x^* 与 y 的连线相交于点 c,则 a, b, c 共线.

在证明这个定理之前,先来叙述射影平面上点的齐次坐标与射影坐标的关系,然后在射影平面上建立射影坐标系来证明 Pappus 定理.

设在射影平面 $P^2(\mathbf{R})$ 上,有 4 点 $x = [(x_1, x_2, x_3)]$, $y = [(y_1, y_2, y_3)]$, $z = [(z_1, z_2, z_3)]$ 和 $u = [(u_1, u_2, u_3)]$,这里圆括号内都是齐次坐标. 这 4 点中任意 3 点不共线. 这 4 点作为射影平面上的参考点,依次具有射影坐标$[(1, 0, 0)]$, $[(0, 1, 0)]$, $[(0, 0, 1)]$ 和$[(1, 1, 1)]$. 在射影平面 $P^2(\mathbf{R})$ 上任意一点 $v = [(v_1, v_2, v_3)]$, 这里圆括号内是齐次坐标. 由于存在点 x, y, z 的齐次坐标,不妨设是(x_1, x_2, x_3), (y_1, y_2, y_3), (z_1, z_2, z_3), 使得

$$
(v_1, v_2, v_3) = \lambda_1(x_1, x_2, x_3) + \lambda_2(y_1, y_2, y_3) + \lambda_3(z_1, z_2, z_3), \tag{3.2.46}
$$

那么$[(\lambda_1, \lambda_2, \lambda_3)]$是点 v 的射影坐标.

如果一条射影直线上有 3 点 v, w 和 a,这里 $w=[(w_1, w_2, w_3)]$, $a=[(a_1, a_2, a_3)]$, (w_1, w_2, w_3)和(a_1, a_2, a_3)都是齐次坐标,w, a 的射影坐标依次为$[(\mu_1, \mu_2, \mu_3)]$, $[(\nu_1, \nu_2, \nu_3)]$,那么,有点 w 和 a 的齐次坐标,不妨仍记为(w_1, w_2, w_3)和(a_1, a_2, a_3),则

$$\begin{aligned}(w_1, w_2, w_3)&=\mu_1(x_1, x_2, x_3)+\mu_2(y_1, y_2, y_3)+\mu_3(z_1, z_2, z_3),\\(a_1, a_2, a_3)&=\nu_1(x_1, x_2, x_3)+\nu_2(y_1, y_2, y_3)+\nu_3(z_1, z_2, z_3).\end{aligned}\tag{3.2.47}$$

由于(v_1, v_2, v_3), (w_1, w_2, w_3)和(a_1, a_2, a_3)是共面的 3 个非零向量,因此

$$\begin{vmatrix}v_1 & v_2 & v_3\\ w_1 & w_2 & w_3\\ a_1 & a_2 & a_3\end{vmatrix}=0.\tag{3.2.48}$$

从(3.2.46)式、(3.2.47)式、(3.2.48)式,有

$$\begin{vmatrix}\lambda_1 & \lambda_2 & \lambda_3\\ \mu_1 & \mu_2 & \mu_3\\ \nu_1 & \nu_2 & \nu_3\end{vmatrix}\begin{vmatrix}x_1 & x_2 & x_3\\ y_1 & y_2 & y_3\\ z_1 & z_2 & z_3\end{vmatrix}=0.\tag{3.2.49}$$

由于(x_1, x_2, x_3), (y_1, y_2, y_3)和(z_1, z_2, z_3)是 $\mathbf{R}^3$ 内 3 个不共面的非零向量,则(3.2.49)式左端第二个行列式不等于零,因而导出

$$\begin{vmatrix}\lambda_1 & \lambda_2 & \lambda_3\\ \mu_1 & \mu_2 & \mu_3\\ \nu_1 & \nu_2 & \nu_3\end{vmatrix}=0.\tag{3.2.50}$$

这表明 $\mathbf{R}^3$ 内的 3 个非零向量$(\lambda_1, \lambda_2, \lambda_3)$, (μ_1, μ_2, μ_3)和(ν_1, ν_2, ν_3)共面. 于是有 $\mathbf{R}^3$ 内非零向量$(\zeta_1, \zeta_2, \zeta_3)$,满足

$$\begin{cases}\zeta_1\lambda_1+\zeta_2\lambda_2+\zeta_3\lambda_3=0,\\ \zeta_1\mu_1+\zeta_2\mu_2+\zeta_3\mu_3=0,\\ \zeta_1\nu_1+\zeta_2\nu_2+\zeta_3\nu_3=0.\end{cases}\tag{3.2.51}$$

这表明在射影坐标系下,如果两点 v 和 w,它们的射影坐标分别为$[(\lambda_1, \lambda_2, \lambda_3)]$和$[(\mu_1, \mu_2, \mu_3)]$,则在射影坐标系下,连接这两点的射影直线的射影坐标可定义为

$$[(\zeta_1, \zeta_2, \zeta_3)]=[(\lambda_1, \lambda_2, \lambda_3)\times(\mu_1, \mu_2, \mu_3)].\tag{3.2.52}$$

明显地,在射影坐标系下,两条射影直线$[(\zeta_1, \zeta_2, \zeta_3)]$和$[(\eta_1, \eta_2, \eta_3)]$的交点

的射影坐标是$[(\zeta_1, \zeta_2, \zeta_3)\times(\eta_1, \eta_2, \eta_3)]$. 以上两个计算公式与齐次坐标下的计算公式是完全一样的.

现在可以用射影坐标系来证明 Pappus 定理了.

证明　如图 3.5 所示,在射影平面 $P^2(\mathbf{R})$上建立射影坐标系,使得点 y 的射影坐标是$[(1, 0, 0)]$,点 z 的射影坐标是$[(0, 1, 0)]$,点 y^*的射影坐标是$[(0, 0, 1)]$, 点 z^*的射影坐标是$[(1, 1, 1)]$. 点 x, y, z 所在直线 L 的射影坐标是 $[(1, 0, 0)\times(0, 1, 0)]=[(0, 0, 1)]$, 点 x^*, y^*, z^*所在直线 L^*的射影坐标是$[(0, 0, 1)\times(1, 1, 1)]=[(-1, 1, 0)]$. 可设点 x 的射影坐标是$[(x_1, x_2, 0)]$,点 x^*的射影坐标是$[(x_1^*, x_1^*, x_2^*)]$. 容易得到

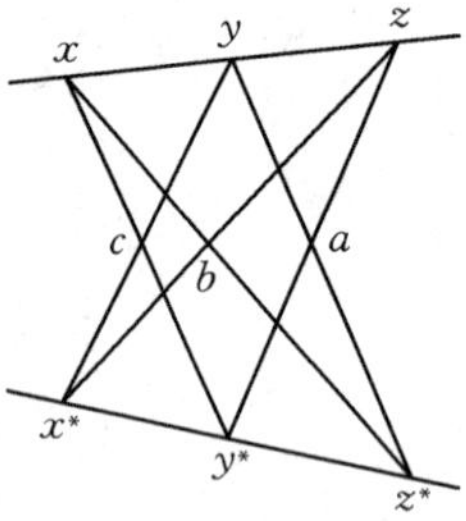

图 3.5

点 y 与点 z^* 的连线的射影坐标 $=[(1, 0, 0)\times(1, 1, 1)]=[(0, -1, 1)]$,

点 y^*与点 z 的连线的射影坐标 $=[(0, 0, 1)\times(0, 1, 0)]=[(-1, 0, 0)]$,

因而

$$点\ a\ 的射影坐标=[(0, -1, 1)\times(-1, 0, 0)]=[(0, -1, -1)],$$

$$\begin{aligned}点\ z\ 与点\ x^*\ 的连线的射影坐标&=[(0, 1, 0)\times(x_1^*, x_1^*, x_2^*)]\\&=[(x_2^*, 0, -x_1^*)],\end{aligned}$$

$$\begin{aligned}点\ z^*\ 与点\ x\ 的连线的射影坐标&=[(1, 1, 1)\times(x_1, x_2, 0)]\\&=[(-x_2, x_1, x_2-x_1)].\end{aligned}$$

于是

$$\begin{aligned}点\ b\ 的射影坐标&=[(x_2^*, 0, -x_1^*)\times(-x_2, x_1, x_2-x_1)]\\&=[(x_1x_1^*, x_2x_1^*-x_2^*(x_2-x_1), x_1x_2^*)],\end{aligned}$$

$$\begin{aligned}点\ x\ 和点\ y^*\ 的连线的射影坐标&=[(x_1, x_2, 0)\times(0, 0, 1)]\\&=[(x_2, -x_1, 0)],\end{aligned}$$

$$\begin{aligned}点\ y\ 和点\ x^*\ 的连线的射影坐标&=[(1, 0, 0)\times(x_1^*, x_1^*, x_2^*)]\\&=[(0, -x_2^*, x_1^*)],\end{aligned}$$

以及

$$\begin{aligned}点\ c\ 的射影坐标&=[(x_2, -x_1, 0)\times(0, -x_2^*, x_1^*)]\\&=[(-x_1x_1^*, -x_2x_1^*, -x_2x_2^*)].\end{aligned}$$

明显地,可以看到

$$\begin{vmatrix} 0 & -1 & -1 \\ x_1x_1^* & x_2x_1^*-x_2^*(x_2-x_1) & x_1x_2^* \\ -x_1x_1^* & -x_2x_1^* & -x_2x_2^* \end{vmatrix} = x_1^2x_1^*x_2^* + x_1x_2x_1^{*2}$$

$$-x_1x_1^*[x_2x_1^*-x_2^*(x_2-x_1)]-x_1x_2x_1^*x_2^*=0,$$

从而 a, b, c 这 3 点共线.

我们从 Desargues 定理和 Pappus 定理的证明中看到两种不同的方法. 一般而言,采用射影坐标系方法更简洁些.

六、第四调和点

如图 3.6 所示,在平面上,设点 x, y 和 u 是一条直线 L 上的 3 个不同的点. 取直线 L 外一点 w,再在点 x 和点 w 的连线上取一点 z,点 z 不同于点 x 和点 w. 设点 y 和点 z 的连线与点 w 和点 u 的连线相交于点 t. 点 x 和点 t 的连线与点 y 和点 w 的连线相交于点 s. 设点 z 与点 s 的连线交直线 L 于点 v.

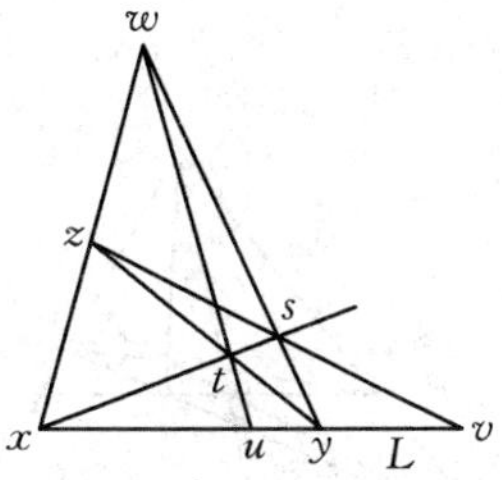

图 3.6

将平面视为射影平面,建立射影坐标系,使得点 w, x, y 和 t 分别取射影坐标 $[(1, 0, 0)]$, $[(0, 1, 0)]$, $[(0, 0, 1)]$ 和 $[(1, 1, 1)]$. 因而

射影直线 L 的射影坐标 $=[(0, 1, 0)\times(0, 0, 1)]=[(1, 0, 0)]$,

点 w 和点 t 的连线的射影坐标 $=[(1, 0, 0)\times(1, 1, 1)]=[(0, -1, 1)]$,

于是

点 u 的射影坐标 $=[(1, 0, 0)\times(0, -1, 1)]=[(0, 1, 1)]$,

点 x 与点 w 的连线的射影坐标 $=[(0, 1, 0)\times(1, 0, 0)]=[(0, 0, -1)]$,

点 y 与点 t 的连线的射影坐标 $=[(0, 0, 1)\times(1, 1, 1)]=[(-1, 1, 0)]$,

于是

点 z 的射影坐标 $=[(0, 0, -1)\times(-1, 1, 0)]=[(1, 1, 0)]$,

点 w 与点 y 的连线的射影坐标 $=[(1, 0, 0)\times(0, 0, 1)]=[(0, -1, 0)]$,

点 x 与点 t 的连线的射影坐标 $=[(0, 1, 0)\times(1, 1, 1)]=[(1, 0, -1)]$,

于是

点 s 的射影坐标 $=[(0, -1, 0)\times(1, 0, -1)]=[(1, 0, 1)]$,

点 z 与点 s 的连线的射影坐标 $=[(1, 1, 0)\times(1, 0, 1)]=[(1, -1, -1)]$,

交点 v 的射影坐标 $=[(1, 0, 0)\times(1, -1, -1)]=[(0, 1, -1)]$.

射影直线 L 的方程是 $x_1=0$. 在 L 上可以建立射影坐标系,使得点 x, y 和

u 的射影坐标分别是[(1, 0)], [(0, 1)], [(1, 1)],则从上面可以看出点 v 的射影坐标是[(1, −1)]. 称具有这样的射影坐标的点为直线 L 上关于点 x, y 和 u 的第四调和点. 它只与点 x, y 和 u 的位置有关,当然与点 w 和点 z 的选择无关.

七、对偶原理

从前面叙述可以知道,在射影平面 $P^2(\mathbf{R})$ 的运算中,$[(a_1, a_2, a_3)]$ 既可以用作点的射影坐标,也可以用作射影直线的射影坐标. 因此,在射影平面中,点和射影直线的地位是对称的.

例如,方程

$$\zeta_1 x_1 + \zeta_2 x_2 + \zeta_3 x_3 = 0.$$

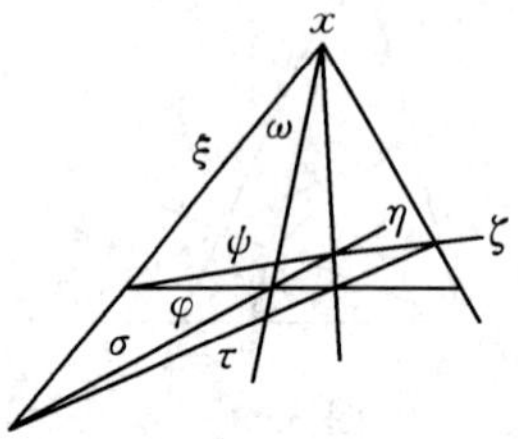

图 3.7

如果直线的射影坐标 $[(\zeta_1, \zeta_2, \zeta_3)]$ 固定,点的射影坐标 $[(x_1, x_2, x_3)]$ 变化,则上述方程表达成一条射影直线方程. 如果点的射影坐标 $[(\zeta_1, \zeta_2, \zeta_3)]$ 固定,直线的射影坐标 $[(x_1, x_2, x_3)]$ 变化,则上述方程表示通过一个公共点 $[(\zeta_1, \zeta_2, \zeta_3)]$ 的一族射影直线方程.

因此在射影平面的一个定理中对调点和射影直线的位置,可以得到一个新的定理,这个新的定理称为对偶定理. 我们以上述直线上第四调和点为例说明怎样对调点与直线的位置来得到新定理的,如图 3.7 所示.

定理

在平面上,设点 x, y 和 u 是一条直线 L 上的 3 个不同的点.

取直线 L 外的一点 w,再在点 x 和点 w 的连线上取一点 z,点 z 不同于点 x 和 w.

设点 y 和点 z 的连线与点 w 和点 u 的连线相交于点 t;

点 x 和点 t 的连线与点 y 和点 w 的连线相交于点 s;

设点 z 和点 s 的连线交直线 L 于点 v.

点 v 称为直线 L 上关于点 x, y 和 u 的第四调和点. 它不依赖于点 w 和点 z 的选择.

对偶定理

在平面上,设 ξ, η 和 ζ 是通过同一点 x 的 3 条不同的直线.

取不通过点 x 的一条直线 ψ,通过直线 ξ 和直线 ψ 的交点作一条直线 φ,直线 φ 不同于 ξ 和 ψ.

设直线 η 和直线 φ 的交点与直线 ψ 和直线 ζ 的交点的连线为 τ;

直线 ξ 和直线 τ 的交点与直线 η 和直线 ψ 的交点的连线为 σ;

设直线 φ 和直线 σ 的交点与点 x 的连线为 ω.

直线 ω 称为过点 x 的 3 条直线 ξ, η, ζ 的第四调和直线. 它不依赖于直线 ψ 和直线 φ 的选择.

八、直线间的射影变换

定义 1　一条射影直线 L 到一条射影直线 L^* 上的一个映射 π,对于 L 上任一点 x,其射影坐标是 $[(x_1, x_2)]$,L^* 上点 $\pi(x)$ 的射影坐标是 $[(x_1^*, x_2^*)]$. 如果点 x 和 $\pi(x)$ 的射影坐标满足关系式:

$$\begin{cases}\rho x_1^* = a_{11}x_1 + a_{12}x_2,\\ \rho x_2^* = a_{21}x_1 + a_{22}x_2,\end{cases}$$

这里 $a_{ij}(i, j = 1, 2)$ 是固定实数,且 $a_{11}a_{22} - a_{12}a_{21} \neq 0$, ρ 是非零实数,ρ 依赖于 x_1, x_2,那么称映射 π 是 L 到 L^* 上的一个射影变换.

注　对于射影直线上的不同的射影坐标系,这射影变换的定义满足的关系式的形式是一样的. 当然实数 a_{11}, a_{12}, a_{21}, a_{22} 会有所改变.

定理 1　将一条射影直线 L 上任意指定的 3 个不同点 x, y, z 依次映成一条射影直线 L^* 上任意指定的 3 个不同点 x^*, y^*, z^* 的射影变换 π 存在而且唯一.

证明　在 L 上取射影坐标系,使得点 x, y, z 的射影坐标分别为 $[(1, 0)]$, $[(0, 1)]$ 和 $[(1, 1)]$. 在 L^* 上取射影坐标系,使得点 x^*, y^*, z^* 的射影坐标分别为 $[(1, 0)]$, $[(0, 1)]$ 和 $[(1, 1)]$.

利用 $x^* = \pi(x)$ 以及定义 1 中的公式,由于点 x^* 具有射影坐标 $[(1, 0)]$,点 x 也具有射影坐标 $[(1, 0)]$,有

$$\begin{cases}\rho = a_{11},\\ 0 = a_{21}.\end{cases} \tag{3.2.53}$$

类似地,利用 $y^* = \pi(y)$, $z^* = \pi(z)$, 有

$$\begin{cases}0 = a_{12},\\ \rho^* = a_{22},\end{cases} \qquad \begin{cases}\sigma = a_{11},\\ \sigma = a_{22}\end{cases} \quad (\text{利用 } a_{12} = 0,\ a_{21} = 0). \tag{3.2.54}$$

这里 ρ, ρ^*, σ 是 3 个非零实数,因而 $a_{11} = a_{22}$. 从而,将 L 上任意指定的 3 个不同点 x, y, z 依次映成 L^* 上任意指定的 3 个不同点 x^*, y^*, z^* 的射影变换在上述射影坐标系下只能是下述形式:

$$\begin{cases}\rho x_1^* = a_{11}x_1,\\ \rho x_2^* = a_{11}x_2.\end{cases} \tag{3.2.55}$$

这里,a_{11} 是固定非零实数,ρ 也是非零实数,且依赖于 x_1, x_2. 因而在上述射影坐标系下,直线 L 上射影坐标是 $[(x_1, x_2)]$ 的点映成直线 L^* 上射影坐标是 $[(x_1, x_2)]$ (同一射影坐标)的点,这表明满足定理条件的射影变换存在而且唯一.

九、交比

在一条射影直线 L 上取不同 4 点 y, z, u, v. 设 y, z, u, v 的齐次坐标依次为$[(y_1, y_2, y_3)]$, $[(z_1, z_2, z_3)]$, $[(u_1, u_2, u_3)]$, $[(v_1, v_2, v_3)]$. 显然,存在 4 个非零实数 $\lambda_1, \lambda_2, \mu_1, \mu_2$,使得

$$\begin{aligned}(u_1, u_2, u_3) &= \lambda_1(y_1, y_2, y_3) + \lambda_2(z_1, z_2, z_3),\\ (v_1, v_2, v_3) &= \mu_1(y_1, y_2, y_3) + \mu_2(z_1, z_2, z_3).\end{aligned} \tag{3.2.56}$$

定义 2　一条射影直线上不同 4 点 y, z, u, v 的交比为

$$R(y, z; u, v) = \frac{\mu_1\lambda_2}{\mu_2\lambda_1}.$$

交比有许多性质.

性质 1　交比与齐次坐标的选择无关.

证明　对于点 y,取齐次坐标 $(y_1^*, y_2^*, y_3^*) = (\sigma y_1, \sigma y_2, \sigma y_3)$;对于点 z,取齐次坐标$(z_1^*, z_2^*, z_3^*) = (\delta z_1, \delta z_2, \delta z_3)$;对于点 u,取齐次坐标$(u_1^*, u_2^*, u_3^*) = (\tau u_1, \tau u_2, \tau u_3)$;对于点 v,取齐次坐标$(v_1^*, v_2^*, v_3^*) = (\eta v_1, \eta v_2, \eta v_3)$, 这里 σ, δ, τ, η 是不为零的实数. 利用(3.2.56)式,有

$$\begin{aligned}(u_1^*, u_2^*, u_3^*) &= \frac{\tau\lambda_1}{\sigma}(y_1^*, y_2^*, y_3^*) + \frac{\tau\lambda_2}{\delta}(z_1^*, z_2^*, z_3^*),\\ (v_1^*, v_2^*, v_3^*) &= \frac{\eta\mu_1}{\sigma}(y_1^*, y_2^*, y_3^*) + \frac{\eta\mu_2}{\delta}(z_1^*, z_2^*, z_3^*).\end{aligned} \tag{3.2.57}$$

因为

$$\frac{\dfrac{\eta\mu_1}{\sigma}\,\dfrac{\tau\lambda_2}{\delta}}{\dfrac{\eta\mu_2}{\delta}\,\dfrac{\tau\lambda_1}{\sigma}} = \frac{\mu_1\lambda_2}{\mu_2\lambda_1}, \tag{3.2.58}$$

所以,$R(y, z; u, v)$的定义的确与齐次坐标的选择无关.

性质 2　在一条射影直线到一条射影直线的射影变换下,对应 4 点的交比保持不变.

证明　在射影直线 L 上,设已取定参考点 a, b, c,其射影坐标依次为$[(1, 0)]$, $[(0, 1)]$和$[(1, 1)]$,其齐次坐标依次为$[(a_1, a_2, a_3)]$, $[(b_1, b_2, b_3)]$和$[(c_1, c_2, c_3)]$. 设 L 上 4 点 y, z, u, v 在这射影坐标系下依次取射影坐标$[(y_1^*, y_2^*)]$, $[(z_1^*, z_2^*)]$, $[(u_1^*, u_2^*)]$, $[(v_1^*, v_2^*)]$, 则 y, z, u, v 的齐次坐标分别满足

$$(y_1, y_2, y_3) = y_1^*(a_1, a_2, a_3) + y_2^*(b_1, b_2, b_3),$$

$$(z_1, z_2, z_3) = z_1^*(a_1, a_2, a_3) + z_2^*(b_1, b_2, b_3),$$
$$(u_1, u_2, u_3) = u_1^*(a_1, a_2, a_3) + u_2^*(b_1, b_2, b_3), \quad (3.2.59)$$
$$(v_1, v_2, v_3) = v_1^*(a_1, a_2, a_3) + v_2^*(b_1, b_2, b_3).$$

设射影直线 L 到射影直线 L^* 的射影变换 π 由定义 1 的公式确定,则射影直线 L^*上 $\pi(y)$, $\pi(z)$, $\pi(u)$, $\pi(v)$ 的射影坐标依次是

$$[(a_{11}y_1^*+a_{12}y_2^*,\ a_{21}y_1^*+a_{22}y_2^*)],\ [(a_{11}z_1^*+a_{12}z_2^*,\ a_{21}z_1^*+a_{22}z_2^*)],$$
$$[(a_{11}u_1^*+a_{12}u_2^*,\ a_{21}u_1^*+a_{22}u_2^*)],\ [(a_{11}v_1^*+a_{12}v_2^*,\ a_{21}v_1^*+a_{22}v_2^*)].$$

这里设射影直线 L^*上的参考点为 a^*, b^*, c^*, 对应的射影坐标依次为 $[(1, 0)]$, $[(0, 1)]$, $[(1, 1)]$;对应的齐次坐标是$[(\bar{a}_1, \bar{a}_2, \bar{a}_3)]$, $[(\bar{b}_1, \bar{b}_2, \bar{b}_3)]$, $[(\bar{c}_1, \bar{c}_2, \bar{c}_3)]$.

设 $\pi(y)$, $\pi(z)$, $\pi(u)$, $\pi(v)$的齐次坐标依次为$[(\bar{y}_1, \bar{y}_2, \bar{y}_3)]$, $[(\bar{z}_1, \bar{z}_2, \bar{z}_3)]$, $[(\bar{u}_1, \bar{u}_2, \bar{u}_3)]$, $[(\bar{v}_1, \bar{v}_2, \bar{v}_3)]$,则有相应的齐次坐标,满足

$$(\bar{y}_1, \bar{y}_2, \bar{y}_3) = (a_{11}y_1^*+a_{12}y_2^*)(\bar{a}_1, \bar{a}_2, \bar{a}_3) + (a_{21}y_1^*+a_{22}y_2^*)(\bar{b}_1, \bar{b}_2, \bar{b}_3),$$
$$(\bar{z}_1, \bar{z}_2, \bar{z}_3) = (a_{11}z_1^*+a_{12}z_2^*)(\bar{a}_1, \bar{a}_2, \bar{a}_3) + (a_{21}z_1^*+a_{22}z_2^*)(\bar{b}_1, \bar{b}_2, \bar{b}_3),$$
$$(\bar{u}_1, \bar{u}_2, \bar{u}_3) = (a_{11}u_1^*+a_{12}u_2^*)(\bar{a}_1, \bar{a}_2, \bar{a}_3) + (a_{21}u_1^*+a_{22}u_2^*)(\bar{b}_1, \bar{b}_2, \bar{b}_3),$$
$$(\bar{v}_1, \bar{v}_2, \bar{v}_3) = (a_{11}v_1^*+a_{12}v_2^*)(\bar{a}_1, \bar{a}_2, \bar{a}_3) + (a_{21}v_1^*+a_{22}v_2^*)(\bar{b}_1, \bar{b}_2, \bar{b}_3).$$
$$(3.2.60)$$

由于

$$(u_1, u_2, u_3) = \lambda_1(y_1, y_2, y_3) + \lambda_2(z_1, z_2, z_3)\text{(见(3.2.56) 式的第一式)}$$
$$= (\lambda_1 y_1^*+\lambda_2 z_1^*)(a_1, a_2, a_3) + (\lambda_1 y_2^*+\lambda_2 z_2^*)(b_1, b_2, b_3)$$
$$\text{(利用(3.2.59) 式)}, \quad (3.2.61)$$

则

$$u_1^* = \lambda_1 y_1^*+\lambda_2 z_1^*, \qquad u_2^* = \lambda_1 y_2^*+\lambda_2 z_2^*. \quad (3.2.62)$$

类似地,有

$$v_1^* = \mu_1 y_1^*+\mu_2 z_1^*, \qquad v_2^* = \mu_1 y_2^*+\mu_2 z_2^*. \quad (3.2.63)$$

从而可以看到

$$(\bar{u}_1, \bar{u}_2, \bar{u}_3) = \{a_{11}(\lambda_1 y_1^*+\lambda_2 z_1^*) + a_{12}(\lambda_1 y_2^*+\lambda_2 z_2^*)\}(\bar{a}_1, \bar{a}_2, \bar{a}_3)$$
$$+ \{a_{21}(\lambda_1 y_1^*+\lambda_2 z_1^*) + a_{22}(\lambda_1 y_2^*+\lambda_2 z_2^*)\}(\bar{b}_1, \bar{b}_2, \bar{b}_3)$$
$$\text{(利用(3.2.60) 式的第三式及(3.2.62)式)}$$
$$= \{\lambda_1(a_{11}y_1^*+a_{12}y_2^*) + \lambda_2(a_{11}z_1^*+a_{12}z_2^*)\}(\bar{a}_1, \bar{a}_2, \bar{a}_3)$$

$$+\{\lambda_1(a_{21}y_1^*+a_{22}y_2^*)+\lambda_2(a_{21}z_1^*+a_{22}z_2^*)\}(\bar{b}_1, \bar{b}_2, \bar{b}_3)$$
$$=\lambda_1(\bar{y}_1, \bar{y}_2, \bar{y}_3)+\lambda_2(\bar{z}_1, \bar{z}_2, \bar{z}_3)$$
(利用(3.2.60)式的第一、第二式).　(3.2.64)

完全类似地,有

$$(\bar{v}_1, \bar{v}_2, \bar{v}_3)=\mu_1(\bar{y}_1, \bar{y}_2, \bar{y}_3)+\mu_2(\bar{z}_1, \bar{z}_2, \bar{z}_3). \tag{3.2.65}$$

从(3.2.64)式和(3.2.65)式,可以得到

$$R(\pi(y), \pi(z); \pi(u), \pi(v))=\frac{\mu_1\lambda_2}{\mu_2\lambda_1}=R(y, z; u, v). \tag{3.2.66}$$

这就是性质2.利用(3.2.62)式和(3.2.63)式,交比可以用射影坐标定义.

定义1中的公式既是射影变换的公式,从(3.2.31)式也可以知道,它也是同一条射影直线上不同射影坐标系之间的点的坐标变换公式.因此,交比在直线的射影坐标变换下也不变.

我们从交比的定义,可以看到

$$R(y, z; v, u)=\frac{1}{R(y, z; u, v)}. \tag{3.2.67}$$

利用(3.2.56)式可以得到

$$\begin{aligned}(y_1, y_2, y_3)&=\frac{\mu_2}{\delta}(u_1, u_2, u_3)-\frac{\lambda_2}{\delta}(v_1, v_2, v_3),\\(z_1, z_2, z_3)&=-\frac{\mu_1}{\delta}(u_1, u_2, u_3)+\frac{\lambda_1}{\delta}(v_1, v_2, v_3),\end{aligned} \tag{3.2.68}$$

这里 $\delta=\lambda_1\mu_2-\lambda_2\mu_1$.

根据交比的定义,有

$$R(u, v; y, z)=\frac{\left(-\frac{\mu_1}{\delta}\right)\left(-\frac{\lambda_2}{\delta}\right)}{\left(\frac{\lambda_1}{\delta}\right)\left(\frac{\mu_2}{\delta}\right)}=\frac{\mu_1\lambda_2}{\mu_2\lambda_1}=R(y, z; u, v). \tag{3.2.69}$$

从(3.2.56)式又可以看到

$$(z_1, z_2, z_3)=-\frac{\lambda_1}{\lambda_2}(y_1, y_2, y_3)+\frac{1}{\lambda_2}(u_1, u_2, u_3),$$
$$(v_1, v_2, v_3)=\mu_1(y_1, y_2, y_3)+\mu_2\left\{-\frac{\lambda_1}{\lambda_2}(y_1, y_2, y_3)+\frac{1}{\lambda_2}(u_1, u_2, u_3)\right\}$$

$$= \left(\mu_1 - \frac{\mu_2\lambda_1}{\lambda_2}\right)(y_1, y_2, y_3) + \frac{\mu_2}{\lambda_2}(u_1, u_2, u_3). \tag{3.2.70}$$

于是利用交比的定义,有

$$R(y, u; z, v) = \frac{\left(\mu_1 - \frac{\mu_2\lambda_1}{\lambda_2}\right)\left(\frac{1}{\lambda_2}\right)}{\left(\frac{\mu_2}{\lambda_2}\right)\left(-\frac{\lambda_1}{\lambda_2}\right)} = -\frac{\mu_1\lambda_2 - \mu_2\lambda_1}{\lambda_1\mu_2}$$

$$= 1 - \frac{\mu_1\lambda_2}{\mu_2\lambda_1} = 1 - R(y, z; u, v). \tag{3.2.71}$$

利用(3.2.67)式和(3.2.69)式,可以得到下述性质 3.

性质 3 (1) $R(y, z; u, v) = R(u, v; y, z) = \dfrac{1}{R(u, v; z, y)}$

$$= \frac{1}{R(z, y; u, v)} = R(z, y; v, u)$$

$$= R(v, u; z, y). \tag{3.2.72}$$

记

$$R(y, z; u, v) = \alpha, \tag{3.2.73}$$

利用(3.2.72)式和(3.2.73)式,有

(2) $R(z, y; u, v) = R(u, v; z, y) = R(y, z; v, u)$

$$= R(v, u; y, z) = \frac{1}{\alpha}. \tag{3.2.74}$$

(3) $R(y, u; z, v) = R(z, v; y, u) = R(u, y; v, z)$

$= R(v, z; u, y) = 1 - \alpha$ (利用(3.2.71)式). (3.2.75)

(4) $R(z, u; y, v) = R(y, v; z, u) = R(u, z; v, y)$

$= R(v, y; u, z) = 1 - \dfrac{1}{\alpha}$

(利用(3.2.71)式和(3.2.74)式). (3.2.76)

(5) $R(u, y; z, v) = R(z, v; u, y) = R(y, u; v, z)$

$= R(v, z; y, u) = \dfrac{1}{1-\alpha}$

(利用(3.2.67)式和(3.2.75)式). (3.2.77)

(6) $R(u, z; y, v) = R(y, v; u, z) = R(z, u; v, y)$

$$= R(v, y; z, u) = \frac{1}{1 - \frac{1}{\alpha}}$$

(利用(3.2.67)式和(3.2.76)式)

$$= \frac{\alpha}{\alpha - 1}. \qquad (3.2.78)$$

这样,4 点 y, z, u, v 的全部排列对应的 24 个交比的值的关系式就全部得到了.

对于一条直线上关于点 x, y 和 u 的第四调和点 v,利用

$$(u_1, u_2, u_3) = (x_1, x_2, x_3) + (y_1, y_2, y_3),$$

$$(v_1, v_2, v_3) = (x_1, x_2, x_3) - (y_1, y_2, y_3),$$

可以知道

$$R(x, y; u, v) = -1. \qquad (3.2.79)$$

十、欧氏平面内直线上点的坐标与对应射影直线上点的齐次坐标和射影坐标的关系

考虑上半球面

$$S_+^2(1) = \{(x_1, x_2, x_3) \in \mathbf{R}^3 \mid x_1^2 + x_2^2 + x_3^2 = 1, x_3 > 0\}. \qquad (3.2.80)$$

在上半球面 $S_+^2(1)$ 上任取一点 $x(x_1, x_2, x_3)$,直线 Ox(O 为原点)与平面 $x_3 = 1$ 有一个交点 $x^*(x_1^*, x_2^*, 1)$. 由于 3 点 O, x, x^* 在同一条从点 O 出发的射线上,则存在正实数 λ, 使得

$$\overrightarrow{Ox} = \lambda \overrightarrow{Ox^*}. \qquad (3.2.81)$$

于是,有

$$(x_1, x_2, x_3) = \lambda(x_1^*, x_2^*, 1), \qquad (3.2.82)$$

即

$$x_1 = \lambda x_1^*, \qquad x_2 = \lambda x_2^*, \qquad x_3 = \lambda. \qquad (3.2.83)$$

利用(3.2.80)式,有

$$\lambda^2 (x_1^{*2} + x_2^{*2} + 1) = 1, \qquad (3.2.84)$$

所以

$$\lambda=\frac{1}{\sqrt{x_1^{*2}+x_2^{*2}+1}}.\tag{3.2.85}$$

将(3.2.85)式代入(3.2.83)式,有

$$x_1=\frac{x_1^*}{\sqrt{x_1^{*2}+x_2^{*2}+1}},\quad x_2=\frac{x_2^*}{\sqrt{x_1^{*2}+x_2^{*2}+1}},\quad x_3=\frac{1}{\sqrt{x_1^{*2}+x_2^{*2}+1}}.\tag{3.2.86}$$

将平面 $x_3=1$ 上点用 $(x_1^*, x_2^*, 1)$ 表示,在平面 $x_3=1$ 上有一条直线

$$Ax_1^*+Bx_2^*+C=0,\tag{3.2.87}$$

这里 A, B 是不全为零的两个实数, C 是一个任意实数.

将(3.2.86)式代入(3.2.87)式,有

$$Ax_1+Bx_2+\frac{C}{\sqrt{x_1^{*2}+x_2^{*2}+1}}=0,\tag{3.2.88}$$

即

$$Ax_1+Bx_2+Cx_3=0.\tag{3.2.89}$$

上述公式恰是射影平面 $P^2(\mathbf{R})$ 中射影直线的方程.

从(3.2.86)式可以看到

$$x_1^*=\frac{x_1}{x_3},\qquad x_2^*=\frac{x_2}{x_3}.\tag{3.2.90}$$

我们称欧氏平面内点 $\left(\frac{x_1}{x_3}, \frac{x_2}{x_3}\right)$ 为射影平面内点 $[(x_1, x_2, x_3)]$ 的对应点(这里圆括号内是齐次坐标).

例如,在欧氏平面(平面 $x_3=1$)上椭圆、双曲线、抛物线方程依次为

$$\frac{x_1^{*2}}{a^2}+\frac{x_2^{*2}}{b^2}=1,\quad \frac{x_1^{*2}}{a^2}-\frac{x_2^{*2}}{b^2}=1,\quad x_2^{*2}=2px_1^*,$$

这里 a, b 是两个正常数, p 是一个非零实数. 利用公式(3.2.90),这 3 条曲线在射影平面内对应

$$\frac{x_1^2}{a^2}+\frac{x_2^2}{b^2}-x_3^2=0,\quad \frac{x_1^2}{a^2}-\frac{x_2^2}{b^2}-x_3^2=0,\quad x_2^2-2px_1x_3=0,$$

这里 $x_3\neq0$.

从上面叙述可以看出,在射影平面 $P^2(\mathbf{R})$ 上,射影直线 $x_3=0$ 上的点在平面 $x_3=1$ 上是无法找到对应点的. 为了弥补这一缺陷,抽象地在平面 $x_3=1$ 上

"添加"一条无穷远直线,这条直线上的点 1—1 对应射影直线 $x_3=0$ 上的点.因而通常讲欧氏平面"添加"一条无穷远直线为一个射影平面.

在欧氏平面上有平行直线,而射影平面上任意两条射影直线都相交,为了统一语言,通常地讲欧氏平面上两条平行直线相交于一个无穷远点(无穷远直线上一点),这从公式(3.2.87),(3.2.89)能很快得到.例如 Desargues 定理的结论,在欧氏平面上如果有两组对应边平行,那么另外一组对应边也必平行,即它们的交点都是无穷远点,这 3 个无穷远点仍然共线在同一条无穷远直线上.当然,也可能两组对应边分别相交于一点,这两点的连线为 L,而另外一组对应边分别平行于 L,即这组对应边的交点为直线 L 上的无穷远点.这是在运用射影平面的结论于欧氏平面时要注意的一点.

在一条射影直线 L 上,如果已取定参考点 x, x^* 和 w,这 3 点的齐次坐标依次为 $[(x_1, x_2, x_3)]$, $[(x_1^*, x_2^*, x_3^*)]$, $[(w_1, w_2, w_3)]$,它们的射影坐标依次为 $[(1, 0)]$, $[(0, 1)]$, $[(1, 1)]$,于是在射影直线 L 上有了一个射影坐标系.

设 L 上有 4 点 y, z, u, v,它们的齐次坐标依次为 $[(y_1, y_2, y_3)]$, $[(z_1, z_2, z_3)]$, $[(u_1, u_2, u_3)]$, $[(v_1, v_2, v_3)]$,它们的射影坐标依次为 $[(y_1^*, y_2^*)]$, $[(z_1^*, z_2^*)]$, $[(u_1^*, u_2^*)]$, $[(v_1^*, v_2^*)]$,于是有点 x, x^* 的齐次坐标,不妨仍记为 (x_1, x_2, x_3), (x_1^*, x_2^*, x_3^*),满足

$$
\begin{aligned}
(y_1, y_2, y_3) &= y_1^*(x_1, x_2, x_3) + y_2^*(x_1^*, x_2^*, x_3^*),\\
(z_1, z_2, z_3) &= z_1^*(x_1, x_2, x_3) + z_2^*(x_1^*, x_2^*, x_3^*),\\
(u_1, u_2, u_3) &= u_1^*(x_1, x_2, x_3) + u_2^*(x_1^*, x_2^*, x_3^*),\\
(v_1, v_2, v_3) &= v_1^*(x_1, x_2, x_3) + v_2^*(x_1^*, x_2^*, x_3^*).
\end{aligned} \tag{3.2.91}
$$

从(3.2.91)式,有

$$
(u_1, u_2, u_3) = \frac{u_1^*z_2^* - u_2^*z_1^*}{y_1^*z_2^* - y_2^*z_1^*}(y_1, y_2, y_3) + \frac{y_1^*u_2^* - y_2^*u_1^*}{y_1^*z_2^* - y_2^*z_1^*}(z_1, z_2, z_3), \tag{3.2.92}
$$

$$
(v_1, v_2, v_3) = \frac{v_1^*z_2^* - v_2^*z_1^*}{y_1^*z_2^* - y_2^*z_1^*}(y_1, y_2, y_3) + \frac{y_1^*v_2^* - y_2^*v_1^*}{y_1^*z_2^* - y_2^*z_1^*}(z_1, z_2, z_3), \tag{3.2.93}
$$

则

$$
R(y, z; u, v) = \frac{(v_1^*z_2^* - v_2^*z_1^*)(y_1^*u_2^* - y_2^*u_1^*)}{(y_1^*v_2^* - y_2^*v_1^*)(u_1^*z_2^* - u_2^*z_1^*)}. \tag{3.2.94}
$$

点 x 对应欧氏平面 $x_3=1$ 内点 $\left(\frac{x_1}{x_3}, \frac{x_2}{x_3}\right)$,点 x^* 对应点 $\left(\frac{x_1^*}{x_3^*}, \frac{x_2^*}{x_3^*}\right)$(这里为简

便，省略欧氏平面 $x_3=1$ 内点的坐标的第三分量 1). 不妨设点 x 对应欧氏平面 $x_3=1$ 内直角坐标系的原点(0, 0)，点 x^* 对应点(1, 0)，从而有

$$x_1=0,\quad x_2=0,\quad x_3\neq 0,\quad x_1^*=x_3^*,\quad x_2^*=0.$$

取 $x_3=x_1^*$，那么，点 y 对应欧氏平面 $x_3=1$ 内点 y^* 的坐标是 $\left(\frac{y_1}{y_3},\frac{y_2}{y_3}\right)=\left(\frac{y_1^*x_1+y_2^*x_1^*}{y_1^*x_3+y_2^*x_3^*},\frac{y_1^*x_2+y_2^*x_2^*}{y_1^*x_3+y_2^*x_3^*}\right)=\left(\frac{y_2^*}{y_1^*+y_2^*},0\right)$ (利用(3.2.91)式).

类似地，点 z 对应欧氏平面 $x_3=1$ 内的点 z^* 的坐标是 $\left(\frac{z_2^*}{z_1^*+z_2^*},0\right)$，点 u 的对应点 u^* 的坐标是 $\left(\frac{u_2^*}{u_1^*+u_2^*},0\right)$，点 v 的对应点 v^* 的坐标是 $\left(\frac{v_2^*}{v_1^*+v_2^*},0\right)$. 那么欧氏平面 $x_3=1$ 内同一条直线上 4 点 y^*, z^*, u^*, v^* 的有向线段的比值

$$\begin{aligned}\frac{\overline{u^*y^*}\ \overline{v^*z^*}}{\overline{u^*z^*}\ \overline{v^*y^*}}&=\frac{\left(\frac{y_2^*}{y_1^*+y_2^*}-\frac{u_2^*}{u_1^*+u_2^*}\right)\left(\frac{z_2^*}{z_1^*+z_2^*}-\frac{v_2^*}{v_1^*+v_2^*}\right)}{\left(\frac{z_2^*}{z_1^*+z_2^*}-\frac{u_2^*}{u_1^*+u_2^*}\right)\left(\frac{y_2^*}{y_1^*+y_2^*}-\frac{v_2^*}{v_1^*+v_2^*}\right)}\\&=\frac{(y_2^*u_1^*-y_1^*u_2^*)(z_2^*v_1^*-z_1^*v_2^*)}{(z_2^*u_1^*-z_1^*u_2^*)(y_2^*v_1^*-y_1^*v_2^*)}\\&=R(y,z;u,v)\quad(\text{利用(3.2.94)式}).\end{aligned}\tag{3.2.95}$$

当我们等同点 y 与 y^*，z 与 z^*，u 与 u^*，v 与 v^* 时，公式(3.2.95)可以作为欧氏平面内一条直线上不同 4 点交比的定义.

十一、配景

我们知道，当射影直线 $\zeta=[(\zeta_1,\zeta_2,\zeta_3)]$，射影直线 $\eta=[(\eta_1,\eta_2,\eta_3)]$(圆括号内全是齐次坐标)，则 ζ 与 η 的交点的齐次坐标是 $[(\zeta_1,\zeta_2,\zeta_3)\times(\eta_1,\eta_2,\eta_3)]$. 为叙述方便，将 ζ 与 η 的交点记为 $\zeta\times\eta$，即 ζ 的齐次坐标外积 η 的齐次坐标得交点的齐次坐标. 求两点 a, b 的连线，也用外积 $a\times b$ 表示.

如图 3.8 所示，在平面上有一个线束 a，即通过点 a 的全部(无限多条)直线的集合. 另有一条直线 L，不通过点 a. 在线束 a 中任取一条直线 ζ，直线 ζ 与 L 的交点可用外积 $\zeta\times L$ 表示. 定义线束 a 到直线 L 的一个映射 π：

$$\pi(\zeta)=\zeta\times L.\tag{3.2.96}$$

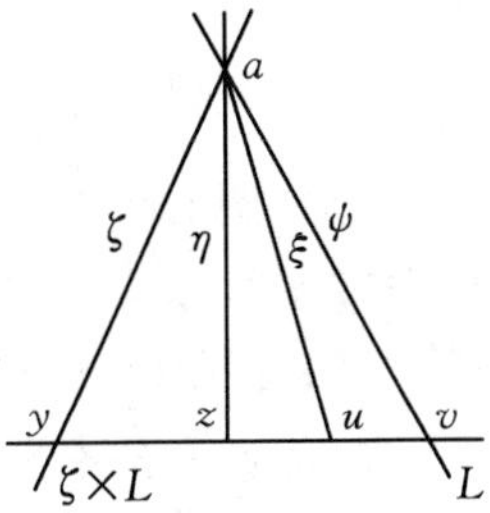

图 3.8

映射 π 称为线束 a 到直线 L 的一个配景. 从配景定义可

以看出 π 是 1—1 到上的一个映射.

同一条直线上的 4 点可定义交比.对偶地,线束 a 内 4 条直线也可以定义交比.只须将公式(3.2.56)及定义 2 中点的齐次坐标理解为直线的齐次坐标即可.

定理 2 (1) 线束 a 到不通过点 a 的一条直线 L 的 1—1 的到上的映射 π,如果线束 a 中任意 4 条直线的交比等于 L 上依次对应 4 点的交比,则这映射 π 一定是射影变换.

注　定义 1 给出了直线 L 上点到直线 L^*上点的射影变换.将直线 L 改为线束 a,点射影坐标$[(x_1, x_2)]$改为线束 a 中一条射影直线的射影坐标,将 L^*改为 L,可以得到线束 a 到直线 L 的射影变换.由于这种变动极容易,下面不再一一提及.

(2) 线束 a 到直线 L 的一个配景一定是射影变换.

证明　(1) 对于线束 a,类似一条直线情况,取射影坐标系,使得线束 a 内 3 条射影直线 ζ, η, ξ 分别取射影坐标$[(1, 0)]$, $[(0, 1)]$和$[(1, 1)]$.在线束 a 内任取一条射影直线 ψ,但 ψ 不同于 ζ, η, ξ.设在这射影坐标系内的射影坐标是$[(\lambda_1, \lambda_2)]$.在射影直线 L 上,取射影坐标系,使得对应点 $\pi(\zeta)$, $\pi(\eta)$, $\pi(\xi)$分别取射影坐标$[(1, 0)]$, $[(0, 1)]$和$[(1, 1)]$.设 $\pi(\psi)$的射影坐标是$[(\lambda_1^*, \lambda_2^*)]$,由于条件

$$R(\zeta, \eta; \xi, \psi) = R(\pi(\zeta), \pi(\eta); \pi(\xi), \pi(\psi)), \tag{3.2.97}$$

则

$$\frac{\lambda_1}{\lambda_2} = \frac{\lambda_1^*}{\lambda_2^*}. \tag{3.2.98}$$

因而 $\pi(\psi)$的射影坐标也是$[(\lambda_1, \lambda_2)]$.由于 ψ 是线束 a 内任一条射影直线,则可以写出

$$\rho\lambda_1^* = \lambda_1, \qquad \rho\lambda_2^* = \lambda_2. \tag{3.2.99}$$

这当然是射影变换

$$\begin{cases} \rho\lambda_1^* = a_{11}\lambda_1 + a_{12}\lambda_2, \\ \rho\lambda_2^* = a_{21}\lambda_1 + a_{22}\lambda_2 \end{cases} \tag{3.2.100}$$

的一个特例 $(a_{11} = 1, a_{22} = 1, a_{12} = 0, a_{21} = 0)$.这里允许 $\lambda_1 = 0$,或 $\lambda_2 = 0$,或非零实数 λ_1 等于 λ_2.

(2) 利用(1)的结论,只须证明配景 π 保持交比在映射后不变即可.对于线束 a 内任意 4 条射影直线 ζ, η, ξ, ψ,设

$$\pi(\zeta) = y = [(y_1, y_2, y_3)], \pi(\eta) = z = [(z_1, z_2, z_3)],$$

$$\pi(\xi) = u = [(u_1, u_2, u_3)], \pi(\psi) = v = [(v_1, v_2, v_3)], \tag{3.2.101}$$

这里圆括号内全是齐次坐标.

由于 y, z, u, v 这 4 点在同一射影直线 L 上,可设

$$\begin{aligned}(u_1, u_2, u_3) &= \lambda_1(y_1, y_2, y_3) + \lambda_2(z_1, z_2, z_3),\\ (v_1, v_2, v_3) &= \mu_1(y_1, y_2, y_3) + \mu_2(z_1, z_2, z_3)\end{aligned} \tag{3.2.102}$$

(当然 L 上射影坐标系取定),则

$$R(y, z; u, v) = \frac{\mu_1\lambda_2}{\mu_2\lambda_1}. \tag{3.2.103}$$

设 $a = [(a_1, a_2, a_3)]$(圆括号内是齐次坐标),则

$$\zeta = a \times y, \quad \eta = a \times z, \quad \xi = a \times u, \quad \psi = a \times v, \tag{3.2.104}$$

那么,有

$$\begin{aligned}\xi\text{的一个齐次坐标} &= (a_1, a_2, a_3) \times (u_1, u_2, u_3)\\ &= (a_1, a_2, a_3) \times \{\lambda_1(y_1, y_2, y_3) + \lambda_2(z_1, z_2, z_3)\}\\ &= \lambda_1(\zeta_1, \zeta_2, \zeta_3) + \lambda_2(\eta_1, \eta_2, \eta_3),\end{aligned} \tag{3.2.105}$$

这里$(\zeta_1, \zeta_2, \zeta_3)$和$(\eta_1, \eta_2, \eta_3)$分别是 ζ 和 η 的一个齐次坐标.

类似地,有

$$\begin{aligned}\psi\text{的一个齐次坐标} &= (a_1, a_2, a_3) \times (v_1, v_2, v_3)\\ &= \mu_1(\zeta_1, \zeta_2, \zeta_3) + \mu_2(\eta_1, \eta_2, \eta_3),\end{aligned} \tag{3.2.106}$$

从而有

$$R(\zeta, \eta; \xi, \psi) = \frac{\mu_1\lambda_2}{\mu_2\lambda_1} = R(y, z; u, v). \tag{3.2.107}$$

利用(1)的结论,配景 π 是一个射影变换.

定义 3 两条不同直线上点列之间有一个 1—1 对应. 如果对应点之间的连线始终通过一个固定点 w,则这个对应称为两条直线之间的一个配景. 这里固定点 w 不在这两条直线上,点 w 称为配景的心.

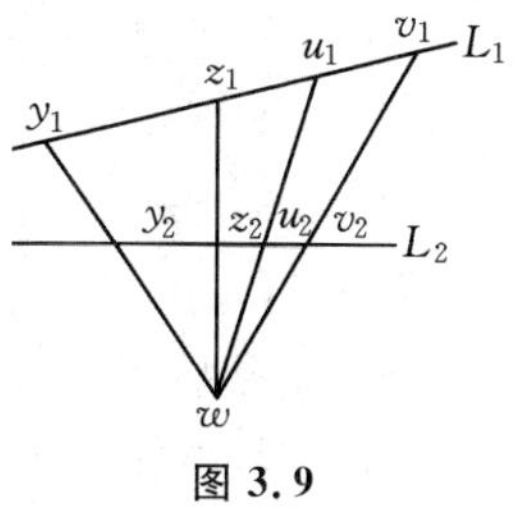

图 3.9

由于(见图(3.9))

$$\begin{aligned}R(y_1, z_1; u_1, v_1) &= R(y_1 \times w, z_1 \times w; u_1 \times w, v_1 \times w)\\ &= R(w \times y_2, w \times z_2; w \times u_2, w \times v_2)\end{aligned}$$

$$= R(y_2, z_2; u_2, v_2), \tag{3.2.108}$$

则这个配景也是一个射影变换.

定理 3　L 与 L^* 是两条相交直线,凡是将交点映到这交点的 L 到 L^* 上的射影变换 π 一定是配景.

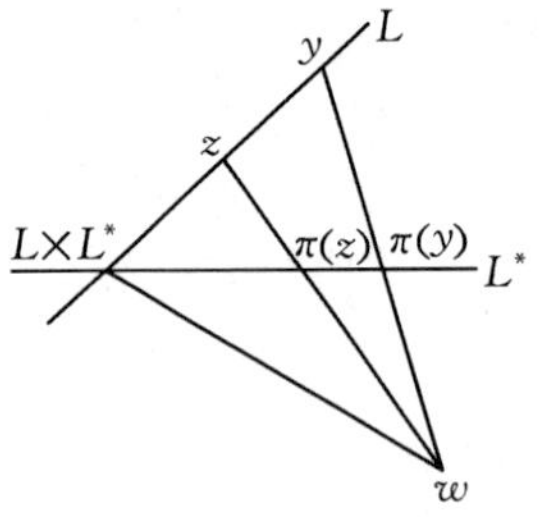

图 3.10

证明　如图 3.10 所示,在 L 上取两个不同点 y 和 z,这两点不同于交点 $L\times L^*$.

记点

$$w = (y\times\pi(y))\times(z\times\pi(z)),$$

以点 w 为心,作一个配景 π^*, 满足

$$\pi^*(L\times L^*) = L\times L^* = \pi(L\times L^*) \quad (\text{定理条件}),$$
$$\pi^*(y) = \pi(y), \quad \pi^*(z) = \pi(z). \tag{3.2.109}$$

π^* 也是一个射影变换. 由定理 1 可以知道,两个射影变换 π 与 π^* 是同一个映射,所以 π 是一个配景.

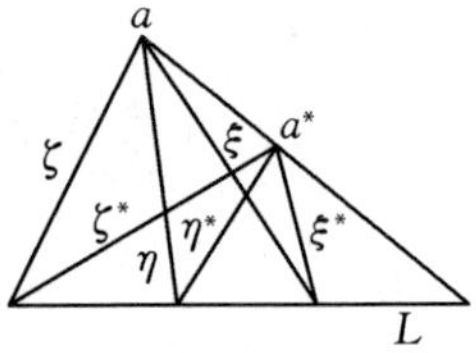

图 3.11

也可以定义线束 a 到线束 a^* 的配景.

如图 3.11 所示,如果有一个射影变换 π:线束 $a\to$ 线束 a^*. 对于线束 a 内任意 3 条射影直线 ζ, η, ξ, 记 $\zeta^*=\pi(\zeta)$, $\eta^*=\pi(\eta)$, $\xi^*=\pi(\xi)$,这里 ζ^*, η^*, ξ^* 是线束 a^* 内 3 条射影直线. 如果 3 点 $\zeta\times\zeta^*$, $\eta\times\eta^*$, $\xi\times\xi^*$ 共线,即对应直线交点共线,则这个射影变换 π 也称为一个配景. 显然,配景 π 满足 $\pi(a\times a^*) = a\times a^*$.

注　对应直线交点共线的那条直线 L 既不可能通过点 a,也不可能通过点 a^*. 如果 L 通过点 a,则线束 a 中除 L 外的任一直线必与线束 a^* 中的唯一直线 $a\times a^*$ 对应,这与射影变换是 1—1 的矛盾. 如果 L 通过点 a^*,则线束 a 中除直线 $a\times a^*$ 外的任一直线必映成直线 L,这也与射影变换是 1—1 的矛盾.

类似前述的证明,或利用对偶原理,显然,凡是把直线 $a\times a^*$ 映到同一条直线 $a\times a^*$ 的线束 a 到线束 a^* 的射影变换一定是配景.

如果 π_1, π_2 是两个配景,复合映射 $\pi_1\pi_2$(一点或一条射影直线 y,先由映射 π_2,得 $\pi_2(y)$,再由映射 π_1,得 $\pi_1(\pi_2(y))$),称为两个配景的乘积. 类似地可定义 3 个配景的乘积. 从射影变换的定义(见定义 1)可以看到,两个射影变换的乘积还是一个射影变换.

定理 4　设两条不同直线之间的一个射影变换不是配景,则它一定是两个配景的乘积.

证明　用 $\overline{\Lambda}$ 表示射影变换,从射影变换的定义可以看出,射影变换有逆映

射,它也是一个射影变换.用$\overline{\overline{\Lambda}}$表示配景.

已知

$$L(A,\ B,\ C,\ D,\ \cdots)\ \overline{\Lambda}\, L^*(A^*,\ B^*,\ C^*,\ D^*,\ \cdots), \qquad (3.2.110)$$

这里点 A 对应点 A^*,点 B 对应点 B^*,等等,取点 A 及 A^* 不是这两条不同直线 L 和 L^* 的交点,如图 3.12 所示.这样,有线束 $A(AA^*,\ AB^*,\ AC^*,\ AD^*,\ \cdots)$(圆括号内是直线),线束 $A^*(A^*A,\ A^*B,\ A^*C,\ A^*D,\ \cdots)$.

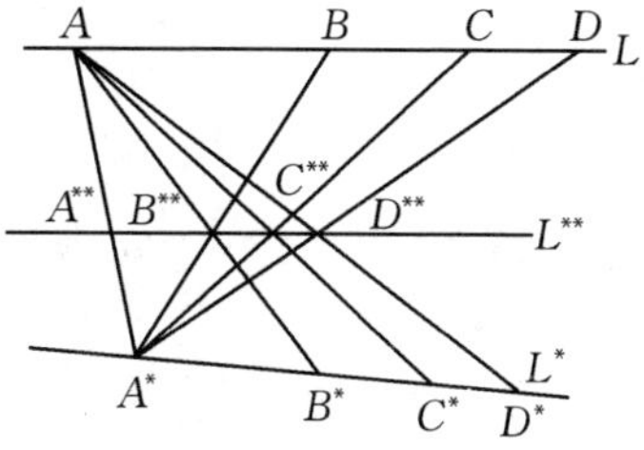

图 3.12

线束 $A(AA^*,\ AB^*,\ AC^*,\ AD^*,\ \cdots)\ \overline{\overline{\Lambda}}\, L^*(A^*,\ B^*,\ C^*,\ D^*,\ \cdots)$, (3.2.111)

$$\text{线束 } A^*(A^*A,\ A^*B,\ A^*C,\ A^*D,\ \cdots)\ \overline{\overline{\Lambda}}\, L(A,\ B,\ C,\ D,\ \cdots), \qquad (3.2.112)$$

这里 AA^* 对应 A^*, AB^* 对应 B^* 等,A^*A 对应 A, A^*B 对应 B 等.于是,有

$$\text{线束 } A(AA^*,\ AB^*,\ AC^*,\ AD^*,\ \cdots)\ \overline{\Lambda}\ \text{线束 } A^*(A^*A,\ A^*B,\ A^*C,\ A^*D,\ \cdots). \qquad (3.2.113)$$

由于上述这个射影变换将直线 AA^* 映到 AA^* 自身,则这个射影变换一定是一个配景.于是,对应直线的交点共线.

如果将直线 AB^* 与直线 A^*B 的交点记为 B^{**},直线 A^*C 与直线 AC^* 的交点记为 C^{**},直线 A^*D 与直线 AD^* 的交点记为 D^{**},…,则 B^{**}, C^{**}, D^{**}, … 共线,记这条直线为 L^{**}, L^{**} 与直线 AA^* 交于点 A^{**}. 于是

$L(A,\ B,\ C,\ D,\ \cdots)\ \overline{\overline{\Lambda}}\, L^{**}(A^{**},\ B^{**},\ C^{**},\ D^{**},\ \cdots)$(以点 A^* 为配景的心)
$\overline{\overline{\Lambda}}\, L^*(A^*,\ B^*,\ C^*,\ D^*,\ \cdots)$(以点 A 为配景的心). (3.2.114)

直线 L 到自身的射影变换,由于可以先通过一个配景,将直线 L 映到另一条直线 L^* 上,因而直线 L 到自身的射影变换是至多 3 个配景的乘积.

十二、直射变换

定义 4 一个射影平面到一个射影平面的点的映射 π,如果对应点的射影坐标之间满足 $\pi[(x_1,\ x_2,\ x_3)] = [(x_1^*,\ x_2^*,\ x_3^*)]$,这里 $x_i^* = \sum_{k=1}^{3} a_{ik}x_k$, $i = 1,\ 2,\ 3$, $a_{ik}(1 \leqslant i,\ k \leqslant 3)$ 是固定实数,且 $A = \begin{vmatrix} a_{11} & a_{12} & a_{13} \\ a_{21} & a_{22} & a_{23} \\ a_{31} & a_{32} & a_{33} \end{vmatrix} \neq 0$,则 π 称为直射变

换,或称为射影平面到射影平面的点的射影变换.

从公式(3.2.41)(兼顾(3.2.39)式)可以看出,直射变换在射影坐标变换后仍为一直射变换.

从定义可以看出,直射变换是1—1的、到上的映射.又从定义可以得到

$$Ax_j = \sum_{i=1}^{3} A_{ij} x_i^*, \tag{3.2.115}$$

这里 $A_{ij}(1 \leqslant i, j \leqslant 3)$ 满足

$$\sum_{i=1}^{3} a_{ik} A_{ij} = A\delta_{kj}, \qquad \sum_{i=1}^{3} a_{ki} A_{ji} = A\delta_{jk}, \tag{3.2.116}$$

矩阵 $\begin{pmatrix} A_{11} & A_{12} & A_{13} \\ A_{21} & A_{22} & A_{23} \\ A_{31} & A_{32} & A_{33} \end{pmatrix}$ 称为矩阵 $\begin{pmatrix} a_{11} & a_{12} & a_{13} \\ a_{21} & a_{22} & a_{23} \\ a_{31} & a_{32} & a_{33} \end{pmatrix}$ 的代数余子式矩阵.讲得仔细一点,即 $A_{11} = a_{22}a_{33} - a_{23}a_{32}$, $A_{12} = -(a_{21}a_{33} - a_{23}a_{31})$, $A_{13} = a_{21}a_{32} - a_{31}a_{22}$, $A_{21} = -(a_{12}a_{33} - a_{13}a_{32})$, $A_{22} = a_{11}a_{33} - a_{13}a_{31}$, $A_{23} = -(a_{11}a_{32} - a_{12}a_{31})$, $A_{31} = a_{12}a_{23} - a_{13}a_{22}$, $A_{32} = -(a_{11}a_{23} - a_{13}a_{21})$, $A_{33} = a_{11}a_{22} - a_{12}a_{21}$.

定理 5 直射变换 π 将射影直线 L 上的点映到射影直线 L^* 上.

证明 记 $L = [(\zeta_1, \zeta_2, \zeta_3)]$(圆括号内是射影坐标,下同). L 上点 $x = [(x_1, x_2, x_3)]$, $\pi(x) = [(x_1^*, x_2^*, x_3^*)]$. 由于

$$\sum_{i=1}^{3} \zeta_i x_i = 0,$$

再利用(3.2.115)式,有

$$\sum_{i,k=1}^{3} \zeta_i A_{ki} x_k^* = 0, \tag{3.2.117}$$

令

$$\zeta_k^* = \sum_{i=1}^{3} A_{ki} \zeta_i, \qquad k = 1, 2, 3, \tag{3.2.118}$$

则

$$\sum_{k=1}^{3} \zeta_k^* x_k^* = 0. \tag{3.2.119}$$

记直线 $L^* = [(\zeta_1^*, \zeta_2^*, \zeta_3^*)]$,定理5结论成立.

定理 6 两个射影平面间的直射变换诱导出两对应直线之间的一个射影变换.

证明 为简便,设直线 L 的方程为 $x_3=0$. 记这直射变换为 π,从定理5可以看到 $\pi(L)=L^*$. 设直线 L^*的方程为 $x_3^*=0$(因为可以选择像平面的射影坐标系做到这一点). 由于将 L 上的点$[(x_1, x_2, 0)]$映成 L^*上的点$[(x_1^*, x_2^*, 0)]$, 利用定义 4 中的直射变换公式,对于任意不全为零的实数对 x_1, x_2,有

$$a_{31}x_1+a_{32}x_2=0, \tag{3.2.120}$$

因而

$$a_{31}=0, \qquad a_{32}=0, \qquad a_{33}\neq 0\ (\text{由于 } A\neq 0). \tag{3.2.121}$$

将 π 限制在直线 L 上,有

$$\begin{cases} x_1^*=a_{11}x_1+a_{12}x_2, \\ x_2^*=a_{21}x_1+a_{22}x_2 \end{cases} \qquad (\text{由于 } x_3=0). \tag{3.2.122}$$

由于 $A=a_{33}\begin{vmatrix} a_{11} & a_{12} \\ a_{21} & a_{22}\end{vmatrix}$(利用(3.2.121)式),从 $A\neq 0$, $a_{33}\neq 0$, 有

$$\begin{vmatrix} a_{11} & a_{12} \\ a_{21} & a_{22}\end{vmatrix}\neq 0, \tag{3.2.123}$$

从(3.2.122)式和(3.2.123)式可以看出,这恰是直线 L 到直线 L^*的射影变换公式.

也可以定义一个点$[(x_1, x_2, x_3)]$(圆括号内是射影坐标,下同)到直线$[(\zeta_1^*, \zeta_2^*, \zeta_3^*)]$的映射 π. 由下式确定

$$\zeta_j^*=\sum_{k=1}^{3}a_{jk}x_k, \qquad j=1, 2, 3, \tag{3.2.124}$$

这里 $a_{jk}(1\leqslant j, k\leqslant 3)$ 是固定实数,且

$$A=\begin{vmatrix} a_{11} & a_{12} & a_{13} \\ a_{21} & a_{22} & a_{23} \\ a_{31} & a_{32} & a_{33}\end{vmatrix}\neq 0. \tag{3.2.125}$$

这个映射 π 称为逆射.

对于直线$[(\zeta_1^*, \zeta_2^*, \zeta_3^*)]$上任意一点$[(x_1^*, x_2^*, x_3^*)]$,有

$$\sum_{j=1}^{3}\zeta_j^*x_j^*=0. \tag{3.2.126}$$

将(3.2.124)式代入(3.2.126)式,有

$$\sum_{j,k=1}^{3} a_{jk} x_k x_j^* = 0. \tag{3.2.127}$$

记

$$\zeta_k = \sum_{j=1}^{3} a_{jk} x_j^*, \qquad k = 1, 2, 3, \tag{3.2.128}$$

直线$[(\zeta_1, \zeta_2, \zeta_3)]$满足

$$\sum_{k=1}^{3} \zeta_k x_k = 0, \tag{3.2.129}$$

即点$[(x_1, x_2, x_3)]$在直线$[(\zeta_1, \zeta_2, \zeta_3)]$上.

类似(3.2.115)式和(3.2.116)式,引入矩阵$\begin{pmatrix} a_{11} & a_{12} & a_{13} \\ a_{21} & a_{22} & a_{23} \\ a_{31} & a_{32} & a_{33} \end{pmatrix}$的代数余子式矩阵$\begin{pmatrix} A_{11} & A_{12} & A_{13} \\ A_{21} & A_{22} & A_{23} \\ A_{31} & A_{32} & A_{33} \end{pmatrix}$. 直线$[(\zeta_1, \zeta_2, \zeta_3)]$到点$[(x_1^*, x_2^*, x_3^*)]$的映射由下式定义:

$$x_j^* = \sum_{k=1}^{3} A_{jk} \zeta_k, \qquad j = 1, 2, 3. \tag{3.2.130}$$

这个映射称为诱导逆射,用π^*表示.

对于一点$[(x_1, x_2, x_3)]$,从(3.2.124)式和(3.2.130)式可以看到

$$\pi^*(\pi[(x_1, x_2, x_3)]) = \pi^*([(\zeta_1^*, \zeta_2^*, \zeta_3^*)]) = [(x_1^*, x_2^*, x_3^*)], \tag{3.2.131}$$

这里由π^*的定义,有

$$x_j^* = \sum_{k=1}^{3} A_{jk} \zeta_k^*, \qquad j = 1, 2, 3(\text{这里}(\zeta_1^*, \zeta_2^*, \zeta_3^*)\text{满足}(3.2.124)\text{式}). \tag{3.2.132}$$

如果对于射影平面内任一点$[(x_1, x_2, x_3)]$,有

$$(x_1^*, x_2^*, x_3^*) = (\rho x_1, \rho x_2, \rho x_3), \ \rho\text{为固定非零实数}, \tag{3.2.133}$$

这里上式的左端为(3.2.132)式的左端,则这个映射π称为一个配极. 这里$[(\zeta_1^*, \zeta_2^*, \zeta_3^*)]$称为点$[(x_1, x_2, x_3)]$的极线,点$[(x_1, x_2, x_3)]$称为直线

$[(\zeta_1^*, \zeta_2^*, \zeta_3^*)]$ 的极点.

下面来求逆射 π 是一个配极的充要条件.

从(3.2.124)式、(3.2.132)式和(3.2.133)式,有

$$\zeta_j^* = \sum_{k=1}^{3} a_{jk} x_k, \qquad \rho x_j = \sum_{k=1}^{3} A_{jk} \zeta_k^*, \qquad j = 1, 2, 3, \quad (3.2.134)$$

这里 ρ 是固定非零实数,则

$$\rho \sum_{j=1}^{3} a_{ji} x_j = \sum_{j,\, k=1}^{3} a_{ji} A_{jk} \zeta_k^* = A \sum_{k=1}^{3} \delta_{ik} \zeta_k^* = A \zeta_i^* = A \sum_{j=1}^{3} a_{ij} x_j, \quad (3.2.135)$$

这里利用了(3.2.116)式. 从上式,有

$$\sum_{j=1}^{3} \left(a_{ji} - \frac{A}{\rho} a_{ij}\right) x_j = 0, \qquad i = 1, 2, 3. \quad (3.2.136)$$

由于 $a_{ji} - \frac{A}{\rho} a_{ij}\,(i, j = 1, 2, 3)$ 是不依赖于 x_1, x_2, x_3 的常数,而在(3.2.136)式中 x_1, x_2, x_3 是可以任意选取的不全为零的常数,于是,有

$$a_{ji} = \frac{A}{\rho} a_{ij}, \qquad i, j = 1, 2, 3. \quad (3.2.137)$$

这里 A 和 ρ 与下标 i, j 无关. 从而,有

$$a_{ji} = \frac{A}{\rho} a_{ij} = \left(\frac{A}{\rho}\right)^2 a_{ji}, \qquad i, j = 1, 2, 3. \quad (3.2.138)$$

由于 a_{ij} 是不全为零的实数(否则导致 $A = 0$), 则

$$\frac{A}{\rho} = \pm 1. \quad (3.2.139)$$

如果 $\frac{A}{\rho} = -1$, 则从(3.2.137)式,有

$$a_{ji} = -a_{ij}. \quad (3.2.140)$$

由(3.2.125)式和(3.2.140)式,有

$$A = \begin{vmatrix} 0 & a_{12} & a_{13} \\ -a_{12} & 0 & a_{23} \\ -a_{13} & -a_{23} & 0 \end{vmatrix} = a_{12} a_{23} a_{13} - a_{13} a_{12} a_{23} = 0, \quad (3.2.141)$$

这与 $A \neq 0$ 矛盾. 于是

$$\frac{A}{\rho} = 1. \tag{3.2.142}$$

从(3.2.137)式和(3.2.142)式,有

$$a_{ji} = a_{ij}, \quad i, j = 1, 2, 3. \tag{3.2.143}$$

当上式成立时,有

$$\begin{aligned} x_j^* &= \sum_{k=1}^{3} A_{jk}\zeta_k^* \text{(利用(3.2.132)式)} = \sum_{k,l=1}^{3} A_{jk}a_{kl}x_l \text{(利用(3.2.124)式)} \\ &= \sum_{k,l=1}^{3} A_{jk}a_{lk}x_l \text{(利用(3.2.143)式)} = \sum_{l=1}^{3} A\delta_{jl}x_l = Ax_j. \end{aligned} \tag{3.2.144}$$

这里 A 是不依赖于 x_1, x_2, x_3 的非零常数.

因而(3.2.143)式是逆射为配极的一个充要条件.

当 π 是一个配极时,如果直线 $\eta = [(\eta_1, \eta_2, \eta_3)]$ 是点 $y = [(y_1, y_2, y_3)]$ 的极线,则

$$\eta_j = \sum_{k=1}^{3} a_{jk}y_k, \quad j = 1, 2, 3. \tag{3.2.145}$$

如果点 $x = [(x_1, x_2, x_3)]$ 在直线 η 上,称点 x 共轭于点 y,有

$$\sum_{j=1}^{3} x_j\eta_j = 0. \tag{3.2.146}$$

从而,有

$$\sum_{j,k=1}^{3} a_{jk}x_jy_k = 0. \tag{3.2.147}$$

由于(3.2.143)式,有

$$\sum_{j,k=1}^{3} a_{kj}x_jy_k = 0. \tag{3.2.148}$$

记

$$\zeta_k = \sum_{j=1}^{3} a_{kj}x_j, \quad k = 1, 2, 3, \tag{3.2.149}$$

直线 $[(\zeta_1, \zeta_2, \zeta_3)]$ 是点 $x = [(x_1, x_2, x_3)]$ 的极线. 从(3.2.148)式和(3.2.149)式,有

$$\sum_{k=1}^{3} \zeta_k y_k = 0. \tag{3.2.150}$$

因而当点 x 在点 y 的极线上时，点 y 也在点 x 的极线上，从而当点 x 共轭于点 y 时，点 y 也共轭于点 x.

十三、二次曲线

如果点 x 共轭于点 x，即

$$\sum_{j,\ k=1}^{3} a_{jk}x_jx_k = 0, \tag{3.2.151}$$

这样的点 x 称为自共轭点. 上述方程是自共轭点满足的方程. 在给定一个配极的条件下 (即给定 $a_{jk} = a_{kj}$, j, $k = 1, 2, 3$), 射影平面内自共轭点的全体称为一条二次曲线. 公式(3.2.151)是二次曲线方程.

下面证明定理 7.

定理 7　自共轭点 x 的极线 ζ 上只有一个自共轭点 x.

证明　用反证法，如果 ζ 还通过另一个自共轭点 $y = [(y_1, y_2, y_3)]$，记 $\zeta = [(\zeta_1, \zeta_2, \zeta_3)]$，有

$$\sum_{j=1}^{3} \zeta_j y_j = 0. \tag{3.2.152}$$

记点 y 的极线为 $\eta = [(\eta_1, \eta_2, \eta_3)]$. 由于点 y 是自共轭点，则

$$\sum_{j=1}^{3} \eta_j y_j = 0. \tag{3.2.153}$$

由极线的定义(3.2.149)式及(3.2.152)式，有

$$\sum_{j,\ k=1}^{3} y_j a_{jk} x_k = 0, \tag{3.2.154}$$

利用(3.2.143)式，有

$$\sum_{j,\ k=1}^{3} a_{kj} y_j x_k = 0. \tag{3.2.155}$$

再利用 y 的极线是 η，可以看到

$$\sum_{k=1}^{3} \eta_k x_k = 0. \tag{3.2.156}$$

于是点 x 在点 y 的极线 η 上，从而直线 η 通过点 x 和点 y，那么直线 ζ 就是直线 η. 配极 π 是 1—1 的，然而 $\zeta = \pi(x)$, $\eta = \pi(y)$, 点 x 不同于点 y，则 ζ 与 η 也应不同，矛盾.

过自共轭点 x 的极线又称为过点 x 的二次曲线的切线.

十四、Steiner 定理

点 $x=[(x_1, x_2, x_3)]$ 和点 $y=[(y_1, y_2, y_3)]$ 是两个自共轭点,直线 $\zeta=[(\zeta_1, \zeta_2, \zeta_3)]$ 是点 x 和点 y 的连线. 在射影平面上选取射影坐标系,即取 4 点作为参考点,其中任 3 点不共线,使得点 x 和点 y 的射影坐标分别为 $[(1, 0, 0)]$, $[(0, 0, 1)]$,则直线 ζ 方程为 $x_2=0$. 设在这新的射影坐标系下,二次曲线 C 的方程为

$$\sum_{i, k=1}^{3} a_{ik}x_ix_k=0, \qquad a_{ik}=a_{ki}, \qquad i, k=1, 2, 3 \tag{3.2.157}$$

(利用(3.2.41)式,不同射影坐标系下的二次曲线的方程都是(3.2.151)式的形式,而且有(3.2.125)式).

由于点 x 在 C 上,有 $a_{11}=0$;点 y 在 C 上,有 $a_{33}=0$, 从而(3.2.157)式可简化为

$$a_{22}x_2^2+2a_{12}x_1x_2+2a_{13}x_1x_3+2a_{23}x_2x_3=0. \tag{3.2.158}$$

直线 ζ 上不同于点 x 和点 y 的任一点 z 在新的射影坐标系下的射影坐标是 $[(z_1, 0, z_3)]$,这里 z_1, z_3 是两个不为零的实数. 如果点 z 在 C 上,则应有

$$2a_{13}z_1z_3=0, \tag{3.2.159}$$

从而有

$$a_{13}=0. \tag{3.2.160}$$

将(3.2.160)式代入(3.2.158)式,那么 C 的方程为

$$a_{22}x_2^2+2a_{12}x_1x_2+2a_{23}x_2x_3=0. \tag{3.2.161}$$

从(3.2.161)式可以知道

$$A=\begin{vmatrix} 0 & a_{12} & 0 \\ a_{12} & a_{22} & a_{23} \\ 0 & a_{23} & 0 \end{vmatrix}=0. \tag{3.2.162}$$

这是一个矛盾. 因而两个自共轭点的连线上任一其他点都不在 C 上,即这连线与 C 只交于点 x 和点 y 两点.

定理 8(Steiner 定理)　在射影平面内,设点 a 和 a^* 是一条二次曲线 C 上的不同的两点,而 z 是 C 上的一个动点,则线束 a 到线束 a^* 的映射 $\pi(a\times z)=a^*\times z$ 是一个射影变换,但不是配景.

注　这里约定 $\pi(a\times a^*)=$ 点 a^* 的极线;$\pi(a$ 的极线$)=a^*\times a$.

证明　如图 3.13 所示，在射影平面内，取射影坐标系，使得 $a=[(1,0,0)]$，$a^*=[(0,0,1)]$. 设过点 a 的切线(即极线)δ_3 与过点 a^* 的切线 δ_1 交于点 $[(0,1,0)]$(由于点 a 的切线上只有一个自共轭点 a，过点 a^* 的切线上只有一个自共轭点 a^*，则这两条切线的交点必不同于点 a 与点 a^*，且不在 C 上). 自共轭点 a 与 a^* 的连线记为 δ_2，δ_2 上除了点 a 与 a^*，没有 C 上其他点，则可在 C 上取一点 $e=[(1,1,1)]$.

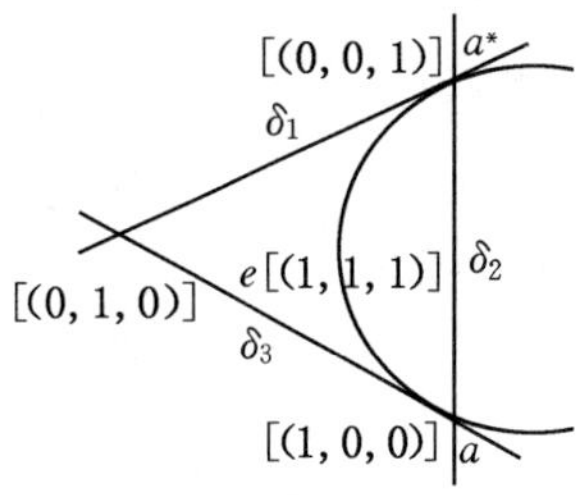

图 3.13

设这条二次曲线 C 的方程为(3.2.157) 式. 由于点 a，点 a^* 在 C 上，因此

$$a_{11}=0,\qquad a_{33}=0, \tag{3.2.163}$$

以及极线方程之一：

$$\zeta_2=\sum_{k=1}^{3}a_{2k}x_k,\qquad a_{2k}=a_{k2},\qquad k=1,2,3, \tag{3.2.164}$$

$$\text{直线 }\delta_1=[(0,0,1)\times(0,1,0)]=[(1,0,0)],$$
$$\text{直线 }\delta_2=[(1,0,0)\times(0,0,1)]=[(0,1,0)],$$
$$\text{直线 }\delta_3=[(1,0,0)\times(0,1,0)]=[(0,0,1)].$$

由于点 $a=[(1,0,0)]$ 对应的极线是 $\delta_3=[(0,0,1)]$，利用上述极线方程，有

$$a_{12}=0, \tag{3.2.165}$$

点 $a^*=[(0,0,1)]$ 对应的极线是 $\delta_1=[(1,0,0)]$，再利用上述极线方程，有

$$a_{23}=0. \tag{3.2.166}$$

利用(3.2.163)式、(3.2.165)式和(3.2.166)式，方程(3.2.157)可以简化为

$$a_{22}x_2^2+2a_{13}x_1x_3=0. \tag{3.2.167}$$

又点 $e=[(1,1,1)]$ 在这二次曲线 C 上，所以

$$a_{22}+2a_{13}=0,\qquad a_{22}=-2a_{13}. \tag{3.2.168}$$

由于

$$A=\begin{vmatrix}0&0&a_{13}\\0&a_{22}&0\\a_{13}&0&0\end{vmatrix}=-a_{13}^2a_{22}, \tag{3.2.169}$$

利用 $A\neq0$，导致 a_{13}，a_{22} 都不为零，则方程(3.2.167)又可以简化为

$$x_2^2 - x_1x_3 = 0, \tag{3.2.170}$$

这里利用了(3.2.168)式.

C 上不同于点 a 与 a^* 的一点 $z=[(\nu, \lambda, \mu)]$, 这里 ν, μ 都不为零. 代入上述方程,有

$$\lambda^2 - \mu\nu = 0, \qquad \text{于是 } \lambda \text{ 不为零,以及} \frac{\lambda}{\nu} = \frac{\mu}{\lambda}, \tag{3.2.171}$$

$$\begin{aligned}\text{直线 } a \times z &= [(1, 0, 0) \times (\nu, \lambda, \mu)] = [(0, -\mu, \lambda)] \\ &= -\mu\delta_2 + \lambda\delta_3 (\text{很自然的记号,即射影坐标是} \\ &\quad [-\mu(0, 1, 0) + \lambda(0, 0, 1)] \text{ 的直线}),\end{aligned} \tag{3.2.172}$$

$$\begin{aligned}\text{直线 } a^* \times z &= [(0, 0, 1) \times (\nu, \lambda, \mu)] = [(-\lambda, \nu, 0)] \\ &= [(-\mu, \lambda, 0)] = -\mu\delta_1 + \lambda\delta_2.\end{aligned} \tag{3.2.173}$$

利用 $\pi(a \times z) = a^* \times z$, (3.2.172)式和(3.2.173)式,有

$$\pi(-\mu\delta_2 + \lambda\delta_3) = -\mu\delta_1 + \lambda\delta_2. \tag{3.2.174}$$

从而可以看到(注意定理 8 后面的注)

$$\pi(\delta_2) = \delta_1, \qquad \pi(\delta_3) = \delta_2, \qquad \pi(\delta_2 + \delta_3) = \delta_1 + \delta_2. \tag{3.2.175}$$

对于线束 a,有

$$R(\delta_2, \delta_3; \delta_2 + \delta_3, -\mu\delta_2 + \lambda\delta_3) = -\frac{\mu}{\lambda}; \tag{3.2.176}$$

对于线束 a^*, 有

$$R(\delta_1, \delta_2; \delta_1 + \delta_2, -\mu\delta_1 + \lambda\delta_2) = -\frac{\mu}{\lambda}. \tag{3.2.177}$$

由于 π 保持交比,则 π 是一个射影变换(从 π 的定义可以知道 π 是 1—1、到上的映射). 又由于 $\pi(\delta_2) = \delta_1$, $\pi(\delta_3) = \delta_2$,这里 $\delta_2 = a \times a^*$, 所以 π 不是配景.

逆定理　设两个不同线束之间有一个非配景的射影变换,则对应直线的交点的轨迹满足一条二次曲线的方程.

证明　设有一个射影变换 π:线束 $a \to$ 线束 a^*,且 π 不是配景. 取射影坐标系,使得 $a=[(1, 0, 0)]$,点 $a^*=[(0, 0, 1)]$,直线 $\delta_2 = a \times a^* = [(0, 1, 0)]$. 记 $\pi(\delta_2) = \delta_1$,由于射影变换 π 有逆变换(射影变换作为映射,必有逆映射,称为逆变换)π^{-1},因此记 $\pi^{-1}(\delta_2) = \delta_3$. 由于 π 不是配景,因此直线 δ_1, δ_3 都不会与 δ_2 重合. 设 δ_1, δ_3 的交点 b 的射影坐标是$[(0, 1, 0)]$. 在线束 a 中取一条不同于 δ_2, δ_3 的直线,这条直线与对应直线的交点必定不在直线 δ_1, δ_2 或 δ_3 上. 设这对应直线的交点是点 e,其射影坐标是$[(1, 1, 1)]$. 这样平面上射影坐标系就取定

了. 如图 3.14 所示.

$$\begin{aligned}&\text{直线 } a\times e=[(1,0,0)\times(1,1,1)]=[(0,-1,1)],\\&\text{直线 } a^*\times e=[(0,0,1)\times(1,1,1)]=[(-1,1,0)],\\&\text{直线 } \delta_1=a^*\times b=[(0,0,1)\times(0,1,0)]=[(1,0,0)],\\&\text{直线 } \delta_3=a\times b=[(1,0,0)\times(0,1,0)]=[(0,0,1)],\end{aligned}\tag{3.2.178}$$

则

$$\text{直线 } a\times e=-\delta_2+\delta_3,\tag{3.2.179}$$

$$\text{直线 } a^*\times e=-\delta_1+\delta_2.\tag{3.2.180}$$

已知

$$\pi(a\times e)=a^*\times e,\qquad \pi(\delta_2)=\delta_1,\qquad \pi(\delta_3)=\delta_2.\tag{3.2.181}$$

设在线束 a 内任取一条不同于 δ_2 和 δ_3 的直线,它当然可以写成 $\mu\delta_2+\lambda\delta_3$ (即射影坐标是$[(0,\mu,\lambda)]$的直线),这里 μ, λ 是两个都不为零的实数. 对于线束 a^* 内对应的一条直线,可以写成 $k\delta_1+\tau\delta_2$,这里 k, τ 也是都不为零的两个实数. (注意到(3.2.181)式)由于 π 是射影变换,保持映射前后的 4 条对应直线的交比不变,则

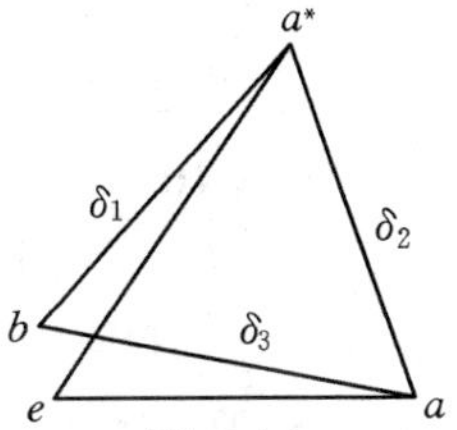

图 3.14

$$R(\delta_2,\delta_3;-\delta_2+\delta_3,\mu\delta_2+\lambda\delta_3)=R(\delta_1,\delta_2;-\delta_1+\delta_2,k\delta_1+\tau\delta_2).\tag{3.2.182}$$

于是,有

$$-\frac{\mu}{\lambda}=-\frac{k}{\tau}.\tag{3.2.183}$$

那么,存在非零实数 t,使得

$$\mu=tk,\qquad \lambda=t\tau.\tag{3.2.184}$$

线束 a 中直线 $\mu\delta_2+\lambda\delta_3$ 的方程是

$$\mu x_2+\lambda x_3=0.\tag{3.2.185}$$

将(3.2.184)式代入(3.2.185)式,有

$$kx_2+\tau x_3=0,\qquad \frac{k}{\tau}=-\frac{x_3}{x_2}.\tag{3.2.186}$$

线束 a^* 中直线 $k\delta_1+\tau\delta_2$ 的方程是

$$kx_1+\tau x_2=0,\qquad \frac{k}{\tau}=-\frac{x_2}{x_1}.\tag{3.2.187}$$

于是,轨迹上任一点$[(x_1, x_2, x_3)]$既满足(3.2.186)式,又满足(3.2.187)式,因此有

$$\frac{x_3}{x_2}=\frac{x_2}{x_1}, \qquad x_2^2-x_1x_3=0. \tag{3.2.188}$$

这是一个二次曲线方程. 当然点$a=[(1, 0, 0)]$和点$a^*=[(0, 0, 1)]$也满足(3.2.188)式的第二式.

定理 9 设A, B, C, D是一条二次曲线C^*上的不同4点. X是C^*上任意一点,则交比$R(XA, XB; XC, XD)$是常数,即与点X的选择无关.

证明 在C^*上再任取一点X^*. 由Steiner定理,将二次曲线C^*看作线束X到线束X^*的射影变换π下对应直线交点的轨迹. 当然π不是配景. 射影变换π保持交比在映射后不变,则

$$R(XA, XB; XC, XD)=R(X^*A, X^*B; X^*C, X^*D). \tag{3.2.189}$$

定理 10 设A, B, C, D, E是射影平面上5点,其中任3点不共线,则存在唯一一条二次曲线C^*,通过这5点.

证明 利用定理1的对偶定理,知道存在唯一一个射影变换π:线束$A\rightarrow$线束B,使得

$$\pi(A\times C)=B\times C, \quad \pi(A\times D)=B\times D, \quad \pi(A\times E)=B\times E.$$

由于C, D, E这3点不共线,则这个射影变换π不是配景. 利用Steiner定理的逆定理,可以知道,存在唯一一条二次曲线C^*,通过A, B, C, D, E这5点.

在上述定理中,将一条射影直线L作为切线代替点E,会有什么情况产生呢? 下面的一个例题就是讨论这一类问题的.

例 1 在射影平面上,取定一个射影坐标系. 已知4点A, B, C, D(其中任3点不共线),其射影坐标依次是$[(1, 0, 0)]$, $[(0, 1, 0)]$, $[(0, 0, 1)]$, $[(1, 1, 1)]$. 又有不通过上述4点中任一点的一条射影直线L:$\alpha x_1-x_2-x_3=0$. 求所有实数α,使得存在一条二次曲线C^*,通过A, B, C, D这4点,并且以L为一条切线.

解 设所求的二次曲线C^*的方程是

$$\sum_{i,j=1}^{3}a_{ij}x_ix_j=0, \tag{3.2.190}$$

这里$a_{ij}=a_{ji}$, $1\leqslant i, j\leqslant 3$. 由于4点$A$, B, C, D在C^*上,且这4点依次具有射影坐标$[(1, 0, 0)]$, $[(0, 1, 0)]$, $[(0, 0, 1)]$, $[(1, 1, 1)]$,利用公式(3.2.190),有

$$a_{11}=0,\quad a_{22}=0,\quad a_{33}=0,\quad a_{12}+a_{13}+a_{23}=0. \tag{3.2.191}$$

由于公式(3.2.190)左端的系数行列式不为零,利用公式(3.2.191),有

$$\begin{vmatrix} 0 & a_{12} & a_{13} \\ a_{12} & 0 & a_{23} \\ a_{13} & a_{23} & 0 \end{vmatrix} \neq 0,\quad \text{即 } 2a_{12}a_{13}a_{23}\neq 0, \tag{3.2.192}$$

因而 a_{12}, a_{13}, a_{23} 都是非零实数.再利用公式(3.2.190),不妨取

$$a_{23}=-1. \tag{3.2.193}$$

利用公式(3.2.191)的第 4 个等式和公式(3.2.193),有

$$a_{12}+a_{13}=1,\quad \text{即 } a_{13}=1-a_{12}. \tag{3.2.194}$$

代公式(3.2.191)、(3.2.193)和(3.2.194)入(3.2.190),二次曲线 C^* 的方程是

$$2a_{12}x_1x_2+2(1-a_{12})x_1x_3-2x_2x_3=0, \tag{3.2.195}$$

这里实数 a_{12} 既不等于 0,也不等于 1.

由于射影直线 L 是二次曲线 C^* 的一条切线,可设 C^* 与 L 相切于点 $E=[(\bar{x}_1,\bar{x}_2,\bar{x}_3)]$. 点 E 的切线是射影直线 $L=[(\alpha,-1,-1)]$. 那么,从上面叙述,有

$$p\begin{pmatrix} \alpha \\ -1 \\ -1 \end{pmatrix}=\begin{pmatrix} 0 & a_{12} & 1-a_{12} \\ a_{12} & 0 & -1 \\ 1-a_{12} & -1 & 0 \end{pmatrix}\begin{pmatrix} \bar{x}_1 \\ \bar{x}_2 \\ \bar{x}_3 \end{pmatrix}, \tag{3.2.196}$$

这里 $p\neq 0$. 从公式(3.2.196),有

$$\begin{cases} p\alpha=a_{12}\bar{x}_2+(1-a_{12})\bar{x}_3, \\ -p=a_{12}\bar{x}_1-\bar{x}_3, \\ -p=(1-a_{12})\bar{x}_1-\bar{x}_2. \end{cases} \tag{3.2.197}$$

从公式(3.2.197)的第二、第三式,有

$$a_{12}\bar{x}_1-\bar{x}_3=(1-a_{12})\bar{x}_1-\bar{x}_2. \tag{3.2.198}$$

从公式(3.2.197)的第一、第二式,有

$$a_{12}\bar{x}_2+(1-a_{12})\bar{x}_3+\alpha(a_{12}\bar{x}_1-\bar{x}_3)=0. \tag{3.2.199}$$

利用公式(3.2.198)、(3.2.199)及点 E 在直线 L 上,有下述方程组

$$\begin{cases}2\bar{x}_1a_{12}=\bar{x}_1-\bar{x}_2+\bar{x}_3,\\(\bar{x}_2-\bar{x}_3+\alpha\bar{x}_1)a_{12}=(\alpha-1)\bar{x}_3,\\\alpha\bar{x}_1-\bar{x}_2-\bar{x}_3=0.\end{cases}\tag{3.2.200}$$

由于点 A 不在直线 L 上,有 $\alpha\neq0$. 点 D 不在直线 L 上,有 $\alpha\neq2$. 由于直线 AB、直线 AC 和直线 BC 上不可能再有其他 C^* 上点,则点 E 不在直线 AB、直线 AC 和直线 BC 的任一条上. 从而有 $\bar{x}_3\neq0$ (点 E 不在直线 $AB=[(0,0,1)]$ 上), $\bar{x}_2\neq0$ (点 E 不在直线 $AC=[(0,1,0)]$ 上), $\bar{x}_1\neq0$ (点 E 不在直线 $BC=[(1,0,0)]$ 上).

在公式(3.2.200)中取 $\bar{x}_3=1$,有

$$\begin{cases}2\bar{x}_1a_{12}=\bar{x}_1-\bar{x}_2+1,\\(\alpha\bar{x}_1+\bar{x}_2-1)a_{12}=\alpha-1,\\\bar{x}_2=\alpha\bar{x}_1-1.\end{cases}\tag{3.2.201}$$

代公式(3.2.201)的第三式入第一式和第二式,有

$$\begin{cases}2\bar{x}_1a_{12}=(1-\alpha)\bar{x}_1+2,\\2(\alpha\bar{x}_1-1)a_{12}=\alpha-1.\end{cases}\tag{3.2.202}$$

从公式(3.2.202)的第一式,有

$$\bar{x}_1=\frac{2}{2a_{12}+(\alpha-1)}.\tag{3.2.203}$$

代上式入公式(3.2.202)的第二式,再两端乘以 $2a_{12}+(\alpha-1)$,有

$$4\alpha a_{12}-2[2a_{12}+(\alpha-1)]a_{12}=(\alpha-1)[2a_{12}+(\alpha-1)].\tag{3.2.204}$$

展开上式,化简后得

$$4a_{12}^2-4a_{12}+(\alpha-1)^2=0.\tag{3.2.205}$$

当二次曲线 C^* 存在时,非零实数 a_{12} 必定存在,则上述关于 a_{12} 的一元二次方程的判别式 Δ 必须大于等于零.

利用方程(3.2.205),有

$$\Delta=16-16(\alpha-1)^2=16\alpha(2-\alpha)\geqslant0.\tag{3.2.206}$$

因而有结论:当实数 α 是开区间 $(0,2)$ 内一个实数,且 $\alpha\neq1$ 时(注意前述 $\alpha\neq0$, $\alpha\neq2$ 及 $a_{12}\neq0$, $a_{12}\neq1$),满足题目条件的一条二次曲线 C^* 存在.

十五、Pascal 定理

定理 11(Pascal 定理)　一条二次曲线的内接六边形的 3 对对边的交点在一条直线上.

证明　设 $a_1a_2a_3a_4a_5a_6$ 是一条二次曲线 C^* 的内接六边形. 记直线 $l_{ij} = a_i \times a_j (1 \leqslant i, j \leqslant 6, i \neq j)$. 又记

$$A = l_{12} \times l_{45}, \qquad B = l_{23} \times l_{56}, \qquad C = l_{34} \times l_{61}. \tag{3.2.207}$$

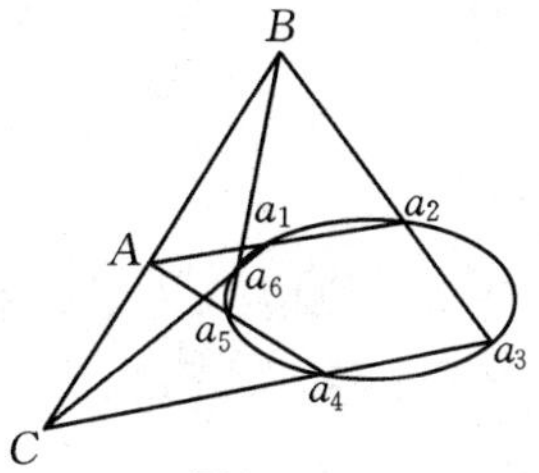

图 3.15

要证明 A, B, C 这 3 点共线.

根据 Steiner 定理,线束 a_1 与线束 a_5 之间的映射: $a_1 \times z \to a_5 \times z\ (\forall z \in C^*)$ 是射影变换,于是,有

$$R(l_{12}, l_{13}; l_{14}, l_{16}) = R(l_{52}, l_{53}; l_{54}, l_{56}). \tag{3.2.208}$$

利用线束 a_1 到直线 l_{34}的配景,有

$$R(l_{12}, l_{13}; l_{14}, l_{16}) = R(l_{12} \times l_{34}, a_3; a_4, C). \tag{3.2.209}$$

利用线束 a_5 到直线 l_{23}的配景,有

$$R(l_{52}, l_{53}; l_{54}, l_{56}) = R(a_2, a_3; l_{54} \times l_{23}, B). \tag{3.2.210}$$

直线 l_{34}到直线 l_{23}的射影变换 π 是 3 个射影变换的乘积(l_{34}到线束 a_1 的配景,线束 a_1 到线束 a_5 的射影变换,线束 a_5 到直线 l_{23}的配景这 3 个射影变换的乘积,这里乘积即映射的复合),则可以看到 π 是一个射影变换,而且 $\pi(l_{12} \times l_{34}) = a_2$ (l_{34} 到线束 a_1 的配景将 $l_{12} \times l_{34}$ 映到 l_{12},线束 a_1 到线束 a_5 的射影变换将 l_{12} 映成 l_{52},线束 a_5 到直线 l_{23} 的配景将 l_{52} 映成点 a_2).

$$\pi(a_3) = a_3 (\text{简言之,类似上述圆括号内的说明,} a_3 \to l_{13} \to l_{53} \to a_3),$$
$$\pi(a_4) = l_{54} \times l_{23} (a_4 \to l_{14} \to l_{54} \to l_{54} \times l_{23}),$$
$$\pi(C) = B (C \to l_{16} \to l_{56} \to B). \tag{3.2.211}$$

由于这个射影变换 π 将 l_{34}与 l_{23}的交点 a_3 映到 a_3 自身,所以 π 为一个配景,那么对应点之间的连线交于一点. 利用(3.2.211)式,有 3 条直线 $(l_{12} \times l_{34}) \times a_2$, $a_4 \times (l_{54} \times l_{23})$, $B \times C$ 交于一点. 直线$(l_{12} \times l_{34}) \times a_2$ 即直线 $a_1 \times a_2 = l_{12}$,直线 $a_4 \times (l_{54} \times l_{23})$ 即 $a_4 \times a_5 = l_{45}$,因而点 $l_{12} \times l_{45}$ 在直线 $B \times C$ 上,即 3 点 A, B, C 成一直线.

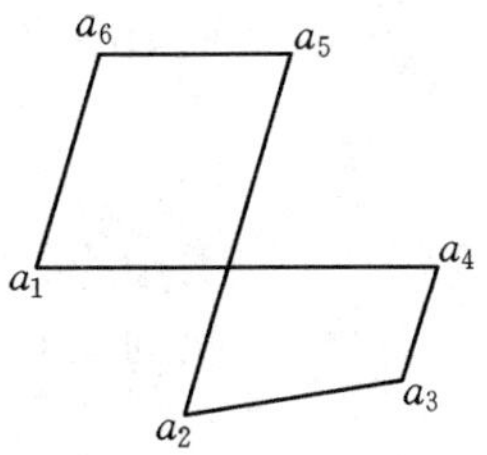

图 3.16

这条直线称为 Pascal 线.

在一条二次曲线上任取 6 个不同的定点. 由于连接

顺序的不同,可以组成许多不同的六边形.例如,顺次连接 a_1, a_6, a_5, a_2, a_3, a_4, a_1,可以得到一个新的六边形 $a_1a_6a_5a_2a_3a_4$,如图 3.16 所示.

记

$$A=(a_1\times a_6)\times(a_2\times a_3),$$
$$B=(a_6\times a_5)\times(a_3\times a_4),$$
$$C=(a_5\times a_2)\times(a_4\times a_1),$$

完全类似地,3 点 A, B, C 共线.

$a_1a_2a_3a_4a_5a_6$, $a_2a_3a_4a_5a_6a_1$, $a_3a_4a_5a_6a_1a_2$, $a_4a_5a_6a_1a_2a_3$, $a_5a_6a_1a_2a_3a_4$, $a_6a_1a_2a_3a_4a_5$; $a_6a_5a_4a_3a_2a_1$, $a_1a_6a_5a_4a_3a_2$, $a_2a_1a_6a_5a_4a_3$, $a_3a_2a_1a_6a_5a_4$, $a_4a_3a_2a_1a_6a_5$, $a_5a_4a_3a_2a_1a_6$ 这 12 个六边形实际上是同一个六边形.对于顶点的任意排列都有类似情况.因此,对于同一条二次曲线,不同的 Pascal 线至多有 $\frac{6!}{12}=60$ 条.

§3.3 双曲平面几何

从上一节知道,在射影平面 $P^2(\mathbf{R})$上,如果 C 是一条二次曲线,建立射影坐标系,使得 C 上 3 点 a, a^* 和 e 依次具有射影坐标$[(1, 0, 0)]$, $[(0, 0, 1)]$和$[(1, 1, 1)]$,且点 a 的切线与点 a^* 的切线交于点 $b=[(0, 1, 0)]$.于是,点 a 的切线为 $\delta_3=[(0, 0, 1)]$,点 a^* 的切线为 $\delta_1=[(1, 0, 0)]$,这条二次曲线 C 的方程是

$$x_1x_3-x_2^2=0. \tag{3.3.1}$$

射影平面 $P^2(\mathbf{R})$上点 $x=[(x_1, x_2, x_3)]$(圆括号内是射影坐标),如果满足

$$x_1x_3-x_2^2>0, \tag{3.3.2}$$

则称这点 x 为二次曲线 C 的内部点.C 的全部内部点组成一个双曲平面.这双曲平面上的点(即 C 的内部点)也称为双曲点或非欧点.对于双曲平面上两点 $x=[(x_1, x_2, x_3)]$ 和 $y=[(y_1, y_2, y_3)]$,有

$$x_1x_3-x_2^2>0,\qquad y_1y_3-y_2^2>0. \tag{3.3.3}$$

连接两点 x 和 y,有一条射影直线 L.下面证明这条射影直线 L 必与二次曲线 C 有两个不同的交点.

L 上不同于点 x 和点 y 的点的射影坐标是 $[(x_1+\lambda y_1, x_2+\lambda y_2, x_3+\lambda y_3)]$,

这里λ是非零实数.射影直线L与二次曲线C有交点$[(x_1+\lambda y_1, x_2+\lambda y_2, x_3+\lambda y_3)]$,当且仅当存在实数$\lambda$,满足

$$(x_1+\lambda y_1)(x_3+\lambda y_3)-(x_2+\lambda y_2)^2=0. \tag{3.3.4}$$

从上式,有

$$(y_1y_3-y_2^2)\lambda^2+(x_1y_3+x_3y_1-2x_2y_2)\lambda+(x_1x_3-x_2^2)=0. \tag{3.3.5}$$

从(3.3.3)式知道方程(3.3.5)是关于λ的一个一元二次方程.记方程(3.3.5)的判别式为Δ,于是

$$\begin{aligned}\Delta &= (x_1y_3+x_3y_1-2x_2y_2)^2-4(y_1y_3-y_2^2)(x_1x_3-x_2^2)\\ &=(x_1y_3+x_3y_1-2x_2y_2)^2+4(x_1x_3y_2^2+y_1y_3x_2^2-x_1y_1x_3y_3-x_2^2y_2^2).\end{aligned} \tag{3.3.6}$$

利用(3.3.3)式,由于是射影坐标,可以取x_1, x_3都是正数,y_1, y_3也都是正数,则

$$x_1y_3+x_3y_1\geqslant 2\sqrt{x_1y_3x_3y_1}>2\mid x_2y_2\mid. \tag{3.3.7}$$

从上式,有

$$(x_1y_3+x_3y_1)-2x_2y_2\geqslant 2\sqrt{x_1y_1x_3y_3}-2x_2y_2>0. \tag{3.3.8}$$

因而可以看到

$$\begin{aligned}\{(x_1y_3+x_3y_1)-2x_2y_2\}^2 &\geqslant \{2\sqrt{x_1y_1x_3y_3}-2x_2y_2\}^2\\ &=4x_1y_1x_3y_3-8x_2y_2\sqrt{x_1y_1x_3y_3}+4x_2^2y_2^2.\end{aligned} \tag{3.3.9}$$

将(3.3.9)式代入(3.3.6)式,有

$$\Delta\geqslant 4(\sqrt{x_1x_3}\,y_2-\sqrt{y_1y_3}\,x_2)^2\geqslant 0. \tag{3.3.10}$$

$\Delta=0$当且仅当

$$\sqrt{x_1x_3}\,y_2=\sqrt{y_1y_3}\,x_2 \qquad \text{(在(3.3.10)式中取等号)}, \tag{3.3.11}$$

$$x_1y_3=x_3y_1 \qquad \text{((3.3.7)式的第一个不等式也应取等号)}. \tag{3.3.12}$$

从$x_1>0$, $x_3>0$, $y_1>0$, $y_3>0$以及(3.3.12)式,存在正数t,使得

$$y_1=tx_1, \qquad y_3=tx_3. \tag{3.3.13}$$

将(3.3.13)式代入(3.3.11)式,有

$$y_2 = tx_2. \tag{3.3.14}$$

那么点 x 与点 y 重合,矛盾.因而,有

$$\Delta > 0. \tag{3.3.15}$$

这表明方程(3.3.5)恰有两个不同的实根.因而,连接两个双曲点 x 与 y 的一条射影直线 L 与二次曲线 C 恰有两个不同的交点.记这两个交点为 $x^* = [(x_1^*, x_2^*, x_3^*)]$, $y^* = [(y_1^*, y_2^*, y_3^*)]$, 这里

$$x_1^* x_3^* - x_2^{*2} = 0, \qquad y_1^* y_3^* - y_2^{*2} = 0, \tag{3.3.16}$$

则有

$$x_1^* x_3^* \geqslant 0, \qquad y_1^* y_3^* \geqslant 0. \tag{3.3.17}$$

由于是射影坐标,因此可取

$$x_1^* \geqslant 0, \qquad x_3^* \geqslant 0, \qquad y_1^* \geqslant 0, \qquad y_3^* \geqslant 0. \tag{3.3.18}$$

又由于 4 点 x, y, x^*, y^* 在同一条射影直线 L 上,因此可以写

$$(x_1, x_2, x_3) = \lambda_1(x_1^*, x_2^*, x_3^*) + \lambda_2(y_1^*, y_2^*, y_3^*), \tag{3.3.19}$$

$$(y_1, y_2, y_3) = \mu_1(x_1^*, x_2^*, x_3^*) + \mu_2(y_1^*, y_2^*, y_3^*), \tag{3.3.20}$$

这里 λ_1, λ_2, μ_1, μ_2 都是非零实数.

利用(3.3.3)式,有

$$(\lambda_1 x_1^* + \lambda_2 y_1^*)(\lambda_1 x_3^* + \lambda_2 y_3^*) - (\lambda_1 x_2^* + \lambda_2 y_2^*)^2 > 0, \tag{3.3.21}$$

$$(\mu_1 x_1^* + \mu_2 y_1^*)(\mu_1 x_3^* + \mu_2 y_3^*) - (\mu_1 x_2^* + \mu_2 y_2^*)^2 > 0. \tag{3.3.22}$$

从(3.3.21)式,有

$$\lambda_1^2(x_1^* x_3^* - x_2^{*2}) + \lambda_2^2(y_1^* y_3^* - y_2^{*2}) + \lambda_1\lambda_2(x_1^* y_3^* + y_1^* x_3^* - 2x_2^* y_2^*) > 0. \tag{3.3.23}$$

利用(3.3.16)式和(3.3.23)式,有

$$\lambda_1\lambda_2(x_1^* y_3^* + y_1^* x_3^* - 2x_2^* y_2^*) > 0. \tag{3.3.24}$$

利用(3.3.18)式及(3.3.16)式,有

$$x_1^* y_3^* + x_3^* y_1^* \geqslant 2\sqrt{x_1^* y_3^* x_3^* y_1^*} = 2\,|\,x_2^* y_2^*\,| \geqslant 2x_2^* y_2^*. \tag{3.3.25}$$

从(3.3.24)式和(3.3.25)式可以得到

$$x_1^* y_3^* + x_3^* y_1^* - 2x_2^* y_2^* > 0, \qquad \lambda_1\lambda_2 > 0. \tag{3.3.26}$$

完全类似地,利用(3.3.16)式和(3.3.22)式,有

$$\mu_1\mu_2 > 0. \tag{3.3.27}$$

从(3.3.19)式、(3.3.20)式、(3.3.26)式和(3.3.27)式,有

$$R(x^*,\ y^*;\ x,\ y) = \frac{\mu_1\lambda_2}{\mu_2\lambda_1} > 0. \tag{3.3.28}$$

(利用关系式(3.3.19)和(3.3.20),很容易推出在齐次坐标下,有完全类似于(3.3.19)式和(3.3.20)式的公式,即可将(3.3.19)式和(3.3.20)式中圆括号内的所有坐标理解为齐次坐标).

从(3.3.28)式可以看出 $R(x^*,\ y^*;\ x,\ y)=1$ 当且仅当 $\mu_1\lambda_2=\mu_2\lambda_1$,再利用(3.3.19)式和(3.3.20)式可知,点 x 必定重合于点 y.

定义双曲平面内两个双曲点 x, y 之间的距离为

$$d(x,\ y) = |\ \ln R(x^*,\ y^*;\ x,\ y)\ |. \tag{3.3.29}$$

从前面叙述可以看出 $d(x,\ y)=0$ 当且仅当点 x, y 重合.

从交比的性质及(3.3.29)式可以得到交换点 x^* 与点 y^*,或交换点 x 与点 y,(3.3.29)式的右端保持不变. 当点 x 趋向于点 x^*(或点 y^*),或点 y 趋向于点 x^*(或点 y^*)时,有 $d(x,\ y)$趋向于$+\infty$.

对于连接两个双曲点 x 和 y 的一条射影直线 L,交二次曲线 C 于两点 x^* 和 y^*. 设一个双曲点 P 不在这条直线 L 上. 如图 3.17 所示,用两条射影直线 L_1, L_2 分别连接点 P 与点 x^*,点 P 与点 y^*. 点 P 与点 x^* 的距离和点 P 与点 y^* 的距离都是$+\infty$. 称直线 L_1, L_2 为过点 P 的 L 的两条平行线. 因而有下述定理.

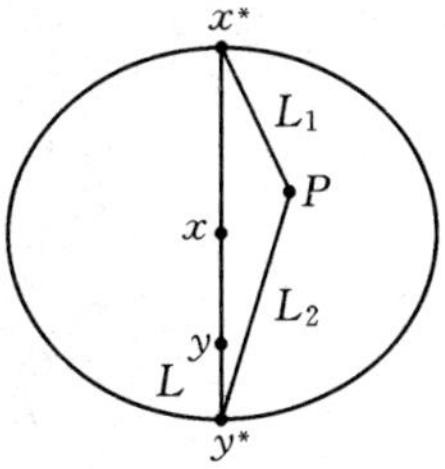

图 3.17

定理 1 在双曲平面上,过直线 L 外一点恰有两条直线都平行于 L.

这定理与欧氏平面上过直线外一点只能作唯一一条平行线(欧氏几何平行公理)截然不同.

一、Lobatschewski 公式

设 L_1, L_2 是双曲平面上相交于一个双曲点 $x=[(x_1,\ x_2,\ x_3)]$ 的两条不同的(射影)直线. 为了简便,设直线 L_1 与二次曲线 C 相交于一点 $a=[(1,\ 0,\ 0)]$,直线 L_2 与二次曲线 C 相交于一点 $a^*=[(0,\ 0,\ 1)]$. 由于点 a 与点 a^* 的连线 $\delta_2=[(0,\ 1,\ 0)]$,双曲点 x 不在直线 δ_2 上,则 $x_2\neq 0$,可设 x_1, x_3 是正实数(利用(3.3.2)式).

直线

$$L_1=[(\xi_1,\xi_2,\xi_3)],\tag{3.3.30}$$

这里

$$(\xi_1,\xi_2,\xi_3)=(x_1,x_2,x_3)\times(1,0,0)=(0,x_3,-x_2);$$

直线

$$L_2=[(\eta_1,\eta_2,\eta_3)],\tag{3.3.31}$$

这里

$$(\eta_1,\eta_2,\eta_3)=(x_1,x_2,x_3)\times(0,0,1)=(x_2,-x_1,0).$$

从(3.3.1)式知道二次曲线 C 的系数矩阵

$$\begin{pmatrix}a_{11}&a_{12}&a_{13}\\a_{12}&a_{22}&a_{23}\\a_{13}&a_{23}&a_{33}\end{pmatrix}=\begin{pmatrix}0&0&\frac{1}{2}\\0&-1&0\\\frac{1}{2}&0&0\end{pmatrix}.\tag{3.3.32}$$

上述矩阵对应的代数余子式矩阵也是对称矩阵,为

$$\begin{pmatrix}A_{11}&A_{12}&A_{13}\\A_{12}&A_{22}&A_{23}\\A_{13}&A_{23}&A_{33}\end{pmatrix}=\begin{pmatrix}0&0&\frac{1}{2}\\0&-\frac{1}{4}&0\\\frac{1}{2}&0&0\end{pmatrix}.\tag{3.3.33}$$

令

$$\begin{aligned}P&=\sum_{i,j=1}^{3}A_{ij}\xi_i\xi_j=\xi_1\xi_3-\frac{1}{4}\xi_2^2,\\Q&=\sum_{i,j=1}^{3}A_{ij}\xi_i\eta_j=\frac{1}{2}(\xi_1\eta_3+\xi_3\eta_1)-\frac{1}{4}\xi_2\eta_2,\\R&=\sum_{i,j=1}^{3}A_{ij}\eta_i\eta_j=\eta_1\eta_3-\frac{1}{4}\eta_2^2.\end{aligned}\tag{3.3.34}$$

利用(3.3.30)式、(3.3.31)式和(3.3.34)式,对于直线 L_1 和 L_2,有

$$P=-\frac{1}{4}x_3^2,\qquad Q=\frac{1}{4}(x_1x_3-2x_2^2),\qquad R=-\frac{1}{4}x_1^2,\tag{3.3.35}$$

从而可以知道,P, R 是负数. 利用(3.3.2)式和(3.3.35)式,有

$$PR - Q^2 = \frac{1}{4}x_2^2(x_1x_3 - x_2^2) > 0. \tag{3.3.36}$$

在直线 δ_2 上取一个双曲点 $y = [(y_1, 0, y_3)]$，这里 y_1，y_3 都是正实数，点 x 和点 y 的连线记为 L. 又记

$$L = [(\zeta_1, \zeta_2, \zeta_3)], \tag{3.3.37}$$

这里

$$\begin{aligned}(\zeta_1, \zeta_2, \zeta_3) &= (x_1, x_2, x_3) \times (y_1, 0, y_3)\\ &= (x_2y_3, x_3y_1 - x_1y_3, -x_2y_1).\end{aligned}$$

将 δ_2 作为第一条直线，L 作为第二条直线，利用公式(3.3.34)，相应地有

$$P = -\frac{1}{4}, \quad Q = -\frac{1}{4}(x_3y_1 - x_1y_3), \quad R = -x_2^2y_1y_3 - \frac{1}{4}(x_3y_1 - x_1y_3)^2. \tag{3.3.38}$$

由于 $(\zeta_1, \zeta_2, \zeta_3)$ 可以相差一个非零常数倍，特别可以用 $(-\zeta_1, -\zeta_2, -\zeta_3)$ 代替，因而可设 $Q \geqslant 0$，而且 P，R 保持不变. 从(3.3.38)式，有

$$\begin{aligned}PR - Q^2 &= \frac{1}{4}\left[x_2^2y_1y_3 + \frac{1}{4}(x_3y_1 - x_1y_3)^2\right] - \frac{1}{16}(x_3y_1 - x_1y_3)^2\\ &= \frac{1}{4}x_2^2y_1y_3 > 0.\end{aligned} \tag{3.3.39}$$

定义两条直线 $[(\xi_1, \xi_2, \xi_3)]$，$[(\eta_1, \eta_2, \eta_3)]$ 的夹角 $\theta\left(\text{在}\left[0, \frac{\pi}{2}\right]\text{内}\right)$，先利用公式(3.3.34)，计算出相应的 P，Q，R，这里 $Q \geqslant 0$. 又设两条直线的交点为一个双曲点 $[(x_1^*, x_2^*, x_3^*)] = [(\xi_1, \xi_2, \xi_3) \times (\eta_1, \eta_2, \eta_3)] = [(\xi_2\eta_3 - \xi_3\eta_2, \xi_3\eta_1 - \xi_1\eta_3, \xi_1\eta_2 - \xi_2\eta_1)]$. 由于是双曲点，因此有

$$(\xi_2\eta_3 - \xi_3\eta_2)(\xi_1\eta_2 - \xi_2\eta_1) - (\xi_3\eta_1 - \xi_1\eta_3)^2 > 0.$$

利用公式(3.3.34)及上式，有

$$\begin{aligned}PR - Q^2 &= \left(\xi_1\xi_3 - \frac{1}{4}\xi_2^2\right)\left(\eta_1\eta_3 - \frac{1}{4}\eta_2^2\right) - \left[\frac{1}{2}(\xi_1\eta_3 + \xi_3\eta_1) - \frac{1}{4}\xi_2\eta_2\right]^2\\ &= \left(\xi_1\xi_3\eta_1\eta_3 - \frac{1}{4}\xi_2^2\eta_1\eta_3 - \frac{1}{4}\xi_1\xi_3\eta_2^2 + \frac{1}{16}\xi_2^2\eta_2^2\right) - \frac{1}{4}(\xi_1\eta_3 + \xi_3\eta_1)^2\\ &\quad + \frac{1}{4}\xi_2\eta_2(\xi_1\eta_3 + \xi_3\eta_1) - \frac{1}{16}\xi_2^2\eta_2^2\end{aligned}$$

$$=-\frac{1}{4}(\xi_1\eta_3-\xi_3\eta_1)^2+\frac{1}{4}\left[\xi_2\eta_2(\xi_1\eta_3+\xi_3\eta_1)-(\xi_2^2\eta_1\eta_3+\eta_2^2\xi_1\xi_3)\right]$$

$$=\frac{1}{4}\left[(\xi_1\eta_2-\xi_2\eta_1)(\xi_2\eta_3-\xi_3\eta_2)-(\xi_3\eta_1-\xi_1\eta_3)^2\right]>0. \tag{3.3.40}$$

令

$$\cos\theta=\frac{Q}{\sqrt{PR}},\qquad \sin\theta=\frac{\sqrt{PR-Q^2}}{\sqrt{PR}}, \tag{3.3.41}$$

于是直线 L 与直线 δ_2 垂直,当且仅当

$$x_3y_1=x_1y_3, \tag{3.3.42}$$

这里利用了(3.3.38)式.因而可取

$$y_1=x_1,\qquad y_3=x_3. \tag{3.3.43}$$

那么,直线 δ_2 上有一点 $y=[(x_1, 0, x_3)]$,点 y 和点 x 的连线 L 垂直于直线 δ_2.

从(3.3.37)式和(3.3.43)式,有直线

$$L=[(-x_2x_3, 0, x_2x_1)]. \tag{3.3.44}$$

对于直线 L 与直线 L_1,利用公式(3.3.30)式、(3.3.34)式和(3.3.44)式,相应地,有

$$P=-x_2^2x_1x_3,\qquad Q=\frac{1}{2}x_2^2x_3,\qquad R=-\frac{1}{4}x_3^2. \tag{3.3.45}$$

利用公式(3.3.41),得到直线 L 与直线 L_1 的夹角 θ(锐角)由下式确定:

$$\cos\theta=\frac{\frac{1}{2}x_2^2x_3}{\frac{1}{2}x_3\mid x_2\mid\sqrt{x_1x_3}}=\frac{\mid x_2\mid}{\sqrt{x_1x_3}}. \tag{3.3.46}$$

另一方面,点 $x=[(x_1, x_2, x_3)]$ 到点 $y=[(x_1, 0, x_3)]$ 的距离 $d(x, y)$ 也可以求出.点 x 与点 y 的连线 L 与二次曲线 C 的交点有两个,记为 $[(1+\lambda)x_1, x_2, (1+\lambda)x_3]$,这里实数 λ 满足

$$(1+\lambda)^2x_1x_3-x_2^2=0. \tag{3.3.47}$$

于是

$$\lambda = -1 \pm \frac{|x_2|}{\sqrt{x_1 x_3}}. \tag{3.3.48}$$

从而两个交点为

$$x^* = \left[(x_1, x_2, x_3) + \left(-1 + \frac{|x_2|}{\sqrt{x_1 x_3}}\right)(x_1, 0, x_3)\right], \tag{3.3.49}$$

$$y^* = \left[(x_1, x_2, x_3) + \left(-1 - \frac{|x_2|}{\sqrt{x_1 x_3}}\right)(x_1, 0, x_3)\right]. \tag{3.3.50}$$

利用公式(3.2.69)、(3.3.29)、(3.3.49)和(3.3.50),有

$$d(x, y) = |\ln R(x, y; x^*, y^*)| = \left|\ln \frac{1 - \dfrac{|x_2|}{\sqrt{x_1 x_3}}}{1 + \dfrac{|x_2|}{\sqrt{x_1 x_3}}}\right|$$

$$= \left|\ln \frac{\sqrt{x_1 x_3} - |x_2|}{\sqrt{x_1 x_3} + |x_2|}\right|. \tag{3.3.51}$$

由于

$$\frac{\sqrt{x_1 x_3} - |x_2|}{\sqrt{x_1 x_3} + |x_2|} < 1, \tag{3.3.52}$$

则

$$d(x, y) = -\ln \frac{\sqrt{x_1 x_3} - |x_2|}{\sqrt{x_1 x_3} + |x_2|}. \tag{3.3.53}$$

从上式,有

$$\frac{\sqrt{x_1 x_3} - |x_2|}{\sqrt{x_1 x_3} + |x_2|} = e^{-d(x, y)}. \tag{3.3.54}$$

利用(3.3.46)式和(3.3.54)式,有

$$e^{-d(x, y)} = \frac{1 - \dfrac{|x_2|}{\sqrt{x_1 x_3}}}{1 + \dfrac{|x_2|}{\sqrt{x_1 x_3}}} = \frac{1 - \cos\theta}{1 + \cos\theta} = \frac{2\sin^2 \dfrac{\theta}{2}}{2\cos^2 \dfrac{\theta}{2}} = \tan^2 \frac{\theta}{2}. \tag{3.3.55}$$

从(3.3.55)式,有

$$\tan \frac{\theta}{2} = e^{-\frac{1}{2} d(x, y)}. \tag{3.3.56}$$

公式(3.3.56)称为 Lobatschewski 公式. 完全类似地可以证明直线 L_2 与直线 L 的夹角也为同一个 θ. 上述角度 θ 称为平行角. 这锐角 θ 依赖于 $d(x, y)$,而且是 $d(x, y)$的单调递降函数:

$$\theta = 2\arctan \mathrm{e}^{-\frac{1}{2}d(x, y)}. \tag{3.3.57}$$

这依赖于点 x 到直线 δ_2 的距离 $d(x, y)$的平行角函数称为 Lobatschewski 函数.

二、正弦定理和余弦定理

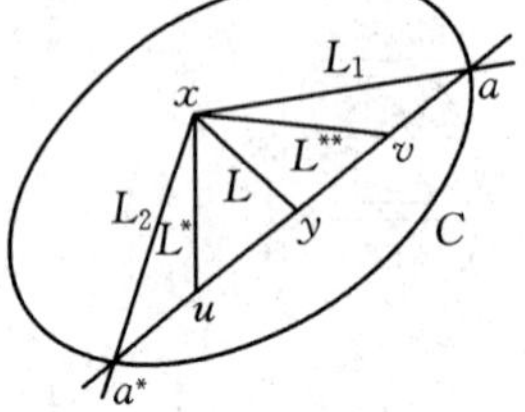

图 3.18

在直线 δ_2上任取一个不同于点 $y = [(x_1, 0, x_3)]$ 的双曲点 $u = [(u_1, 0, u_3)]$, 这里 u_1, u_3都是正实数,且 $x_1 u_3 \neq x_3 u_1$. 点 x 与点 u 的连线记为 L^*,如图 3.18 所示. 直线

$$L^* = [(\xi_1^*, \xi_2^*, \xi_3^*)], \tag{3.3.58}$$

这里

$$\begin{aligned}(\xi_1^*, \xi_2^*, \xi_3^*) &= (x_1, x_2, x_3) \times (u_1, 0, u_3)\\ &= (x_2 u_3, u_1 x_3 - x_1 u_3, -x_2 u_1).\end{aligned}$$

将直线 L 作为第一条直线,将直线 L^* 作为第二条直线,利用(3.3.34)式、(3.3.44)式和(3.3.58)式,相应地,有

$$\begin{aligned}&P = -x_2^2 x_1 x_3, \qquad Q = \frac{1}{2}x_2^2(x_1 u_3 + x_3 u_1),\\ &R = -x_2^2 u_1 u_3 - \frac{1}{4}(u_1 x_3 - x_1 u_3)^2.\end{aligned} \tag{3.3.59}$$

从上式,可以看到

$$\begin{aligned}PR - Q^2 &= x_2^2 x_1 x_3\left[x_2^2 u_1 u_3 + \frac{1}{4}(u_1 x_3 - x_1 u_3)^2\right] - \frac{1}{4}x_2^4(x_1 u_3 + x_3 u_1)^2\\ &= \frac{1}{4}x_2^2 x_1 x_3(u_1 x_3 - x_1 u_3)^2 - \frac{1}{4}x_2^4(x_1 u_3 - x_3 u_1)^2\\ &= \frac{1}{4}x_2^2(x_1 x_3 - x_2^2)(u_1 x_3 - x_1 u_3)^2 > 0.\end{aligned} \tag{3.3.60}$$

记直线 L 与 L^* 的夹角为$\angle(L, L^*)$,利用公式(3.3.41),有

$$\cos\angle(L, L^*) = \frac{|x_2|(x_1 u_3 + x_3 u_1)}{2\sqrt{x_1 x_3\left[x_2^2 u_1 u_3 + \frac{1}{4}(u_1 x_3 - x_1 u_3)^2\right]}},$$

$$\sin\angle(L, L^*) = \frac{|u_1x_3 - x_1u_3|\sqrt{x_1x_3 - x_2^2}}{2\sqrt{x_1x_3\left[x_2^2u_1u_3 + \frac{1}{4}(u_1x_3 - x_1u_3)^2\right]}}. \quad (3.3.61)$$

将直线 L^* 作为第一条直线,将直线 δ_2 作为第二条直线,利用公式(3.3.34),相应地,有(不妨设 $x_1u_3 - u_1x_3 > 0$)

$$\begin{aligned} P &= -x_2^2u_1u_3 - \frac{1}{4}(u_1x_3 - x_1u_3)^2, \\ Q &= \frac{1}{4}(x_1u_3 - u_1x_3), \\ R &= -\frac{1}{4}. \end{aligned} \quad (3.3.62)$$

从上式,可以看到

$$\begin{aligned} PR - Q^2 &= \frac{1}{4}\left[x_2^2u_1u_3 + \frac{1}{4}(u_1x_3 - x_1u_3)^2\right] - \frac{1}{16}(x_1u_3 - u_1x_3)^2 \\ &= \frac{1}{4}x_2^2u_1u_3 > 0. \end{aligned} \quad (3.3.63)$$

再次利用公式(3.3.41),记直线 L^* 与 δ_2 的夹角为 $\angle(L^*, \delta_2)$,有

$$\begin{aligned} \cos\angle(L^*, \delta_2) &= \frac{x_1u_3 - u_1x_3}{\sqrt{4x_2^2u_1u_3 + (u_1x_3 - x_1u_3)^2}}, \\ \sin\angle(L^*, \delta_2) &= \frac{2|x_2|\sqrt{u_1u_3}}{\sqrt{4x_2^2u_1u_3 + (u_1x_3 - x_1u_3)^2}}. \end{aligned} \quad (3.3.64)$$

在直角 $\triangle yux$ 中(这里直线 L 垂直于直线 δ_2,借用中学平面几何的语言),利用(3.3.61)式和(3.3.64)式,可以看到

$$\begin{aligned} &\cos(\angle(L^*, \delta_2) + \angle(L, L^*)) \\ &= \cos\angle(L^*, \delta_2)\cos\angle(L, L^*) - \sin\angle(L^*, \delta_2)\sin\angle(L, L^*) \\ &= \frac{1}{2\sqrt{4x_2^2u_1u_3 + (u_1x_3 - x_1u_3)^2}\sqrt{x_1x_3\left[x_2^2u_1u_3 + \frac{1}{4}(u_1x_3 - x_1u_3)^2\right]}} \\ &\times [(x_1u_3 - u_1x_3)|x_2|(x_1u_3 + x_3u_1) - 2|x_2|\sqrt{u_1u_3} \\ &\times (x_1u_3 - u_1x_3)\sqrt{x_1x_3 - x_2^2}]. \end{aligned} \quad (3.3.65)$$

由于

$$(x_1u_3-u_1x_3)\mid x_2\mid(x_1u_3+x_3u_1)-2\mid x_2\mid\sqrt{u_1u_3}(x_1u_3-u_1x_3)\sqrt{x_1x_3-x_2^2}$$

$$=(x_1u_3-u_1x_3)\mid x_2\mid[(x_1u_3+x_3u_1)-2\sqrt{u_1u_3(x_1x_3-x_2^2)}]$$

$$>(x_1u_3-u_1x_3)\mid x_2\mid[2\sqrt{x_1u_3x_3u_1}-2\sqrt{u_1u_3(x_1x_3-x_2^2)}]>0, \tag{3.3.66}$$

则

$$\cos(\angle(L^*,\delta_2)+\angle(L,L^*))>0. \tag{3.3.67}$$

又由于$\angle(L^*,\delta_2)$, $\angle(L,L^*)$都是锐角,则

$$\angle(L^*,\delta_2)+\angle(L,L^*)<\frac{\pi}{2}. \tag{3.3.68}$$

这表明在双曲平面内,有直角三角形,其两个锐角之和小于$\frac{\pi}{2}$.于是这直角三角形的三内角之和小于π.这个性质与中学时代学习过的欧氏三角形的三内角之和等于π是截然不同的.

在直线δ_2上再取不同于点u的一个双曲点$v=[(v_1,0,v_3)]$,使得点y在点u和v中间(点v可以与点y叠合),这里v_1, v_3是正实数,且$u_1v_3\neq u_3v_1$.当然$u_1v_3<u_3v_1$和$x_3v_1\geqslant v_3x_1$(因为点y在点u和点v的中间,和已设$x_1u_3>u_1x_3$,直线δ_2上的双曲点$[(0,0,1)+\lambda(1,0,0)](0<\lambda<+\infty)$,当$\lambda$从0(不含0)增加趋向于$+\infty$时,从$a^*$(不含$a^*$)运动趋向于$a$.而点$y$, u, v的射影坐标依次为$\left[(0,0,1)+\frac{x_1}{x_3}(1,0,0)\right]$, $\left[(0,0,1)+\frac{u_1}{u_3}(1,0,0)\right]$, $\left[(0,0,1)+\frac{v_1}{v_3}(1,0,0)\right]$,则$\frac{u_1}{u_3}<\frac{x_1}{x_3}\leqslant\frac{v_1}{v_3}$).记点$x$与点$v$的连线为$L^{**}$,则

$$L^{**}=[(\eta_1^*,\eta_2^*,\eta_3^*)], \tag{3.3.69}$$

这里$(\eta_1^*,\eta_2^*,\eta_3^*)=(x_1,x_2,x_3)\times(v_1,0,v_3)=(x_2v_3,v_1x_3-x_1v_3,-x_2v_1)$.

记两条直线L^{**}与δ_2的交角为$\angle(L^{**},\delta_2)$,类似(3.3.64)式,有

$$\cos\angle(L^{**},\delta_2)=\frac{x_3v_1-v_3x_1}{\sqrt{4x_2^2v_1v_3+(v_1x_3-x_1v_3)^2}},$$

$$\sin\angle(L^{**},\delta_2)=\frac{2\mid x_2\mid\sqrt{v_1v_3}}{\sqrt{4x_2^2v_1v_3+(v_1x_3-x_1v_3)^2}}, \tag{3.3.70}$$

这时只须将(3.3.64)中 u_1, u_3分别换成 v_1, v_3,并注意 $x_3v_1-v_3x_1\geqslant 0$ 即可.

直线 L^{**} 交二次曲线 C 于两点$\bar{x}$, $\bar{v}$,其射影坐标可记为$[(x_1+\lambda v_1, x_2, x_3+\lambda v_3)]$,这里实数 λ 满足

$$(x_1+\lambda v_1)(x_3+\lambda v_3)-x_2^2=0. \tag{3.3.71}$$

从上式,有

$$v_1v_3\lambda^2+(v_1x_3+x_1v_3)\lambda+(x_1x_3-x_2^2)=0. \tag{3.3.72}$$

因而

$$\begin{aligned}\lambda_1&=\frac{1}{2v_1v_3}\left[-(v_1x_3+x_1v_3)+\sqrt{(v_1x_3-x_1v_3)^2+4v_1v_3x_2^2}\right],\\ \lambda_2&=\frac{1}{2v_1v_3}\left[-(v_1x_3+x_1v_3)-\sqrt{(v_1x_3-x_1v_3)^2+4v_1v_3x_2^2}\right].\end{aligned} \tag{3.3.73}$$

那么,可以写出

$$\bar{x}=[(\bar{x}_1, \bar{x}_2, \bar{x}_3)], \qquad \bar{v}=[(\bar{v}_1, \bar{v}_2, \bar{v}_3)]. \tag{3.3.74}$$

这里

$$(\bar{x}_1, \bar{x}_2, \bar{x}_3)=(x_1, x_2, x_3)+\lambda_1(v_1, 0, v_3),$$

$$(\bar{v}_1, \bar{v}_2, \bar{v}_3)=(x_1, x_2, x_3)+\lambda_2(v_1, 0, v_3).$$

利用(3.2.69)式、(3.3.28)式、(3.3.73)式和(3.3.74)式,有

$$\begin{aligned}R(\bar{x}, \bar{v}; x, v)&=R(x, v; \bar{x}, \bar{v})=\frac{\lambda_1}{\lambda_2}\\ &=\frac{\dfrac{v_1x_3+x_1v_3}{\sqrt{(v_1x_3-x_1v_3)^2+4v_1v_3x_2^2}}-1}{\dfrac{v_1x_3+x_1v_3}{\sqrt{(v_1x_3-x_1v_3)^2+4v_1v_3x_2^2}}+1}<1.\end{aligned} \tag{3.3.75}$$

再利用(3.3.29)式和(3.3.75)式,有

$$\begin{aligned}\mathrm{e}^{-\frac{1}{2}d(x, v)}&=\left[\frac{\dfrac{v_1x_3+x_1v_3}{\sqrt{(v_1x_3-x_1v_3)^2+4v_1v_3x_2^2}}-1}{\dfrac{v_1x_3+x_1v_3}{\sqrt{(v_1x_3-x_1v_3)^2+4v_1v_3x_2^2}}+1}\right]^{\frac{1}{2}}\\ &=\frac{\sqrt{\dfrac{(v_1x_3+x_1v_3)^2}{(v_1x_3-x_1v_3)^2+4v_1v_3x_2^2}-1}}{\dfrac{v_1x_3+x_1v_3}{\sqrt{(v_1x_3-x_1v_3)^2+4v_1v_3x_2^2}}+1}\end{aligned}$$

$$= \frac{2\sqrt{v_1 v_3(x_1 x_3 - x_2^2)}}{(v_1 x_3 + x_1 v_3) + \sqrt{(v_1 x_3 - x_1 v_3)^2 + 4 v_1 v_3 x_2^2}}. \tag{3.3.76}$$

利用(3.3.76)式,可以得到

$$\begin{aligned}
\operatorname{sh}\frac{1}{2}d(x, v) &= \frac{1}{2}\left[\mathrm{e}^{\frac{1}{2}d(x, v)} - \mathrm{e}^{-\frac{1}{2}d(x, v)}\right] \\
&= \frac{1}{2}\left[\frac{(v_1 x_3 + x_1 v_3) + \sqrt{(v_1 x_3 - x_1 v_3)^2 + 4 v_1 v_3 x_2^2}}{2\sqrt{v_1 v_3(x_1 x_3 - x_2^2)}}\right. \\
&\quad \left. - \frac{2\sqrt{v_1 v_3(x_1 x_3 - x_2^2)}}{(v_1 x_3 + x_1 v_3) + \sqrt{(v_1 x_3 - x_1 v_3)^2 + 4 v_1 v_3 x_2^2}}\right] \\
&= \frac{1}{4\sqrt{v_1 v_3(x_1 x_3 - x_2^2)}\left[(v_1 x_3 + x_1 v_3) + \sqrt{(v_1 x_3 - x_1 v_3)^2 + 4 v_1 v_3 x_2^2}\right]} \\
&\quad \times \left[(v_1 x_3 + x_1 v_3)^2 + 2(v_1 x_3 + x_1 v_3)\sqrt{(v_1 x_3 - x_1 v_3)^2 + 4 v_1 v_3 x_2^2}\right. \\
&\quad \left. + (v_1 x_3 - x_1 v_3)^2 + 4 v_1 v_3 x_2^2 - 4 v_1 v_3 (x_1 x_3 - x_2^2)\right] \\
&= \frac{1}{2\sqrt{v_1 v_3(x_1 x_3 - x_2^2)}\left[(v_1 x_3 + x_1 v_3) + \sqrt{(v_1 x_3 - x_1 v_3)^2 + 4 v_1 v_3 x_2^2}\right]} \\
&\quad \times \left[(v_1 x_3 - x_1 v_3)^2 + 4 v_1 v_3 x_2^2\right. \\
&\quad \left. + (v_1 x_3 + x_1 v_3)\sqrt{(v_1 x_3 - x_1 v_3)^2 + 4 v_1 v_3 x_2^2}\right] \\
&= \frac{\sqrt{(v_1 x_3 - x_1 v_3)^2 + 4 v_1 v_3 x_2^2}}{2\sqrt{v_1 v_3(x_1 x_3 - x_2^2)}}.
\end{aligned} \tag{3.3.77}$$

利用(3.3.64)式和(3.3.77)式,有

$$\frac{\operatorname{sh}\frac{1}{2}d(x, v)}{\sin\angle(L^*, \delta_2)} = \frac{\sqrt{(v_1 x_3 - x_1 v_3)^2 + 4 v_1 v_3 x_2^2}\sqrt{(u_1 x_3 - x_1 u_3)^2 + 4 u_1 u_3 x_2^2}}{4\sqrt{u_1 u_3 v_1 v_3}\,|x_2|\sqrt{x_1 x_3 - x_2^2}}. \tag{3.3.78}$$

u_1, u_3 与 v_1, v_3 互相依次交换,再利用(3.3.78)式,有

$$\frac{\operatorname{sh}\frac{1}{2}d(x,u)}{\sin\angle(L^{**},\delta_2)}=\frac{\sqrt{(u_1x_3-x_1u_3)^2+4u_1u_3x_2^2}\sqrt{(v_1x_3-x_1v_3)^2+4v_1v_3x_2^2}}{4\sqrt{v_1v_3u_1u_3}\,|x_2|\sqrt{x_1x_3-x_2^2}}$$

$$=\frac{\operatorname{sh}\frac{1}{2}d(x,v)}{\sin\angle(L^{*},\delta_2)}. \tag{3.3.79}$$

为了方便记忆,如图 3.19 所示,将点 A, B, C 依次代替点 x, u, v;角 A, B, C 依次代替 $\angle(L^*, L^{**})$, $\angle(L^*, \delta_2)$, $\angle(L^{**}, \delta_2)$;边长 a, b, c 依次代替 $\frac{1}{2}d(u, v)$, $\frac{1}{2}d(x, v)$, $\frac{1}{2}d(x, u)$,则(3.3.79)就是下述公式:

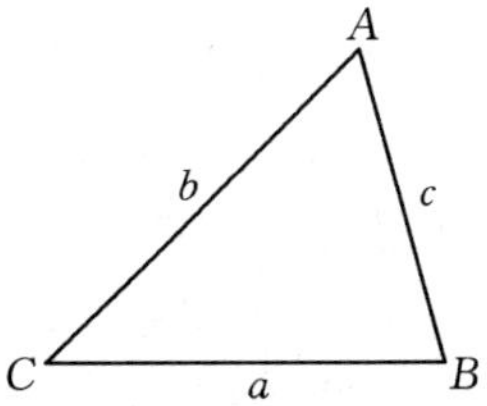

图 3.19

$$\frac{\operatorname{sh} c}{\sin C}=\frac{\operatorname{sh} b}{\sin B}. \tag{3.3.80}$$

完全类似地,还应有

$$\frac{\operatorname{sh} c}{\sin C}=\frac{\operatorname{sh} a}{\sin A}. \tag{3.3.81}$$

这样,就得到了双曲平面几何中的正弦定理.在$\triangle ABC$中,有

$$\frac{\operatorname{sh} a}{\sin A}=\frac{\operatorname{sh} b}{\sin B}=\frac{\operatorname{sh} c}{\sin C}. \tag{3.3.82}$$

下面我们来证明双曲平面几何中的余弦定理.在$\triangle ABC$中,有

$$\operatorname{ch} c=\operatorname{ch} a\operatorname{ch} b-\operatorname{sh} a\operatorname{sh} b\cos C. \tag{3.3.83}$$

利用前述的记号,即证明

$$\operatorname{ch}\frac{1}{2}d(x,u)=\operatorname{ch}\frac{1}{2}d(u,v)\operatorname{ch}\frac{1}{2}d(x,v)-\operatorname{sh}\frac{1}{2}d(u,v)\operatorname{sh}\frac{1}{2}d(x,v)\cos\angle(L^{**},\delta_2). \tag{3.3.84}$$

明显地,有

$$R(a,a^*;u,v)=\frac{v_1u_3}{v_3u_1}>1, \tag{3.3.85}$$

利用(3.3.29)式,有

$$d(u,\ v)=\ln\frac{v_1u_3}{v_3u_1}.\tag{3.3.86}$$

从上式,可以看到

$$\operatorname{sh}\frac{1}{2}d(u,\ v)=\frac{1}{2}\left(\sqrt{\frac{v_1u_3}{v_3u_1}}-\sqrt{\frac{v_3u_1}{v_1u_3}}\right)=\frac{v_1u_3-v_3u_1}{2\sqrt{u_1u_3v_1v_3}},\tag{3.3.87}$$

$$\operatorname{ch}\frac{1}{2}d(u,\ v)=\frac{v_1u_3+v_3u_1}{2\sqrt{u_1u_3v_1v_3}}.\tag{3.3.88}$$

利用(3.3.77)式,有

$$\operatorname{ch}\frac{1}{2}d(x,\ v)=\left[1+\left(\operatorname{sh}\frac{1}{2}d(x,\ v)\right)^2\right]^{\frac{1}{2}}=\frac{v_1x_3+x_1v_3}{2\sqrt{v_1v_3(x_1x_3-x_2^2)}}.\tag{3.3.89}$$

将(3.3.89)式中的 v_1, v_3 依次用 u_1, u_3 代替,有

$$\operatorname{ch}\frac{1}{2}d(x,\ u)=\frac{u_1x_3+x_1u_3}{2\sqrt{u_1u_3(x_1x_3-x_2^2)}}.\tag{3.3.90}$$

利用(3.3.70)式、(3.3.77)式、(3.3.87)~(3.3.90)式,可以得到

$$\begin{aligned}
&\operatorname{ch}\frac{1}{2}d(u,\ v)\operatorname{ch}\frac{1}{2}d(x,\ v)-\operatorname{sh}\frac{1}{2}d(u,\ v)\operatorname{sh}\frac{1}{2}d(x,\ v)\cos\angle(L^{**},\ \delta_2)\\
&=\frac{v_1u_3+v_3u_1}{2\sqrt{u_1u_3v_1v_3}}\,\frac{v_1x_3+x_1v_3}{2\sqrt{v_1v_3(x_1x_3-x_2^2)}}-\frac{v_1u_3-v_3u_1}{2\sqrt{u_1u_3v_1v_3}}\\
&\quad\times\frac{\sqrt{(v_1x_3-x_1v_3)^2+4v_1v_3x_2^2}}{2\sqrt{v_1v_3(x_1x_3-x_2^2)}}\,\frac{x_3v_1-v_3x_1}{\sqrt{4x_2^2v_1v_3+(v_1x_3-x_1v_3)^2}}\\
&=\frac{1}{4v_1v_3\sqrt{u_1u_3(x_1x_3-x_2^2)}}\\
&\quad\times[(v_1u_3+v_3u_1)(v_1x_3+x_1v_3)-(v_1u_3-v_3u_1)(x_3v_1-v_3x_1)]\\
&=\frac{u_1x_3+u_3x_1}{2\sqrt{u_1u_3(x_1x_3-x_2^2)}}\\
&=\operatorname{ch}\frac{1}{2}d(x,\ u).
\end{aligned}\tag{3.3.91}$$

于是证明了余弦定理.显然还可以写出另外两个余弦定理的公式:

$$\begin{aligned}\operatorname{ch} a &= \operatorname{ch} b \operatorname{ch} c - \operatorname{sh} b \operatorname{sh} c \cos A, \\ \operatorname{ch} b &= \operatorname{ch} a \operatorname{ch} c - \operatorname{sh} a \operatorname{sh} c \cos B.\end{aligned} \tag{3.3.92}$$

本节实际上是双曲平面的 Klein-Cayley 模型的初步叙述.

习　题

1. 已知三面角 $O\text{-}ABC$, $\angle BOC=\alpha$, $\angle COA=\beta$, $\angle AOB=\gamma$, 求平面 AOB 与平面 BOC 构成的二面角的平面角.

2. (1) 对于球面上一点 A,和它的球面距离是 $\frac{\pi}{2}R$ 的所有点构成一个大圆 Γ_A,这里 R 是球半径. 对于球面$\triangle ABC$,可以分别作 Γ_A, Γ_B, Γ_C,交截面得另一球面$\triangle A^*B^*C^*$ (见图). 求证: $\angle A+\frac{a^*}{R}=\angle B+\frac{b^*}{R}=\angle C+\frac{c^*}{R}=\pi$. 这里 a^*, b^*, c^* 分别是球面$\triangle A^*B^*C^*$ 的三边长.

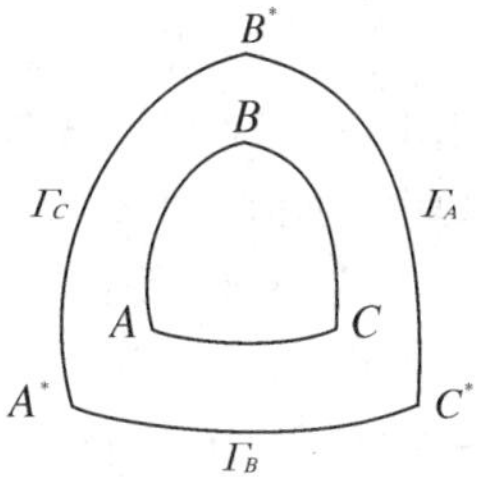

第 2 题图

(2) 如果在同一半球面上两个球面$\triangle ABC$ 与$\triangle A^*B^*C^*$ 中, $\angle A$ 等于$\angle A^*$, $\angle B$ 等于$\angle B^*$, $\angle C$ 等于$\angle C^*$,求证:这两个球面三角形的三边长也对应相等.

3. 在齐次坐标下,求点[(1, 0, 1)]与点[(1, 2, 0)]的连线方程,并求这条直线与直线 $3x_1+2x_2+x_3=0$ 的交点.

4. 叙述 Pappus 定理的对偶定理.

5. 在齐次坐标下,求证:3 点 A[(1, 0, 1)],B[(2, 3, 1)]和 C[(2, 6, 0)]在同一条射影直线上. 如果取射影坐标系,使得点 A, B, C 依次取射影坐标[(1, 0)], [(0, 1)], [(1, 1)],求这条射影直线上点[(4, 3, 3)](齐次坐标)在这射影坐标系中的射影坐标.

6. 平面内两个三角形$\triangle ABC$ 和$\triangle A^*B^*C^*$,如果 AA^*, BB^*, CC^* 这 3 条直线交于一点 O,而且 AB^*, BC^*, CA^* 也交于一点 O^*,求证:BA^*, CB^*, AC^* 也交于一点.

7. 已知平面的射影坐标系. 一条射影直线上 4 点 y, z, u, v 的射影坐标依次为$[(y_1, y_2, y_3)]$, $[(z_1, z_2, z_3)]$, $[(u_1, u_2, u_3)]$, $[(v_1, v_2, v_3)]$,且满足 $(u_1, u_2, u_3)=\lambda_1(y_1, y_2, y_3)+\lambda_2(z_1, z_2, z_3)$, $(v_1, v_2, v_3)=\mu_1(y_1, y_2, y_3)+\mu_2(z_1, z_2, z_3)$. 求 $R(y, z; u, v)$.

8. 在射影坐标系下,求证:4 点[(2, 1, −1)], [(1, 1, −1)], [(1, 0, 0)], [(1, 5, −5)]在同一条直线上. 并求出这 4 点的交比.

9. 在射影平面上,已知共线的 3 点 A, B, C 的齐次坐标依次是[(1, 2, 3)], [(2, 0, 5)], [(0, 4, 1)],在这条射影直线上求一点 D,使得 $R(A, B; C, D)=-1$.

10. 在射影坐标系下,求平面上将 4 点[(1, 0, 0)], [(0, 1, 0)], [(0, 0, 1)], [(1, 1, 1)]依次映为 4 点$[(a_1, a_2, a_3)]$, $[(b_1, b_2, b_3)]$, $[(c_1, c_2, c_3)]$, $[(d_1, d_2, d_3)]$的射影变换. 这里 4 点$[(a_1, a_2, a_3)]$, $[(b_1, b_2, b_3)]$, $[(c_1, c_2, c_3)]$, $[(d_1, d_2, d_3)]$中任 3 点不共线.

11. 已知一条射影直线 L 上有一个射影变换,恰将 A, B, C, D 这 4 点映为 B, A, C, D

这4点,求证:点 D 是 A, B, C 的第四调和点.

12. 在射影平面上,设有一个三顶点都变动的三角形,其三边各通过一个定点,这里三定点不共线,其两个顶点分别在两条定直线上移动,这里两条定直线的交点不在三定点中任两点连接的直线上,且这三定点中无一点在这两条定直线上.求证:第三顶点必在一条二次曲线上,而且这条二次曲线通过三定点中的两个定点.

13. 给定一个配极: $\zeta_1 = 2x_1 - x_3$, $\zeta_2 = x_2 + x_3$, $\zeta_3 = -x_1 + x_2$, 求自共轭点的轨迹方程.

14. 在平面的射影坐标系下,求通过点[(1, 0, 1)], [(0, 1, 1)], [(0, −1, 1)],并以直线 $x_1 - x_3 = 0$ 和 $x_2 - x_3 = 0$ 为两条切线的二次曲线方程.

15. 写出欧氏平面 $x_3 = 1$ 上椭圆、双曲线和抛物线对应的射影平面内二次曲线方程,并求出一个平面的射影变换,将抛物线(或椭圆)对应的射影平面内二次曲线映成双曲线对应的射影平面内的二次曲线.

16. 设一条射影直线 L 上有两对点 x, y; u, v,它们的射影坐标[(λ_1, λ_2)]分别满足下列二次方程 $a_1\lambda_1^2 + 2a_2\lambda_1\lambda_2 + a_3\lambda_2^2 = 0$(第一对点 x, y 的射影坐标满足的方程); $b_1\lambda_1^2 + 2b_2\lambda_1\lambda_2 + b_3\lambda_2^2 = 0$(第二对点 u, v 的射影坐标满足的方程);问交比 $R(x, y; u, v) = -1$ 的充要条件是什么(用实数 a_1, a_2, a_3, b_1, b_2, b_3 的表达式表示)?

17. 在平面上有两个三角形,一个三角形的顶点的极线组成第二个三角形,称这两个三角形为配极三角形.求证:配极三角形的对应边的交点在同一条直线上.

18. 如果一条二次曲线上3点 D, E, F,依次以$\triangle ABC$ 的三边 BC, CA, AB 为切线,求证:3条直线 AD, BE, CF 相交于一点.

19. 在射影平面上,A,B,C,D 是一条二次曲线 Γ 上的依次4点,直线 AB, DC 交于点 Z,直线 AD, BC 交于点 X,直线 AC, BD 交于点 Y,问 B, C 两点的切线(极线)的交点是否在直线 YZ 上? A, D 两点的切线(极线)的交点是否也在直线 YZ 上? 证明你的结论.

20. 在射影平面上,给定一条二次曲线 C^*, $\triangle PQR$ 的3个顶点全在 C^* 上.点 A 是射影直线 QR 上不同于点 Q, R 的一个动点.求证:除去一点外,一定有一个自共轭$\triangle ABC$,满足点 B 在射影直线 RP 上,点 C 在射影直线 PQ 上.

注　$\triangle ABC$ 的点 A 的极线是射影直线 BC;点 B 的极线是射影直线 AC;点 C 的极线是射影直线 AB,这个$\triangle ABC$ 称为自共轭三角形.

21. 在射影平面上,给定一条二次曲线 C,不在 C 上的点 A 和点 B 是关于 C 的一对共轭点.通过点 A 的一条射影直线交这条二次曲线于点 Q 和 R,射影直线 BQ 和 BR 分别交 C 于点 S 和 P.问3点 A, S, P 是否共线? 证明你的结论.

22. 在射影平面上,取定一个射影坐标系,已知6点 A, B, C, D, E, F, 其射影坐标依次是[(1, 0, 0)], [(0, 1, 0)], [(0, 0, 1)], [(1, 1, 1)], [(1, 3, 2)], [(1, 2, 6)].

(1) 求证:3条直线 AD, BE, CF 交于一点,并求出这点的射影坐标.

(2) 求一条二次曲线 C^* 的方程,使得 C^* 与6条射影直线 AB, BC, CD, DE, EF, FA 都相切.

23. 在一个射影平面上,已取定射影坐标系.求所有二次曲线 C 的方程,使得每条二次曲

线 C 都通过点 A，其射影坐标是[(1, 0, 1)]，以及点 B，其射影坐标是[(1, −1, 0)]，且都以 3 条直线 L_1，其方程是 $x_1 - x_3 = 0$；L_2，其方程是 $x_1 + x_2 = 0$；L_3，其方程是 $x_2 + 2x_3 = 0$ 为切线.

24. 在射影平面上，已知 4 点 A, B, C, O，依次具有射影坐标[(1, 0, 0)], [(0, 1, 0)], [(0, 0, 1)], [(1, 1, 1)]. 设点 K 是射影直线 BC 上不同于 B, C 的任一点. 又设点 D 是射影直线 AK 上不同于 A, K 的一点. 射影直线 BD 与射影直线 AC 交于点 N，射影直线 CD 与射影直线 AB 交于点 M.

(1) 写出射影直线 OK 的方程；

(2) 当 A, B, C, D 这 4 点在同一条二次曲线 Γ 上时，求证：射影直线 MN 是点 K 关于 Γ 的极线.

25. 在一个射影平面上，已取定射影坐标系，已知 4 条射影直线 L_1, L_2, L_3, L_4，其方程依次是 $x_1 = 0$, $x_2 = 0$, $x_3 = 0$, $x_1 + x_2 + x_3 = 0$. 另有一条射影直线 L，与上述 4 条射影直线 L_1, L_2, L_3, L_4 恰依次相交于两两不同的 4 点 x, y, u, v.

(1) 已知交比 $R(x, y; u, v)$ 等于固定实数 λ，这里 λ 既不等于 0，也不等于 1. 写出满足这条件的所有射影直线 L 的方程.

(2) 求所有二次曲线 C 的方程，以上述 5 条射影直线 L_1, L_2, L_3, L_4, L 为切线.

26. 在一个双曲平面内，求一个双曲点[(2, 1, 3)]到直线 $\delta_2 =$ [(0, 1, 0)] 的平行角.

27. 在双曲平面上，已知点 A, B, C 的射影坐标依次是[(1, 0, 1)], [(1, 1, 2)], [(2, 3, 6)]，求直线 BA 与 AC 的夹角.

注　上两题中双曲平面是指二次曲线 $x_1x_3 - x_2^2 = 0$ 的内部点全体组成的双曲平面.

28. 求证：在双曲平面上，过一条直线 L 外一个双曲点，可以作无数多条直线与 L 不相交.

29. $\triangle ABC$ 是双曲平面内一个直角三角形，角 A 是直角. 求证：$\cos B\cos C = \sin B\sin C\operatorname{ch} a$.

30. $ABCD$ 是双曲平面内一个四边形(见图)，已知角 B 与角 D 都是直角. 公式 $\dfrac{\operatorname{ch} b}{\operatorname{ch} b^*} = \dfrac{\operatorname{ch} c}{\operatorname{ch} c^*}$ 是否正确? 证明你的结论.

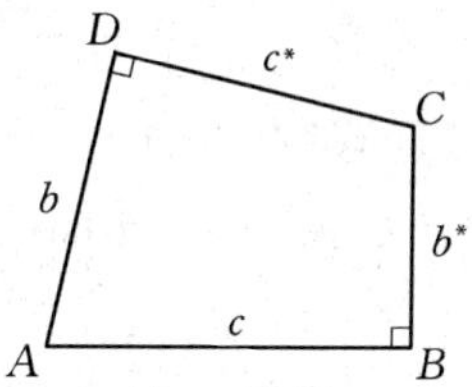

第 30 题图

附录

双曲平面内两直线夹角的交比定义

在双曲平面内两双曲点的距离是用交比定义的.在历史上,双曲平面内两条直线的夹角也可以用交比定义.

在射影平面上,对于一条二次曲线 C:

$$\sum_{i,j=1}^{3} a_{ij}x_i x_j = 0, \tag{1}$$

对应有一条二阶曲线 C^*(称二阶曲线,表示与二次曲线不同):

$$\sum_{i,j=1}^{3} A_{ij}\xi_i\xi_j = 0. \tag{2}$$

这里,矩阵(A_{ij})是对称矩阵(a_{ij})的代数余子式矩阵,当然也是对称矩阵. $\xi = [(\xi_1, \xi_2, \xi_3)]$是直线的射影坐标,即二阶曲线 C^* 是由满足(2)式的所有射影直线组成.

在双曲平面内,已知两条直线 $\xi = [(\xi_1, \xi_2, \xi_3)]$ 和 $\eta = [(\eta_1, \eta_2, \eta_3)]$,过这两条直线的交点的线束中的一条直线 $\zeta = [(\lambda\xi_1 + \eta_1, \lambda\xi_2 + \eta_2, \lambda\xi_3 + \eta_3)]$,如果 ζ 在上述二阶曲线上,则应有

$$\sum_{i,j=1}^{3} A_{ij}(\lambda\xi_i + \eta_i)(\lambda\xi_j + \eta_j) = 0. \tag{3}$$

利用第三章中的公式(3.3.34),有

$$P\lambda^2 + 2Q\lambda + R = 0. \tag{4}$$

由于 $PR - Q^2 > 0$(见第三章中公式(3.3.40)),上述关于 λ 的一元二次方程无实数解,但有两个复根

$$\lambda_1 = \frac{1}{P}(-Q + \sqrt{PR - Q^2}\,\mathrm{i}), \quad \lambda_2 = -\frac{1}{P}(Q + \sqrt{PR - Q^2}\,\mathrm{i}). \tag{5}$$

将 $l_1 = [(\lambda_1\xi_1 + \eta_1, \lambda_1\xi_2 + \eta_2, \lambda_1\xi_3 + \eta_3)]$, $l_2 = [(\lambda_2\xi_1 + \eta_1, \lambda_2\xi_2 + \eta_2, \lambda_2\xi_3 + \eta_3)]$

称为过直线 ξ 和 η 的交点的两条虚直线.

这样一来,过直线 ξ 和 η 的交点有了 4 条直线 ξ, η, l_1, l_2. 完全类似地,可以定义这 4 条直线的交比:

$$R(\xi,\ \eta,\ l_1,\ l_2)=\frac{\lambda_2}{\lambda_1},\tag{6}$$

从(5)式和(6)式,有

$$\begin{aligned}R(\xi,\ \eta;\ l_1,\ l_2)&=\frac{Q+\sqrt{PR-Q^2}\mathrm{i}}{Q-\sqrt{PR-Q^2}\mathrm{i}}\\&=\frac{(Q+\sqrt{PR-Q^2}\mathrm{i})^2}{(Q-\sqrt{PR-Q^2}\mathrm{i})(Q+\sqrt{PR-Q^2}\mathrm{i})}\\&=\frac{(2Q^2-PR)+2Q\sqrt{PR-Q^2}\mathrm{i}}{PR}.\end{aligned}\tag{7}$$

利用第三章中的公式(3.3.41),有

$$\sin 2\theta=\frac{2Q\sqrt{PR-Q^2}}{PR},\ \cos 2\theta=2\cos^2\theta-1=\frac{2Q^2-PR}{PR}.\tag{8}$$

从(7)式和(8)式,有

$$R(\xi,\ \eta;\ l_1,\ l_2)=\cos 2\theta+\mathrm{i}\sin 2\theta.\tag{9}$$

公式(9)是 E. Laguerre 在 1853 年得到的.

习题答案及提示

第　一　章

1. 利用$\overrightarrow{OM}$平行于向量$\boldsymbol{r}_1+\boldsymbol{r}_2+\boldsymbol{r}_3$. $\overrightarrow{OM}=\frac{1}{3}(\boldsymbol{r}_1+\boldsymbol{r}_2+\boldsymbol{r}_3)$.　**2.** 此题有很多种证法，例如,设内分角线 AI 交边 BC 于点 D,利用 $\frac{BD}{DC}=\frac{c}{b}$,有 $BD=\frac{ac}{b+c}$, $\frac{AI}{ID}=\frac{AB}{BD}=\frac{b+c}{a}$, $\overrightarrow{AI}=\frac{AI}{AD}\overrightarrow{AD}=\frac{b+c}{a+b+c}\overrightarrow{AD}$.　**3.** (1) $\boldsymbol{a}\times\boldsymbol{b}=(-2,-1,-2)$; (2) $(\boldsymbol{a}\times\boldsymbol{b})\times\boldsymbol{c}=(3,4,-5)$; (3) $(\boldsymbol{a},\boldsymbol{b},\boldsymbol{c})=-2$; (4) $(4\boldsymbol{a}+2\boldsymbol{b}-\boldsymbol{c})\times(3\boldsymbol{a}-\boldsymbol{b}+2\boldsymbol{c})=(36,7,42)$.
4. $\frac{59}{6}$　**5.** 利用行列式乘法.　**6.** $S_{\triangle ABC}=\frac{1}{2}\sqrt{115}$.　**7.** (1) 向量 $\boldsymbol{x}$ 与 $\boldsymbol{y}$ 平行; (2) 向量 $\boldsymbol{x}$ 与 $\boldsymbol{y}$ 平行.　**8.** (1) 作混合积并且利用双重外积公式; (2) 如果 3 个向量 $\boldsymbol{x}$, $\boldsymbol{y}$, $\boldsymbol{u}$ 共面,不妨设 $\boldsymbol{u}=a\boldsymbol{x}+b\boldsymbol{y}$;反之从$(\boldsymbol{x}\times\boldsymbol{y})\times(\boldsymbol{y}\times\boldsymbol{u})=\boldsymbol{0}$,再利用双重外积公式.　**9.** 利用题目中 A, B, C, D 这 4 点共面的充要条件是存在两个非零的且和不等于 1 的实数 λ, μ,使得 $\overrightarrow{AD}=\lambda\overrightarrow{AB}+\mu\overrightarrow{AC}$.　**10.** (1) $2x-6y+z-1=0$; (2) $3x+4y=0$.　**11.** (1) 取平面的法向量 $\boldsymbol{n}=(2,1,1)\times(2,1,-2)$,所求平面的方程为 $x-2y-1=0$; (2) $7x-2y-2z+1=0$.
12. 可设所求对称点 A^* 的坐标是 $(a+t\cos\alpha, b+t\cos\beta, c+t\cos\gamma)$, 线段 AA^* 中点 $\left(a+\frac{1}{2}t\cos\alpha, b+\frac{1}{2}t\cos\beta, c+\frac{1}{2}t\cos\gamma\right)$ 在题目中的平面上,求出 t.　**13.** 设所求点为 $(0,a,0)$,利用点到平面的距离公式,求出 $a=4$ 或 $a=\frac{8}{3}$.　**14.** (1) $\frac{2}{5}$; (2) $\sqrt{17}$.　**15.** 利用点到平面的距离公式.　**16.** 利用平分面上任一点到题目中两平面的距离相等,得 $45x+184y+482z-553=0$, $96x-13y-4z-1\,106=0$.　**17.** 设所求平面方程是 $Ax+By=0$, 这里 A, B 是两个待定的不全为零的实数. 再利用 $|(A,B,0)\cdot(2,1,-\sqrt{5})|=\sqrt{A^2+B^2}\sqrt{10}\cos\frac{\pi}{3}$,求出 A 与 B 的比值. 所求平面方程是 $3x-y=0$ 和 $x+3y=0$.
18. (1) $6\sqrt{\frac{13}{22}}$; (2) 先将题目中的直线化成 $-x=\frac{y-4}{3}=\frac{z-3}{2}$, 所求距离是$\frac{\sqrt{6}}{2}$.
19. (1) $\frac{\sqrt{5}}{5}$; (2) 先将题目中的第二条直线方程化为点向式方程 $\frac{x-2}{1}=\frac{y+2}{-3}=\frac{z+1}{-2}$,

所求距离是$\frac{4\sqrt{21}}{21}$；（3）$\sqrt{3}$. **20.** 设所求公垂线与题目中的两条直线分别相交于点 $M(1+2t, 2+3t, 3+4t)$ 与点 $M^*(2+3t^*, 4+4t^*, 5+5t^*)$，利用向量$\overrightarrow{MM^*}$既垂直于向量 $(2, 3, 4)$，又垂直于向量 $(3, 4, 5)$，得所求公垂线方程是 $\frac{x-\frac{5}{3}}{-1}=\frac{y-3}{2}=\frac{z-\frac{13}{3}}{-1}$.

21. (1) $\arccos\frac{72}{77}$; (2) $\arccos\frac{98}{195}$. **22.** (1) $5y+13z-60=0$; (2) $3x+5y-4z+25=0$.

23. 先求出过直线 L 且与题目中平面垂直的平面方程是 $5x-5z+3=0$. 所求的射影直线的方程是$\begin{cases}5x-5z+3=0,\\2x+y+2z+3=0.\end{cases}$ **24.** 同一个区域内不可能有两点 (x, y, z) 与 (x^*, y^*, z^*)，满足 $Ax+By+Cz+D>0$，$Ax^*+By^*+Cz^*+D<0$. 用反证法，如果有这样两点存在，则这两点的连线线段内部有点在平面 $Ax+By+Cz+D=0$ 上. **25.** 设点 $A(x, 0, 0)$，点 $B(0, y, 0)$，点 $C(0, 0, z)$，利用$\overrightarrow{PA}$, $\overrightarrow{PB}$, $\overrightarrow{PC}$互相垂直，这 3 个向量中任两个的内积为零，求出点 $A\left(\frac{1}{2a}(a^2+b^2+c^2), 0, 0\right)$，点 $B\left(0, \frac{1}{2b}(a^2+b^2+c^2), 0\right)$，点 $C\left(0, 0, \frac{1}{2c}(a^2+b^2+c^2)\right)$.

26. 原点 O 是直线 L_1 与直线 L_2 的交点. 点 $B(2, 1, 3)$ 在直线 L_2 上，线段 OB 长 $\sqrt{14}$. 在直线 L_1 上有两点 A 与 A^*，满足线段 OA 和 OA^* 都等于 $\sqrt{14}$，因而可以分别求出点 A 和 A^*. 记线段 AB 的中点为 C，线段 A^*B 的中点为 D，直线 OC 与直线 OD 即为所求的方程. 所求的两条交角平分线的方程分别是 $\frac{x}{1+\frac{1}{2}\sqrt{\frac{14}{3}}}=\frac{y}{\frac{1}{2}+\frac{1}{2}\sqrt{\frac{14}{3}}}=\frac{z}{\frac{3}{2}+\frac{1}{2}\sqrt{\frac{14}{3}}}$ 和 $\frac{x}{1-\frac{1}{2}\sqrt{\frac{14}{3}}}=\frac{y}{\frac{1}{2}-\frac{1}{2}\sqrt{\frac{14}{3}}}=\frac{z}{\frac{3}{2}-\frac{1}{2}\sqrt{\frac{14}{3}}}$. **27.** 先证明 $\overrightarrow{OB}\times\overrightarrow{OC}+\overrightarrow{OC}\times\overrightarrow{OA}+\overrightarrow{OA}\times\overrightarrow{OB}=\overrightarrow{AB}\times\overrightarrow{AC}$，可得充要条件是 A, B, C 共线. **28.** 先用直线 L_1 的方程及直线 L_2 的第一个方程，求出交点坐标 $\left(-\frac{1}{2}, 2, -\frac{3}{2}\right)$，再代入直线 L_2 的第二个方程，得 $\alpha=\frac{5}{4}$. **29.** $\left(1-\frac{\sqrt{3}}{3}, 1-\frac{\sqrt{3}}{3}, 1+\frac{2\sqrt{3}}{3}\right)$ 和 $\left(1+\frac{\sqrt{3}}{3}, 1+\frac{\sqrt{3}}{3}, 1-\frac{2\sqrt{3}}{3}\right)$. **30.** 平面 OAB 的方程是 $x+y-z=0$. 先求出正$\triangle OAB$ 的中心点 I 的坐标，再利用 $IC^2=2-OI^2$.

第 二 章

1. 先求出这圆柱面的半径. 所求圆柱面方程为 $(4y-3z+4)^2+(2z-4x+4)^2+(3x-2y-5)^2=180$. **2.** 所求柱面的参数方程为 $x=5\cos u+5v$, $y=5\sin u+3v$, $z=2v$，用 x, y, z 的一个关系式表示是 $\left(x-\frac{5}{2}z\right)^2+\left(y-\frac{3}{2}z\right)^2=25$. **3.** $\left[x-\frac{1}{3}(z-1)\right]^2-\left[y-\frac{2}{3}(z-1)\right]^2=1$. **4.** $\boldsymbol{X}(u, v)=(2v\cos u, 1+v(3\sin u-1), 1+2v)$，或写成

$9x^2+(2y+z-3)^2=9(z-1)^2$.　**5.** $2(3x+4y+z-10)^2=13[(x-2)^2+(y-1)^2+z^2]$.

6. 椭圆.　**7.** 如果(a_1, b_1, c_1)和(a_2, b_2, c_2)都是零向量,则曲线为一点;如果向量(a_1, b_1, c_1)平行于向量(a_2, b_2, c_2),则曲线是直线(或射线);如果向量(a_1, b_1, c_1)不平行于向量(a_2, b_2, c_2),则曲线是抛物线.　**8.** 半径是$\frac{\sqrt{2}}{2}a$的一个圆.　**9.** $x^2-6xy+y^2=2$.

10. $\left(1, -\frac{\sqrt{3}}{2}, \frac{1}{2}\right)$.　**11.** 令$\boldsymbol{e}_3^*=\frac{1}{\sqrt{m^2+2}}(m, -1, 1)$, $\boldsymbol{e}_1^*=\frac{1}{\sqrt{2}}(0, 1, 1)$, $\boldsymbol{e}_2^*=\boldsymbol{e}_3^*\times\boldsymbol{e}_1^*=\frac{1}{\sqrt{2(m^2+2)}}(-2, -m, m)$. 取平面$mx-y+z+2=0$上的点$(0, 2, 0)$为新直角坐标系$O^*x^*y^*z^*$的原点,$\boldsymbol{e}_1^*$, $\boldsymbol{e}_2^*$, $\boldsymbol{e}_3^*$分别为x^*, y^*, z^*轴的单位正向量,因而题目中的平面方程是$z^*=0$,以及有坐标变换公式$\begin{cases} x=-\frac{2}{\sqrt{2(m^2+2)}}y^*+\frac{m}{\sqrt{m^2+2}}z^*, \\ y=2+\frac{1}{\sqrt{2}}x^*-\frac{m}{\sqrt{2(m^2+2)}}y^*-\frac{1}{\sqrt{m^2+2}}z^*, \\ z=\frac{1}{\sqrt{2}}x^*+\frac{m}{\sqrt{2(m^2+2)}}y^*+\frac{1}{\sqrt{m^2+2}}z^*, \end{cases}$所求交线在新直角坐标系中的方程是$\left(2+\frac{1}{\sqrt{2}}x^*-\frac{m}{\sqrt{2(m^2+2)}}y^*\right)^2+\left(\frac{1}{\sqrt{2}}x^*+\frac{m}{\sqrt{2(m^2+2)}}y^*\right)^2=2\left(-\frac{2}{\sqrt{2(m^2+2)}}y^*\right)^2$. 展开上式,整理后可得当$m=\pm2$时,交线是抛物线;当$|m|>2$时,交线是椭圆;当$|m|<2$时,交线是双曲线.　**12.** 先求出过3点$A$, B, C的平面方程是$9x-3y+5z-14=0$. 线段AB的垂直平分面方程是$x+3y-6=0$,线段AC的垂直平分面方程是$-x+2y+3z-9=0$. 上述3张平面的交点为$O^*\left(\frac{21}{23}, \frac{39}{23}, \frac{50}{23}\right)$,因而这外接圆半径$R=AO^*=\frac{7}{23}\sqrt{46}$. 所求的外接圆方程可以表达为$\begin{cases} 9x-3y+5z-14=0, \\ \left(x-\frac{21}{23}\right)^2+\left(y-\frac{39}{23}\right)^2+\left(z-\frac{50}{23}\right)^2=\frac{98}{23}. \end{cases}$

13. 过y轴的平面π_1的方程可以写成$\lambda x+\mu z=0$,这里λ, μ是两个不全为零的实数. 过直线L的平面π_2的方程是$\lambda^*(x-y)+\mu^*(y-z)=0$,这里$\lambda^*$, μ^*也是两个不全为零的实数. 平面π_1的法向量$\boldsymbol{n}_1=(\lambda, 0, \mu)$,平面$\pi_2$的法向量$\boldsymbol{n}_2=(\lambda^*, \mu^*-\lambda^*, -\mu^*)$,从$|\boldsymbol{n}_1\cdot\boldsymbol{n}_2|^2=|\boldsymbol{n}_1|^2\cdot|\boldsymbol{n}_2|^2\cos^2\theta$,有$(\lambda\lambda^*-\mu\mu^*)^2=(\lambda^2+\mu^2)[\lambda^{*2}+(\mu^*-\lambda^*)^2+(-\mu^*)^2]\cos^2\theta$. 所求曲面方程$[z(y-z)-x(x-y)]^2=(x^2+z^2)[(y-z)^2+(x-z)^2+(x-y)^2]\cos^2\theta$.

14. 先写出特征方程$-\lambda^3+9\lambda^2+36\lambda=0$,有3个根$\lambda=0$, $\lambda=-3$, $\lambda=12$. 当$\lambda=0$时,求出单位特征向量$\boldsymbol{e}_3^*=\frac{1}{\sqrt{2}}(1, 0, -1)$;当$\lambda=-3$时,求出单位特征向量$\boldsymbol{e}_1^*=\frac{1}{\sqrt{3}}(1, -1, 1)$;当$\lambda=12$时,求出单位特征向量$\boldsymbol{e}_2^*=\frac{1}{\sqrt{6}}(-1, -2, -1)$(也可以用$\boldsymbol{e}_2^*=\boldsymbol{e}_3^*\times\boldsymbol{e}_1^*$求出$\boldsymbol{e}_2^*$). 写出坐标变换关系式$x=\frac{1}{\sqrt{3}}x^*-\frac{1}{\sqrt{6}}y^*+\frac{1}{\sqrt{2}}z^*$, $y=-\frac{1}{\sqrt{3}}x^*-\frac{2}{\sqrt{6}}y^*$, $z=\frac{1}{\sqrt{3}}x^*-\frac{1}{\sqrt{6}}y^*-\frac{1}{\sqrt{2}}z^*$.

代入后可得曲面方程为 $-3x^{*2}+12y^{*2}+4\sqrt{3}x^{*}-4\sqrt{6}y^{*}-6=0$. 配方后可得双曲柱面的标准方程. **15.** $\begin{cases}\dfrac{x}{2}+\dfrac{z}{4}=0,\\ 1+\dfrac{y}{3}=0\end{cases}$ 和 $\begin{cases}\dfrac{x}{2}+\dfrac{z}{4}=1+\dfrac{y}{3},\\ \dfrac{x}{2}-\dfrac{z}{4}=1-\dfrac{y}{3}.\end{cases}$ **16.** $\begin{cases}\dfrac{x}{2}+\dfrac{y}{3}-\dfrac{z}{5}+1=0,\\ -\dfrac{x}{2}+\dfrac{y}{3}-\dfrac{z}{5}-1=0\end{cases}$ 和 $\begin{cases}\dfrac{x}{2}+\dfrac{y}{3}+\dfrac{z}{5}+1=0,\\ \dfrac{x}{2}-\dfrac{y}{3}-\dfrac{z}{5}+1=0.\end{cases}$ **17.** $\arccos\dfrac{3}{5}$. **18.** $\arccos\dfrac{11}{29}$. **19.** $\begin{cases}\dfrac{x}{4}-\dfrac{y}{2}=2,\\ 2\left(\dfrac{x}{4}+\dfrac{y}{2}\right)=z\end{cases}$ 和 $\begin{cases}\dfrac{x}{4}+\dfrac{y}{2}=1,\\ \dfrac{x}{4}-\dfrac{y}{2}=z.\end{cases}$ **20.** (1) 以单叶双曲面的第一族直母线为例, 取这族中两条直母线 L_1 $\begin{cases}u\left(\dfrac{x}{a}+\dfrac{z}{c}\right)=v\left(1-\dfrac{y}{b}\right),\\ v\left(\dfrac{x}{a}-\dfrac{z}{c}\right)=u\left(1+\dfrac{y}{b}\right)\end{cases}$ 和 L_1^* $\begin{cases}u^*\left(\dfrac{x}{a}+\dfrac{z}{c}\right)=v^*\left(1-\dfrac{y}{b}\right),\\ v^*\left(\dfrac{x}{a}-\dfrac{z}{c}\right)=u^*\left(1+\dfrac{y}{b}\right).\end{cases}$ 这里 (u, v) 和 (u^*, v^*) 分别是不全为零的且比值不等的两组实数, 求证: L_1 与 L_1^* 既不平行也不相交. 将 y 改为 $-y$ 可得关于第二族直母线情况的证明. (2) 以单叶双曲面的第一族直母线为例, 取这族中 3 条直母线, 方向向量分别是 $\left(\dfrac{1}{bc}(u_1^2-v_1^2), \dfrac{2u_1v_1}{ac}, -\dfrac{1}{ab}(u_1^2+v_1^2)\right)$, $\left(\dfrac{1}{bc}(u_2^2-v_2^2), \dfrac{2u_2v_2}{ac}, -\dfrac{1}{ab}(u_2^2+v_2^2)\right)$, $\left(\dfrac{1}{bc}(u_3^2-v_3^2), \dfrac{2u_3v_3}{ac}, -\dfrac{1}{ab}(u_3^2+v_3^2)\right)$, 这里, (u_1, v_1), (u_2, v_2), (u_3, v_3) 是 3 组不全为零的实数, 且比值两两不同, 求证: 这 3 个向量的混合积不为零. **21.** 过这单叶双曲面上所求轨迹上一点 (x_0, y_0, z_0) 有两条直母线 L_1 及 L_2. 直母线 L_1 的方程为 $\begin{cases}u(x+z)=v(1-y),\\ v(x-z)=u(1+y),\end{cases}$ 当 $1+y_0\neq 0$ 时, $u=x_0-z_0$, $v=1+y_0$; 当 $1+y_0=0$ 时, $u=1-y_0$, $v=x_0+z_0$. 直母线 L_2 的方程为 $\begin{cases}u^*(x+z)=v^*(1+y),\\ v^*(x-z)=u^*(1-y),\end{cases}$ 当 $1+y_0\neq 0$ 时, $u^*=1+y_0$, $v^*=x_0+z_0$; 当 $1+y_0=0$ 时, $u^*=x_0-z_0$, $v^*=1-y_0$. 直母线 L_1 的方向向量为 $\boldsymbol{v}_1=(u^2-v^2, 2uv, -(u^2+v^2))$, 直母线 L_2 的方向向量为 $\boldsymbol{v}_2=(v^{*2}-u^{*2}, 2u^*v^*, u^{*2}+v^{*2})$, $\boldsymbol{v}_1$ 与 $\boldsymbol{v}_2$ 的内积为零, 得 $(u^2-v^2)(v^{*2}-u^{*2})+4uvu^*v^*-(u^2+v^2)(u^{*2}+v^{*2})=0$, 即 $uu^*=vv^*$. 利用 $x_0^2+y_0^2-z_0^2=1$ 及前面一些叙述, 可从上一公式得到腰椭圆 $\begin{cases}x_0^2+y_0^2-z_0^2=1,\\ z_0=0\end{cases}$ 是所求的轨迹方程. **22.** 过这双曲抛物面上点 (x_0, y_0, z_0) 的两条直母线的方向向量分别为 $(1, 1, x_0-y_0)$ 与 $(-1, 1, -(x_0+y_0))$, 利用这两个向量的内积为零可得 $x_0^2-y_0^2=0$, 因而所求的轨迹方程是两条相交直线 $\begin{cases}x_0+y_0=0,\\ z_0=0\end{cases}$ 和 $\begin{cases}x_0-y_0=0,\\ z_0=0.\end{cases}$ **23.** 取新的直角坐标系 $Oxyz$, 使得经过原点(仍为原点)的平面方程为 $z=0$. 二次曲面方程 $F(x, y, z)=a_{11}x^2+2a_{12}xy+a_{22}y^2+2a_{13}xz+2a_{23}yz+a_{33}z^2+2b_1x+2b_2y+2b_3z+C=0$ 与平面 $z=0$ 的交线

$\begin{cases}F(x,\ y,\ 0)=0,\\ z=0\end{cases}$是圆,那么,交线$\begin{cases}F(x,\ y,\ h)=0,\\ z=h\end{cases}$也一定是圆(只要这交线存在,这里 h 是一个非零常数). **24.** 这圆截线在以原点为球心、以 R 为半径的球面上. 这圆截线满足 $\begin{cases}\dfrac{x^2}{a^2}+\dfrac{y^2}{b^2}-\dfrac{z^2}{c^2}=1,\\ \dfrac{x^2}{R^2}+\dfrac{y^2}{R^2}+\dfrac{z^2}{R^2}=1.\end{cases}$ 将两个公式相减,有$\left(\dfrac{1}{a^2}-\dfrac{1}{R^2}\right)x^2+\left(\dfrac{1}{b^2}-\dfrac{1}{R^2}\right)y^2-\left(\dfrac{1}{c^2}+\dfrac{1}{R^2}\right)z^2=0.$

由于 $0<a<b<c$,有$\dfrac{1}{a^2}-\dfrac{1}{R^2}>\dfrac{1}{b^2}-\dfrac{1}{R^2}$,必有 $R=b$(理由类似 §3.5 中关于椭球面截线的叙述),得所求的两张平面为 $\sqrt{\dfrac{1}{a^2}-\dfrac{1}{b^2}}x+\sqrt{\dfrac{1}{b^2}+\dfrac{1}{c^2}}z=0$ 和 $\sqrt{\dfrac{1}{a^2}-\dfrac{1}{b^2}}x-\sqrt{\dfrac{1}{b^2}+\dfrac{1}{c^2}}z=0.$

25. $\sqrt{\dfrac{1}{b^2}-\dfrac{1}{a^2}}y+\dfrac{1}{a}z=0$ 和 $\sqrt{\dfrac{1}{b^2}-\dfrac{1}{a^2}}y-\dfrac{1}{a}z=0.$ **26.** $\dfrac{32}{b^2}-\dfrac{27}{a^2}=5$,这里 $a,\ b$ 都属于 $(0,\ 1)$;或者 $a>1$ 和 $b\in\left(1,\ \dfrac{4\sqrt{10}}{5}\right)$. **27.** 所求平面方程是 $A(x-1)+(z-1)=0$,这里 A 是一个非零实数. 设 $\boldsymbol{e}_3^*=\dfrac{1}{\sqrt{A^2+1}}(A,\ 0,\ 1)$, $\boldsymbol{e}_1^*=\dfrac{1}{\sqrt{A^2+1}}(1,\ 0,\ -A)$, $\boldsymbol{e}_2^*=\boldsymbol{e}_3^*\times\boldsymbol{e}_1^*=(0,\ 1,\ 0)$, 以点 $(1,\ 0,\ 1)$ 为新直角坐标系的原点, $\boldsymbol{e}_1^*$, $\boldsymbol{e}_2^*$, $\boldsymbol{e}_3^*$ 为新直角坐标系的 3 个单位正向量,则有坐标变换公式:$\begin{cases}x=1+\dfrac{1}{\sqrt{A^2+1}}x^*+\dfrac{A}{\sqrt{A^2+1}}z^*,\\ y=y^*,\\ z=1-\dfrac{A}{\sqrt{A^2+1}}x^*+\dfrac{1}{\sqrt{A^2+1}}z^*.\end{cases}$ 将上述公式代入曲面方程,注意所求平面为 $z^*=0$,则可求出 $A=-4+\sqrt{15}$ 或 $A=-4-\sqrt{15}$. **28.** $\boldsymbol{X}(u,\ v)=(\sqrt{(1+u)^2+4u^2}\cos v,\ \sqrt{(1+u)^2+4u^2}\sin v,\ 2u)$,或写成 $x^2+y^2=\left(1+\dfrac{1}{2}z\right)^2+z^2$.

29. $x^2+y^2+z^2=26\left(\dfrac{x+y+z-1}{8}\right)^2+2\left(\dfrac{x+y+z-1}{8}\right)+1.$ **30.** $\left(x+\dfrac{1}{2}p\right)^2+z^2=\left(\dfrac{y^2}{2p}+\dfrac{1}{2}p\right)^2.$ **31.** 从原点 O 出发,以单位向量 $(l,\ m,\ n)$ 为方向的射线交这椭球面于点 $P(lt,\ mt,\ nt)$,这里 t 是一个正实数,线段 OP 长为 t,点 P 在这椭球面上,有 $\dfrac{1}{t^2}=\dfrac{l^2}{a^2}+\dfrac{m^2}{b^2}+\dfrac{n^2}{c^2}$,再将此结论应用于 $OP_j\ (j=1,\ 2,\ 3)$. **32.** (1) $\boldsymbol{X}(u,\ v)=(\sqrt{4u^2+k^2}\cos v,\ u,\ \sqrt{4u^2+k^2}\sin v)$. (2)用 $x,\ y,\ z$ 的一个等式表示曲面方程 $x^2+z^2-4y^2=k^2$. 当 $k=0$ 时,曲面为二次锥面,所求直母线方程是$\begin{cases}x+2y=\lambda z,\\ \lambda(x-2y)=-z,\end{cases}$这里 $\lambda=\pm\sqrt{\dfrac{3}{5}}$;当 $k\neq 0$ 时,曲面为单叶双曲面,所求直母线方程是$\begin{cases}\lambda(x+2y)=k+z,\\ x-2y=\lambda(k-z),\end{cases}$这里 $\lambda=\pm\sqrt{\dfrac{5}{3}}$. **33.** 设圆半径是 R,点 A 的坐标为 $(R+R\cos\theta,\ R\sin\theta,\ 0)$,点 B 的坐标为 $(0,\ 0,\ k)$,由 $OA=OB$,得 $R^2[(1+\cos\theta)^2+\sin^2\theta]=k^2$.

直线 AB 的方程是 $\frac{x}{R(1+\cos\theta)}=\frac{y}{R\sin\theta}=\frac{z-k}{-k}=t$,从而可得曲面的方程为 $(x^2+y^2-2Rx)^2=z^2(x^2+y^2)$. **34.** 先求出这变换的不动点,再改写这变换公式. **35.** $\sqrt{67}$. **36.** $x^*=-1+2x+y+z$, $y^*=-2+2x+3y+2z$, $z^*=2-2x-2y-z$. **37.** $x^*=1+a_{11}x$, $y^*=b_2+a_{12}x+a_{22}y+a_{32}z$, $z^*=a_{33}z$,这里 $a_{11}a_{22}a_{33}\neq 0$. **38.** $x^*=-2x+2y+1$, $y^*=-8x+3y$. **39.** 记 $\overrightarrow{A_1A_2}=\boldsymbol{e}_1$, $\overrightarrow{A_1A_3}=\boldsymbol{e}_2$, $\overrightarrow{A_1A_4}=\boldsymbol{e}_3$, $\overrightarrow{B_1B_2}=\boldsymbol{e}_1^*$, $\overrightarrow{B_1B_3}=\boldsymbol{e}_2^*$, $\overrightarrow{B_1B_4}=\boldsymbol{e}_3^*$,先证明这空间仿射变换将 $x\boldsymbol{e}_1+y\boldsymbol{e}_2+z\boldsymbol{e}_3$ 唯一地映成 $x\boldsymbol{e}_1^*+y\boldsymbol{e}_2^*+z\boldsymbol{e}_3^*$,这里 x, y, z 是任意实数. **40.** 这条不动直线的方向向量是(1, 2, 0).先取一个特殊点,求出这正交变换后的点坐标,所求旋转的角度是 $\arccos\frac{2}{3}$.

第 三 章

1. $\arccos\frac{\cos\beta-\cos\alpha\cos\gamma}{\sin\alpha\sin\gamma}$. **2.** (1) 设 A_1, C_1 分别是以大圆弧 $\overset{\frown}{BA}$ 和 $\overset{\frown}{BC}$ 所在的大圆与大圆 Γ_B 的交点, $\overset{\frown}{A_1C_1}=R\angle B$,注意 $\overset{\frown}{A^*C_1}=\frac{\pi}{2}R=\overset{\frown}{A_1C^*}$,可以得到 $b^*+R\angle B=\overset{\frown}{A^*C^*}+\overset{\frown}{A_1C_1}=\overset{\frown}{A^*C_1}+\overset{\frown}{A_1C^*}=\pi R$ (关键在于正确作图); (2) 利用(1)的结论,证明这两个球面三角形的对应边长也相等. **3.** $-2x_1+x_2+2x_3=0$, 交点为[(3, −8, 7)]. **4.** 参照第四调和点的对偶定理. **5.** 求证 3 向量(1, 0, 1), (2, 3, 1)和(2, 6, 0)的混合积等于零. 利用(1, 3, 0) = (−1, 0, −1)+(2, 3, 1) 及(4, 3, 3) =−2(−1, 0, −1)+(2, 3, 1), 可得点[(4, 3, 3)](齐次坐标)的射影坐标是[(−2, 1)]. **6.** 取 $\triangle ABC$ 和 $\triangle A^*B^*C^*$ 的 6 个顶点中的 4 点作为参考点,建立平面上射影坐标系. **7.** $R(y, z; u, v)=\frac{\mu_1\lambda_2}{\mu_2\lambda_1}$. **8.** 求证 4 个向量(2, 1, −1), (1, 1, −1), (1, 0, 0)和(1, 5, −5)共面. 将这 4 点依次记作 y, z, u, v, $R(y, z; u, v)=\frac{4}{9}$.

9. 所求点的齐次坐标是[(4, 4, 11)]. **10.** $\begin{cases}\rho x_1^*=\lambda a_1x_1+\mu b_1x_2+\nu c_1x_3,\\ \rho x_2^*=\lambda a_2x_1+\mu b_2x_2+\nu c_2x_3,\\ \rho x_3^*=\lambda a_3x_1+\mu b_3x_2+\nu c_3x_3,\end{cases}$ 这里 $\rho\neq 0$, 以及

$$\lambda=\frac{\begin{vmatrix}d_1&b_1&c_1\\d_2&b_2&c_2\\d_3&b_3&c_3\end{vmatrix}}{\begin{vmatrix}a_1&b_1&c_1\\a_2&b_2&c_2\\a_3&b_3&c_3\end{vmatrix}},\quad \mu=\frac{\begin{vmatrix}a_1&d_1&c_1\\a_2&d_2&c_2\\a_3&d_3&c_3\end{vmatrix}}{\begin{vmatrix}a_1&b_1&c_1\\a_2&b_2&c_2\\a_3&b_3&c_3\end{vmatrix}},\quad \nu=\frac{\begin{vmatrix}a_1&b_1&d_1\\a_2&b_2&d_2\\a_3&b_3&d_3\end{vmatrix}}{\begin{vmatrix}a_1&b_1&c_1\\a_2&b_2&c_2\\a_3&b_3&c_3\end{vmatrix}}.$$

11. 取 A, B, C 为射影直线上的 3 个参考点,并且利用 $R(B, A; C, D)=\frac{1}{R(A, B; C, D)}$. **12.** 取 3 边各通过的一个定点和两条定直线的交点作为 4 个参考点,建立平面射影坐标系. **13.** $2x_1^2-2x_1x_3+$

$x_2^2+2x_2x_3=0$. **14.** $x_1^2+x_2^2-x_3^2=0$. **15.** 欧氏平面 $x_3=1$ 上的椭圆$\frac{x_1^{*2}}{a^2}+\frac{x_2^{*2}}{b^2}=1$,双曲线$\frac{x_1^{*2}}{a^2}-\frac{x_2^{*2}}{b^2}=1$和抛物线$x_2^{*2}=2px_1^*$. 这里 a, b, p 都是正实数. 利用公式$x_1^*=\frac{x_1}{x_3}$, $x_2^*=\frac{x_2}{x_3}$,分别化为齐次坐标表示下的方程$\frac{x_1^2}{a^2}+\frac{x_2^2}{b^2}-x_3^2=0$, $\frac{x_1^2}{a^2}-\frac{x_2^2}{b^2}-x_3^2=0$, $x_2^2-2px_1x_3=0$. 取射影坐标系,使得具有齐次坐标$[(1, 0, 0)]$, $[(0, 1, 0)]$, $[(0, 0, 1)]$和$[(1, 1, 1)]$的4点依次具有射影坐标$[(1, 0, 0)]$, $[(0, 1, 0)]$, $[(0, 0, 1)]$和$[(1, 1, 1)]$,因而具有齐次坐标$[(x_1, x_2, x_3)]$的点具有射影坐标$[(x_1, x_2, x_3)]$,因而上述3个方程即为所求的二次曲线方程. **16.** $b_1a_3+b_3a_1-2b_2a_2=0$. **17.** 不妨设$\triangle ABC$ 的3个顶点的射影坐标分别是$A[(1, 0, 0)]$, $B[(0, 1, 0)]$, $C[(0, 0, 1)]$;不必考虑$\triangle A^*B^*C^*$ 的3个顶点的射影坐标,直接用配极写出 $B^*C^*=[(a_{11}, a_{12}, a_{13})]$, $A^*C^*=[(a_{12}, a_{22}, a_{23})]$, $A^*B^*=[(a_{13}, a_{23}, a_{33})]$. 再证明题中结论. **18.** 不妨设 D, E, F, C 这4点的射影坐标依次是$[(1, 0, 0)]$, $[(0, 0, 1)]$, $[(1, 1, 1)]$, $[(0, 1, 0)]$,则这条二次曲线的方程是 $x_2^2-x_1x_3=0$. 再求出点 A, B 的射影坐标. **19.** 不妨设 A, B, C, D 这4点的射影坐标依次是$[(1, 0, 0)]$, $[(0, 1, 0)]$, $[(0, 0, 1)]$和$[(1, 1, 1)]$,则二次曲线 Γ 的方程是 $x_1x_2+kx_1x_3-(1+k)x_2x_3=0$, 这里 k 是一个非零实数,且 $k\neq-1$. **20.** 不妨设3点 P, Q, R 的射影坐标依次是$[(1, 0, 0)]$, $[(0, 1, 0)]$, $[(0, 0, 1)]$,在二次曲线 C^* 上再取一点的射影坐标$[(1, 1, 1)]$,这样二次曲线 C^* 的方程是 $x_1x_2+kx_1x_3-(1+k)x_2x_3=0$, 这里 k 是一个非零实数,且 $k\neq-1$. 于是相应的配极是$\begin{cases}\rho\zeta_1=x_2+kx_3,\\ \rho\zeta_2=x_1-(1+k)x_3,\\ \rho\zeta_3=kx_1-(1+k)x_2.\end{cases}$ **21.** 不妨设P, Q, R, S这4点的射影坐标依次是$[(1, 0, 0)]$, $[(0, 1, 0)]$, $[(0, 0, 1)]$和$[(1, 1, 1)]$,则这条二次曲线 C 的方程是 $x_1x_2+kx_1x_3-(1+k)x_2x_3=0$, 这里 k 是一个非零实数,且 $k\neq-1$. 求出点 B, 再利用配极方程,求出点 A. **22.** (1) $[(1, 2, 2)]$. (2) 利用 $\sum\limits_{i,j=1}^{3}A_{ij}\xi_i\xi_j=0$,这里 $A_{ij}=A_{ji}$,二次曲线 C^* 的方程是$-9x_1^2-12x_1x_2+14x_1x_3-4x_2^2-4x_2x_3-x_3^2=0$. **23.** $-\frac{9}{5}x_1^2-2x_1x_2-\frac{1}{5}x_2^2+2x_1x_3+2x_2x_3-\frac{1}{5}x_3^2=0$. **24.** (1) $(a_2-a_1)x_1-a_2x_2+a_1x_3=0$, 这里 a_1, a_2 是两个不为零的实数. (2) 设点 $K=[(0, a_1, a_2)]$, 点 $D=[(y, a_1, a_1)]$, $l_{MN}=[(-a_1a_2, a_2y, a_1y)]$. **25.** (1) 设 L 的方程是$a_1x_1+a_2x_2+a_3x_3=0$, 这里 a_1, a_2, a_3 是无一为零的实数,先求出 L 与 L_1, L_2, L_3, L_4 的交点. 所有射影直线 L 的方程是$a_1x_1+\frac{\lambda a_1}{\lambda a_1+(1-a_1)}x_2+x_3=0$, 这里 a_1 不等于$\frac{1}{1-\lambda}$. (2) 记 $\xi_i=\sum\limits_{R=1}^{3}a_{ik}x_k$, $i=1, 2, 3$. 先求出 $A_{12}\xi_1\xi_2+(1-A_{12})\xi_1\xi_3-\xi_2\xi_3=0$,这里$A_{12}=1-\lambda$. 二次曲线 C 的方程是 $-x_1^2-2\lambda x_1x_2+2(\lambda-1)x_1x_3-\lambda^2x_2^2+2\lambda(1-\lambda)x_2x_3-(1-\lambda)^2x_3^2=0$. **26.** $\arccos\frac{\sqrt{6}}{6}$. **27.** $\arccos\frac{8}{\sqrt{65}}$. **28.** 设直线 L_1 与 L_2

是过点 P 的两条平行线,在平行角外,过点 P 的夹在直线 L_1 与 L_2 之间的任一条直线 L^* 必定不与直线 L 相交. 这个结论可以用射影坐标证明.　**29**. 利用双曲平面三角形的正弦定理及余弦定理,注意当角 A 是直角时, $\operatorname{ch} a = \operatorname{ch} b \operatorname{ch} c$, $\operatorname{sh} b = \operatorname{sh} a \sin B$, $\operatorname{sh} c = \operatorname{sh} a \sin C$. **30**. 连接 AC,利用双曲平面(直角)三角形的正弦定理及余弦定理可以推导出题目中的等式.

主要参考书目

[1] H・穆斯海里什维列. 解析几何教程(上、下册). 高等教育出版社,1954年6月,第一版

[2] 苏步青. 高等几何讲义. 上海科学技术出版社,1964年4月,第一版

[3] 苏步青,华宣积,忻元龙,张国樑. 空间解析几何. 上海科学技术出版社,1984年1月,第一版

[4] 南开大学《空间解析几何引论》编写组. 空间解析几何引论. 高等教育出版社,1989年5月,第二版

[5] 宋卫东,鲍佩恩,桂加谷. 空间解析几何习题课设计与解题指导. 中国科学技术大学出版社,1995年5月,第一版

[6] 丘维声. 解析几何. 北京大学出版社,1996年10月,第二版

图书在版编目(CIP)数据

空间解析几何/黄宣国编著. —2 版. —上海：复旦大学出版社，2019. 8（2023. 12 重印）
（复旦博学. 数学系列）
ISBN 978-7-309-14238-9

Ⅰ. ①空… Ⅱ. ①黄… Ⅲ. ①立体几何-解析几何 Ⅳ. ①O182. 2

中国版本图书馆 CIP 数据核字(2019)第 055678 号

空间解析几何(第二版)
黄宣国　编著
责任编辑/陆俊杰

复旦大学出版社有限公司出版发行
上海市国权路 579 号　邮编：200433
网址：fupnet@fudanpress.com　http://www.fudanpress.com
门市零售：86-21-65102580　团体订购：86-21-65104505
出版部电话：86-21-65642845
杭州日报报业集团盛元印务有限公司

开本 787 毫米×960 毫米　1/16　印张 13　字数 228 千字
2023 年 12 月第 2 版第 4 次印刷

ISBN 978-7-309-14238-9/O · 667
定价：29.00 元